树脂基复合材料制备技术

黄志超 赖家美 著

科学出版社
北京

内 容 简 介

本书在简要介绍复合材料特点、制备工艺以及工业应用的基础上，详细分析了树脂基复合材料 VARTM 制备技术的工艺原理和性能特点，主要以试验的方式重点研究纤维增强树脂基复合材料制备过程工艺参数对材料成型质量的影响，以及各种结构树脂基复合材料的力学性能。

本书可供高等学校材料科学与工程、机械工程等相关专业的师生参考，也可供复合材料领域的研究人员和工程技术人员参考。

图书在版编目(CIP)数据

树脂基复合材料制备技术 / 黄志超，赖家美著. -- 北京：科学出版社, 2025.6. -- ISBN 978-7-03-082537-7

Ⅰ. TB332

中国国家版本馆CIP数据核字第2025TV5493号

责任编辑：刘宝莉 / 责任校对：任苗苗
责任印制：肖　兴 / 封面设计：蓝正设计

科学出版社 出版
北京东黄城根北街 16 号
邮政编码：100717
http://www.sciencep.com

涿州市殷润文化传播有限公司印刷
科学出版社发行　各地新华书店经销

*

2025 年 6 月第 一 版　开本：720 × 1000　1/16
2025 年 6 月第一次印刷　印张：15 3/4
字数：318 000

定价：138.00 元
（如有印装质量问题，我社负责调换）

前　言

复合材料是由两种及以上物理或化学性质存在差异的物质组合在一起的多相固体材料，通常由基体和增强体组成，兼具其组成材料的优点。复合材料可按照基体材料、增强体材料、制备工艺等进行分类，能够满足不同的使用要求。随着复合材料制备理论的提出和制备工艺的改进，先进复合材料如碳纤维、硼纤维等材料的生产工艺逐渐成熟，生产成本逐渐降低，同时具有更高的静态和动态力学性能，结构设计灵活度更高。

随着材料工业的发展，复合材料在航空、汽车、船舶等工业领域中的应用逐渐得到推广，使用占比日益增长。在早期的复合材料工业应用中，树脂基复合材料发挥了重要作用。20 世纪 60 年代以后，为了满足航空飞行器等精密设备对材料的高性能要求，碳纤维复合材料得以开发并规模化生产。此外，石墨纤维、硼纤维、芳纶纤维以及碳化硅纤维等材料也逐渐投入工业应用，并与合成树脂、碳、石墨、陶瓷、橡胶等非金属基体或铝、镁、钛等金属基体复合，构成各具特色、性能各异的复合材料。

复合材料虽然具有诸多优点，但是由于设计、工艺、成本和使用维护等方面的局限性，其大规模应用仍然存在较多限制。作者长期从事轻型板料性能分析和应用研究工作，在复合材料层合板的制备和结构性能分析方面进行了有益探索，积累了丰富的理论研究与应用成果。本书在对复合材料制备工艺与工业应用进行概要介绍的基础上，重点就树脂基复合材料 VARTM 成型工艺的原理、相关工艺参数对制备材料性能的影响等进行了详细阐述。以力学性能试验为主，以有限元仿真为辅，主要分析了纤维增强复合材料层合板、缝合泡沫夹芯结构复合材料层合板等的制备工艺特点，以及制备材料的力学性能，所得到的结论可以为复合材料的制备和应用提供一定的理论依据。

本书主要介绍了采用 VARTM 成型工艺制备纤维增强复合材料层合板过程中各工艺参数对复合材料层合板成型质量的影响，以及树脂充填、温度场等的变化规律，并制备缝合泡沫夹芯结构复合材料层合板，分析其力学性能特点。

本书相关内容是在华东交通大学黄志超教授主持的国家自然科学基金项目(51265012)以及南昌大学赖家美教授主持的国家自然科学基金项目(51263015、51763016)等资助下完成的研究成果。本书第 1 章由华东交通大学张永超撰写，第

2章和第3章由华东交通大学黄志超撰写，第4～6章由南昌大学赖家美撰写。感谢华东交通大学程梁及南昌大学陈显明、王德盼、王科、余松标等对本书所做的贡献。

由于作者水平有限，书中难免有不足之处，敬请读者批评指正。

目　　录

前言
第1章　复合材料概述 ·· 1
　1.1　复合材料分类 ··· 1
　1.2　复合材料成型工艺 ·· 2
　　1.2.1　低压接触成型工艺 ·· 2
　　1.2.2　喷射成型工艺 ·· 5
　　1.2.3　真空辅助成型工艺 ·· 7
　　1.2.4　模压成型工艺 ·· 8
　　1.2.5　先进复合材料成型工艺 ·· 9
　1.3　复合材料应用 ·· 12
　　1.3.1　复合材料在飞机领域中的应用 ····································· 12
　　1.3.2　复合材料在汽车领域中的应用 ····································· 13
　　1.3.3　复合材料在船舶领域中的应用 ····································· 14
　参考文献 ··· 15

第2章　VARTM成型工艺纤维增强复合材料树脂充填模拟及试验研究 ··········· 16
　2.1　VARTM成型工艺概述 ·· 16
　　2.1.1　VARTM成型工艺与其他工艺对比 ································ 16
　　2.1.2　VARTM成型工艺发展概况 ··· 19
　　2.1.3　VARTM成型工艺数值模拟研究现状 ···························· 23
　2.2　VARTM成型工艺中乙烯基树脂体系流变性能研究 ················· 24
　　2.2.1　试验部分 ··· 25
　　2.2.2　结果与分析 ·· 25
　2.3　VARTM成型工艺纤维增强复合材料与导流介质渗透性能的研究 ··· 33
　　2.3.1　渗透率测试理论 ·· 34
　　2.3.2　纤维增强复合材料渗透率测量 ····································· 42
　　2.3.3　结果与分析 ·· 46
　2.4　VARTM成型工艺中树脂充填数值模拟与试验研究 ················· 56
　　2.4.1　树脂充填过程数值模拟 ··· 57
　　2.4.2　树脂充填过程试验 ·· 60
　　2.4.3　树脂充填过程数值模拟与试验对比 ······························· 62

2.4.4 工艺参数对树脂充填行为影响的数值模拟与试验分析 ················ 64
2.5 VARTM 成型工艺制备纤维增强复合材料层合板试验研究 ················ 77
  2.5.1 试验部分 ················ 77
  2.5.2 标准试样制作与测试 ················ 77
  2.5.3 纤维体积分数和孔隙率测试结果与分析 ················ 80
参考文献 ················ 84

第3章 VARTM 成型工艺纤维增强复合材料层合板树脂固化过程中温度场的研究 ················ 86

3.1 环氧树脂、固化剂及玻璃纤维简介 ················ 86
  3.1.1 环氧树脂 ················ 86
  3.1.2 固化剂 ················ 87
  3.1.3 环氧树脂固化成型 ················ 87
  3.1.4 玻璃纤维 ················ 88
3.2 热固性树脂固化温度场的数学模型 ················ 92
  3.2.1 热固性树脂固化动力学理论研究 ················ 94
  3.2.2 初始条件 ················ 99
  3.2.3 模拟方法 ················ 100
3.3 VARTM 成型有限元温度场模拟 ················ 100
  3.3.1 物理模型的建立 ················ 100
  3.3.2 参数设定 ················ 101
  3.3.3 UDF 编译和边界条件 ················ 103
  3.3.4 求解设置 ················ 105
  3.3.5 其他设定 ················ 107
3.4 复合材料层合板固化温度监测试验 ················ 108
  3.4.1 试验材料与试验设备 ················ 108
  3.4.2 试验步骤 ················ 109
3.5 模拟和试验结果分析 ················ 112
  3.5.1 模拟结果与分析 ················ 112
  3.5.2 试验结果与分析 ················ 117
参考文献 ················ 119

第4章 VARTM 成型工艺玻璃纤维增强不饱和聚酯复合材料层合板的制备与性能研究 ················ 122

4.1 真空辅助树脂传递模塑试验 ················ 122
  4.1.1 VARTM 成型工艺试验材料与试验设备 ················ 122
  4.1.2 VARTM 成型工艺试验过程 ················ 122

4.2 测试方法 126
 4.2.1 VARTM成型工艺用乙烯基树脂凝胶测试 126
 4.2.2 纤维体积分数和孔隙率测试 126
 4.2.3 拉伸性能测试 128
 4.2.4 弯曲性能测试 129
 4.2.5 冲击性能测试 130
4.3 VARTM成型工艺参数对玻璃纤维增强不饱和聚酯复合材料层合板性能的影响 132
 4.3.1 导流介质对复合材料层合板性能的影响 132
 4.3.2 压实时间对复合材料层合板性能的影响 142
 4.3.3 真空压力对复合材料层合板性能的影响 146
 4.3.4 纤维层数对复合材料层合板性能的影响 149
 4.3.5 纤维织物编织方式对复合材料层合板性能的影响 152
参考文献 156

第5章 VARTM成型工艺缝合泡沫夹芯结构复合材料层合板树脂充填分析 157

5.1 夹芯结构与缝合复合材料概述 158
 5.1.1 夹芯结构复合材料发展概况 158
 5.1.2 缝合复合材料概述 159
 5.1.3 VARTM成型工艺树脂充填数值模拟研究现状 163
5.2 VARTM成型工艺缝合泡沫夹芯结构复合材料层合板树脂充填试验 163
 5.2.1 试验材料与试验设备 163
 5.2.2 预成型体的缝制 164
 5.2.3 预成型体VARTM成型工艺树脂充填 165
5.3 VARTM成型工艺缝合泡沫夹芯结构复合材料层合板树脂充填数值模拟 167
 5.3.1 预成型体模型 168
 5.3.2 模型建立和网格划分 171
 5.3.3 模拟计算 172
 5.3.4 数值模拟结果与试验结果对比分析 173
 5.3.5 导流网对树脂充填影响 177
 5.3.6 缝合参数对预成型体中树脂充填的影响 182
5.4 VARTM成型工艺带加强筋缝合泡沫夹芯结构复合材料层合板树脂充填研究 193
 5.4.1 VARTM成型工艺带加强筋缝合泡沫夹芯结构复合材料层合板

　　　　　数值模拟 193
　　　5.4.2　带加强筋缝合泡沫夹芯结构树脂充填试验 198
　　　5.4.3　模拟与试验结果对比分析 199
　参考文献 203

第6章　聚氨酯泡沫夹芯结构复合材料层合板的制备与力学性能研究 206
　6.1　聚氨酯泡沫夹芯结构复合材料层合板制备 206
　　　6.1.1　试验材料与试验设备 206
　　　6.1.2　未缝合与缝合泡沫夹芯结构复合材料层合板制备 207
　　　6.1.3　钢丝网缝合泡沫夹芯结构复合材料层合板制备 210
　6.2　泡沫夹芯结构复合材料层合板三点弯曲模拟 211
　　　6.2.1　复合材料层合板力学性能参数 211
　　　6.2.2　有限元模型的建立 212
　6.3　泡沫夹芯结构复合材料层合板弯曲性能测试和结果分析 215
　　　6.3.1　弯曲试验设备和试验标准 215
　　　6.3.2　未缝合泡沫夹芯结构复合材料层合板弯曲性能测试 215
　　　6.3.3　缝合泡沫夹芯结构复合材料层合板弯曲性能测试 220
　　　6.3.4　钢丝网缝合泡沫夹芯结构复合材料层合板弯曲性能测试 225
　6.4　泡沫夹芯结构复合材料层合板低速冲击试验和结果分析 228
　　　6.4.1　低速冲击试验装置 228
　　　6.4.2　低速冲击试验结果分析 229
　6.5　泡沫夹芯结构复合材料层合板压缩性能研究 233
　　　6.5.1　硬质泡沫芯板的力学性能 234
　　　6.5.2　泡沫夹芯结构复合材料层合板平压性能 234
　　　6.5.3　泡沫夹芯结构复合材料层合板侧压性能 238
　参考文献 243

第 1 章　复合材料概述

复合材料是由两种及以上物理或化学性质上存在差异的物质组合在一起的一种多相固体材料。复合材料由多种成分复合后其整体性能超过各组分原材料，同时保留其所需要的性能(如高比强度、高比刚度等)，而抑制不需要的特性。

复合材料属于混合物，是两个或两个以上的组元或不同组织相的结合体。其中构成复合材料的组成部分的化学性质是不同的，即复合材料是不同材料在宏观标准上组合而成的一种实用材料。复合材料还应具备以下条件：①组成材料的各组元含量所占的比例都需大于 5%；②所具备的性能与构成它的各组元独立存在时的性能明显不同；③混合制备方法较多。

1.1　复合材料分类

复合材料的结构通常由两相组成：一个是连续相(称为基体)；一个是分散相。分散相可以明显提高材料性能，因而被称为增强体。复合材料常用的分类方法包括：①按基体材料分类；②按增强材料分类；③按基体材料与增强材料综合考虑进行分类；④按制备工艺分类；⑤按材料作用分类；⑥按组成原材料是否同质分类。

复合材料中常用的纤维有玻璃纤维、硼纤维、碳纤维、芳纶纤维，此外还有碳化硅纤维和氧化铝纤维等。最早使用的是玻璃纤维，玻璃纤维的直径为 5～20μm，所制成的织物具有强度高、延伸率大的特点。硼纤维属于复相材料，由硼蒸气在钨丝上经过沉积而成，其直径较大不能做成织物，且生产成本高。碳纤维是将多种有机纤维经加热、碳化而形成的，具有高比强度、高比模量等特点，因其制造工艺简单，成本低，所以成为最重要的纤维材料。在制作工艺上，芳纶纤维与碳纤维和玻璃纤维都不相同，它是由液晶纺丝工艺制备而成。

各种主要纤维材料与金属丝基本性能如表 1.1 所示。

复合材料制备中常用的基体材料包括树脂基、金属基、陶瓷基和碳素基体等。其中树脂基分为热固性树脂基和热塑性树脂基，热固性树脂基包括环氧、酚醛和不饱和聚酯树脂等，热塑性树脂基包括聚乙烯、聚苯乙烯、聚酰胺(又称尼龙)等。金属基主要用于耐高温或其他特殊需要的场合，基体材料包括铝、铝合金、镍、钛合金等。陶瓷基具有耐高温、化学稳定性好等优点，同时具有脆性和耐冲击性差等缺点，限制了其应用范围。碳素基主要用于碳纤维增强碳基体复合材料，又称为碳/碳复合材料。

表 1.1 各种主要纤维材料与金属丝基本性能

	材料	直径/μm	熔点/°C	相对密度 γ	拉伸强度 σ_b/MPa	弹性模量 $E/10^5$Pa	比强度 σ_b/γ/MPa	比模量 E/γ/10^5Pa
玻璃纤维	无碱玻璃纤维	10	700	2.55	3500	0.74	1373	0.29
	高强玻璃纤维	10	840	2.49	4900	0.84	1968	0.34
	硼纤维	100	2300	2.65	3500	4.10	1321	1.55
		140	2300	2.49	3640	4.10	1462	1.65
碳纤维	普通碳纤维	6	3650	1.75	2500～3000	—	1429～1714	—
	高强碳纤维	6	3650	1.75	3500～7000	2.25～2.28	2000～4000	1.29～1.30
	高模碳纤维	6	3650	1.75	2400～3500	3.50～5.80	1371～2000	2.00～3.31
	极高模碳纤维	6	3650	1.75	750～2500	4.60～6.70	429～1429	2.63～3.83
金属丝	钢丝	—	1350	7.8	420	2.10	54	0.27
	铝丝	—	660	2.7	630	0.74	233	0.27
	钛丝	—	—	4.7	1960	1.17	417	0.25

1.2 复合材料成型工艺

1.2.1 低压接触成型工艺

低压接触成型工艺如图 1.1 所示。在低压接触成型工艺过程中，首先将材料在模具中设计成制品形状，然后将加有固化剂的树脂混合液涂覆到铺好的增强材料上，使之完全浸润，再进行加热或者常温状态下一定时间的固化处理，随后进行脱模和修整，最终得到复合材料制品。低压接触成型工艺是复合材料制备领域中最早使用的成型方法，应用范围广泛。采用低压接触成型工艺制备的复合材料占比极大。

低压接触成型工艺优点包括：①设备简单，适应性广；②不受产品形状和尺寸限制，适于变化较多而数量较少的大型复合材料制品；③操作简便，作业者经短期培训即可生产比较复杂的复合材料制品。缺点则包括：①自动化程度与生产效率低，产品质量依赖作业者的技能熟练度；②作业者劳动强度大，人工成本较高；③产品重复性差，不适于大批量产品。

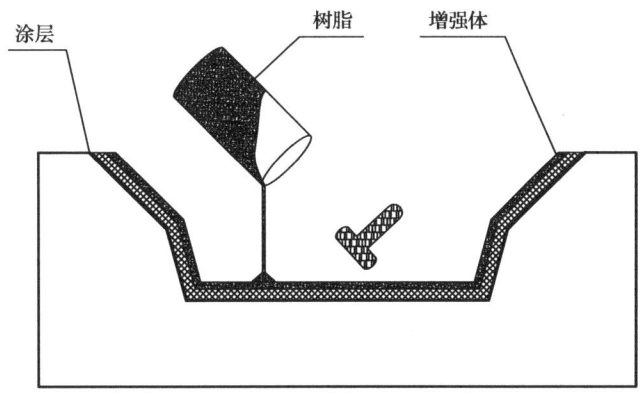

图 1.1 低压接触成型工艺

低压接触成型工艺中使用的原材料包括增强材料、基体材料以及辅助材料等。

1. 增强材料

适用于低压接触成型工艺的增强材料应满足如下要求：①增强材料对树脂的浸润性好，树脂能够充分地浸润到增强材料中；②增强材料有足够的变形性，能够满足形状复杂制品的成型要求；③能够满足使用环境要求，如防腐蚀和防震性能等。适用于低压接触成型工艺的增强材料包括玻璃纤维、碳纤维、芳纶纤维等。

2. 基体材料

基体材料是复合材料中的连续相材料，其主要作用是黏结纤维、均衡载荷、分散载荷和增加复合材料强度等。低压接触成型工艺要求基体材料能够容易地浸透增强材料，与材料的黏结性好且强度高；黏度适宜，流动性好；在室温条件下能够凝胶、固化，不会产生流胶现象；基体材料本身无毒或毒性低；基体材料价格低，能够大规模应用。

基体材料包括不饱和聚酯树脂、环氧树脂、酚醛树脂、乙烯基树脂等。不饱和聚酯树脂是最常用的一种热固性树脂，常用于物体表面加厚、加固，具有较高的拉伸、弯曲和压缩强度，可以在室温下固化，常压下成型性能好，适于制造大尺寸玻璃钢制品。但不饱和聚酯树脂固化收缩率较大，为 3%～6%，且有刺激性气味。环氧树脂是一种热固性树脂，通过使用不同类型的固化剂，环氧树脂可以在 0～180℃范围内固化；环氧树脂固化时收缩率低，产生的内应力小，能够得到较高的黏附强度；环氧树脂固化后的力学性能优良，化学性能稳定，尺寸稳定不变性和结构耐久性好。酚醛树脂是无色或黄褐色透明固体，其耐热性、耐燃性、耐水性、绝缘性优良，机械性能良好，但耐碱性较差。乙烯基树脂是热固性树脂，具有较好的固化性，力学性能良好，有较强的耐酸、耐碱等化学性能。

3. 辅助材料

辅助材料用于辅助成型，在复合材料成型过程、复合材料后续处理以及复合材料制品质量改进方面发挥重要作用。辅助材料包括固化剂、脱模剂、促进剂、增韧剂、阻燃剂等。

固化剂是促进树脂在一定时间、温度、湿度条件下固化的化学物质，在使用时将树脂和固化剂按照一定比例混合，并搅拌均匀，然后进行模具充填，常用的固化剂包括过氧化环己酮、过氧化苯甲酰、乙二胺、二亚乙基三胺等。

脱模剂是涂覆在模具和制备材料之间的隔离介质，防止成型后复合材料制品与模具黏结在一起，有助于快速完整无损伤地将制品从模具中取出，同时避免模具损伤。脱模剂应具有良好的耐化学性能，在与不同树脂接触时不易被溶解，并具有一定的耐热和应力性能，不易分解或磨损。此外，脱模剂不能妨碍复合材料制品的二次加工处理。常用的脱模剂包括硅油、甲基硅油、聚乙烯醇、聚乙烯蜡、聚醚和脂油混合物等。

促进剂是在复合材料制备过程中为提高树脂固化速度而添加的物质，通常与固化剂配合使用，其原理是降低引发剂引发温度，促使有机过氧化物在室温下产生游离基。常用的促进剂包括二甲基苯胺、环烷酸钴等。

增韧剂是增加胶黏剂膜层柔韧性的物质，对于某些热固性树脂胶黏剂如环氧树脂胶黏剂，其固化后伸长率低，脆性大而韧性小，在受到外力作用时易产生裂纹，使用增韧剂可以较好地降低胶黏剂脆性，增大其韧性，在不影响胶黏剂其他性能的基础上提高胶黏剂的承载强度。常用的增韧剂包括二丁酯、聚酰胺等。

阻燃剂是降低易燃聚合物可燃性的功能性助剂，能够阻止聚合物材料引燃、燃烧或抑制火焰。阻燃剂按其元素种类可以分为卤系、磷系、氮系、硅系、铝镁系等。

4. 模具

模具是低压接触成型工艺的核心设备，其尺寸和性能直接影响复合材料质量，必须进行精密设计和制造。首先，模具必须满足复合材料制品尺寸精度及外观质量要求；其次，大批量生产工况要求模具具有足够的刚度、强度和抗变形能力，保证在反复使用过程中不会发生变形、损伤以及疲劳破坏；要便于复合材料制品脱模，可根据复合材料结构设计一定的脱模斜度。

低压接触成型模具一般包括三种：阳模、阴模、对模。阳模工作面凸起，阴模工作面凹陷，而对模则是阳模和阴模的组合，兼具阳模和阴模的优点。成型面复杂的模具一般由两部分及以上组成，因此，要考虑模具的定位问题。模具材料应具有足够的强度和刚度，保证模具在使用过程中不会出现变形和损坏，使用过程中不会受到树脂等材料的侵蚀，不影响树脂固化，较高温度下不易产生变形，加工比较方便等。低压接触成型模具所使用的材料包括木材、石膏、金属等。

5. 低压接触成型工艺流程

首先，将基体材料、增强材料以及模具等准备好，根据复合材料类型选择适当的脱模剂、固化剂等辅助材料。模具使用前要进行详细检查，确保尺寸精度和表面质量符合要求，若长期未使用，需要进行打磨、抛光、清洗处理。然后，根据复合材料制品表面要求选择脱模剂并进行配制，乙酸纤维素脱模剂常用于表面粗糙、孔隙率与含水率较高、未经喷漆处理的石膏模具、水泥模具等；聚乙烯醇脱模剂常用于玻璃钢模具和喷漆处理的木质模具等。使用脱模剂对模具表面进行涂覆需要重复多遍，之间应有一定的时间间隔。

低压接触成型复合材料分为表面层和结构层，表面层由胶衣层、表面毡层、短切毡层组成，对复合材料制品的使用寿命和外观质量有很大影响。增强材料种类、纤维铺层设计和基体材料特性决定了复合材料制品的力学性能，最常见的纤维束铺设方向包括0°、45°、90°，也可采用30°或60°。一般可根据结构承载方式对纤维织物铺设方向进行设计，比如单向受力构件可在受力方向多铺设纤维，多向受力则设计多轴向铺层。在树脂涂覆过程中可以逐层涂覆，能够有效排除气泡，使树脂材料达到均质状态，若复合材料制品形状复杂不易逐层涂覆，则可通过局部增强保证结构或强度的一致性。

树脂涂覆完成后，需要进行一定温度下一定时间的固化，固化一般分为凝胶、固化、加热后处理三个阶段，温度对固化时间有较大影响，通常温度高则固化时间短。固化完成后即可进行脱模，并进行去毛刺等修整处理。

采用低压接触成型工艺制备复合材料制品尤其是大尺寸且结构复杂的复合材料制品时，常出现流胶、气泡以及分层等缺陷，这与树脂黏度、纤维织物的铺设、固化剂和促进剂等辅助材料的用量、制品结构的复杂度以及制备环境等密切相关，应对树脂黏度等材料参数进行有效控制，并采用合理的铺层设计，才能得到符合要求的复合材料制品。

1.2.2 喷射成型工艺

喷射成型工艺如图1.2所示。喷射成型工艺是利用喷枪等喷射设备将混合有促进剂和引发剂的树脂基体材料雾化喷出，并和由切割机切断的纤维在空间混合后，在模具表面沉积，然后用压辊等设备压实或固化成型的成型工艺。喷射成型工艺是由低压接触成型工艺衍生出的工艺，主要特点是将低压接触成型工艺中的纤维铺层和基体涂覆改进为由设备完成，是一种半机械化成型工艺，自动化程度相对较高。

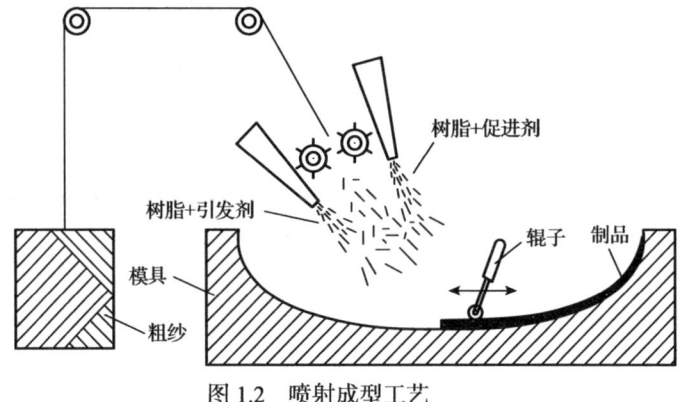

图 1.2 喷射成型工艺

喷射成型工艺设备按照喷射动力形式可以分为气动型和液压型。气动型是用压缩空气将树脂喷出，液压型则是利用液压将胶液喷涂到模具上。按照胶液的混合形式可以分为预混合型、内混合型和外混合型。预混合型是将树脂和引发剂等辅助材料在混合器中先进行充分混合，再由喷射设备喷出；内混合型是将树脂和固化剂在喷枪头部的紊流混合器内充分混合，再由喷射设备喷出。外混合型是将树脂和固化剂等分别单独喷出，在空间中雾化混合。

喷射成型工艺的优点包括：①生产效率高，是手糊成型工艺的2~4倍；②利用粗纱代替织物，能够降低生产成本；③产品的整体性好，成型过程无缝接，制品层间剪切强度高，有较好的抗腐蚀、耐渗漏性能；④生产过程灵活，可以根据产品要求调节纤维长度等；⑤生产工艺不受复合材料制品的尺寸和形状限制；⑥后处理工作量小，可以有效减少材料消耗。缺点则包括：①增强材料以切断的形式存在，且树脂含量较大，不利于提高复合材料制品的强度；②产品质量在一定程度上取决于作业者的技术水平，产品稳定性受到限制；③喷射过程中材料产生雾化，对环境及作业者的健康有较大影响。

1. 喷射成型工艺材料和设备

在喷射成型工艺中树脂材料被雾化喷出，因此，树脂黏度不能太大，应控制在 0.3~0.8Pa·s。喷射成型工艺所采用的树脂最重要的特性是触变性，这是因为在大型制品或垂直面成型时，必须抑制树脂的流动，即保证树脂留在喷射位置不流动。对于喷射成型工艺，触变性指数为 1.5~4.0Pa。另外，树脂应具有适宜的固化特性和浸润脱泡性。喷射成型工艺所采用的树脂主要为不饱和聚酯树脂，含胶量约为60%，一般采用室温固化。

喷射成型工艺所采用的纤维材料首先应具有适宜的硬挺度，切割成短纤维后能够保持稳定的外形结构和力学性能；其次切割时不易产生静电，分散性好，保证所得制品的厚度均匀；与树脂的浸润性好，能与树脂充分混合，辊压时容易脱泡。喷射成型工艺所采用的纤维材料主要是玻璃纤维粗纱，复合材料制品纤维含量应控制在25%~45%，纤维长度为25~50mm。

与低压接触成型工艺所采用的模具设计要求类似，喷射成型工艺模具首先应满足复合材料制品的精度要求，成型面参数要精确，应具备足够的强度和刚度，在大批量生产时不会出现表面破坏，具有良好的脱模性。另外，针对喷射成型工艺特点，所采用的模具还应满足以下几点要求：①喷射成型工艺制品树脂含量较高，产品成型后会有较大的收缩率，模具设计应充分考虑收缩率和皱缩对产品质量的影响；②采用的纤维有一定长度，在模具拐角处应有较大的圆滑过渡，避免成型时纤维折断，影响产品质量；③模具应有一定的耐侵蚀性。

2. 喷射成型工艺流程

首先将树脂、固化剂、促进剂等材料在混合器内混合，将玻璃纤维粗纱用切纱器切断；然后将喷枪喷出的雾化基体材料和增强材料混合，沉积在模具成型面上；利用压辊等工具将沉积层内的气泡排除，将短切纤维压实并使制品厚度均匀；进行一定时间和温度的材料固化；固化完成后进行制品脱模；对毛坯件进行去边修整，最后得到成品。

喷射成型复合材料制品质量受多种因素制约，包括纤维长度、含量，树脂黏度、含量、喷射量、喷枪夹角与喷射走向等。通过对设备参数进行调整，能够得到符合设计要求，厚度均匀，产品稳定性和可控性较高的复合材料制品。喷射成型工艺主要用于制造整体卫生间、卡车导流罩等大型玻璃纤维增强聚酯树脂产品。另外，也可对建筑结构材料进行局部补强。

1.2.3 真空辅助成型工艺

真空辅助成型工艺如图1.3所示。真空辅助成型工艺是一种新型低成本大型复合材料制品成型技术，其基本原理是在真空状态下，借助于铺在结构层表面的高渗透率介质层引导，利用树脂的流动性和渗透性对密封模腔内的纤维织物增强材料进行浸润，并在一定温度下固化成型，从而得到复合材料制品。真空辅助成型工艺的独特优势在于基体和辅助材料的浸润和固化是在封闭的真空模腔内进行，成型过程中易挥发物和有毒气体不会进入到环境中，可以有效避免对作业者和环境的危害。另外，该工艺仅需要一个单面刚性模具，模具成本较低，复合材料制品的力学性能较好。为保证成型质量，必须建立具有一定负压的真空环境，并使模腔内压力在复合材料制品固化前保持稳定。

采用真空辅助成型工艺制造复合材料制品需要采用多种辅助材料，包括真空袋膜、导流网、脱模布、真空导气管道和真空泵等。该工艺是在真空状态下利用压力差将树脂等材料充填到真空模腔中，并使其充分浸润增强材料，因此，树脂黏度应适中，黏度太高则流动性差，浸润不充分，黏度过低则流动速度快，容易出现白斑、颜色不匀、气泡和分层等缺陷。

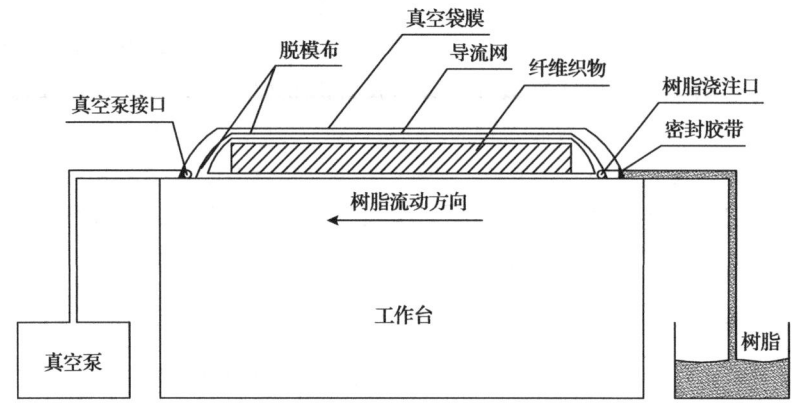

图 1.3　真空辅助成型工艺

采用真空辅助成型工艺制备复合材料制品时，首先在模具表面涂覆脱模剂，将纤维织物按制品要求尺寸进行裁剪；其次在模具上按照顺序依次铺好纤维织物、脱模布、剥离层介质、导流介质，安放固定树脂灌注管道、真空导气管道等，纤维织物的放置应根据制品的受力方式进行铺层和方向设计；然后用密封胶带将纤维织物及辅助介质密封，并用真空泵将成型模腔抽成真空状态，检查模腔的密封性，确保空气不会进入模腔；在空气压力差驱动下，将树脂通过灌注管道导入真空模腔内，在这一阶段要保持模腔内真空状态不变；继续保持模腔内的真空状态，在室温或加热条件下完成复合材料制品的固化，得到毛坯件；最后对复合材料制品脱模并进行修整。

真空辅助成型工艺的应用始于 20 世纪 80 年代，该工艺具有成本低、效率高、质量好以及适于制造大型复杂结构件的优点，因此，在船体、叶片、桥梁等工业产品制造中得到了广泛应用。

1.2.4　模压成型工艺

模压成型工艺如图 1.4 所示。模压成型工艺是一种将粉状、粒状或纤维状的模压料放入金属模具中，在一定温度和压力作用下，使材料成型并固化得到复合材料制品的成型技术。在这一过程中，模压料等增强材料要能够塑化流动，与树脂发生混合固化。因此，与低压接触成型工艺相比，模压成型工艺所需的压力较大，是一种高压成型方法。

模压成型工艺的优点包括：①复合材料制品的尺寸精度高，机械性能好，受力时不易发生变形；②原材料利用率高，成型设备模具磨损小，成本低；③复合材料制品的收缩率小，重复性好，易于实现自动化，生产效率高；④复合材料制品表面质量好，无须二次修整。模压成型工艺的缺点在于模具制造复杂，初期投资大，以及成型周期长等。

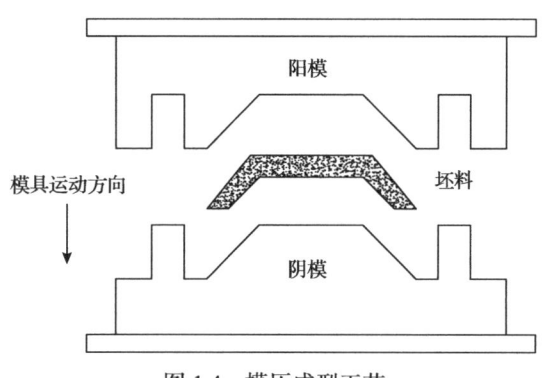

图 1.4　模压成型工艺

模压成型工艺可以分为纤维料模压法、碎布料模压法、织物模压法、缠绕模压法、吸附预成型坯料模压法和定向铺设模压法等。模压料中的增强材料包括玻璃纤维织物、无捻粗纱和有捻粗纱等。在这些模压成型工艺中，所采用的树脂要具有良好的浸润性能，有适当的黏度和良好的流动性，能够与增强材料均匀混合并充满成型模腔，同时要求固化过程中复合材料制品的体积收缩率小。常用的树脂包括不饱和聚酯树脂、环氧树脂、酚醛树脂、乙烯基树脂和呋喃树脂等。辅助材料一般包括固化剂、促进剂、稀释剂、表面处理剂和脱模剂等。

以短纤维模压料为例说明模压成型工艺流程。短纤维模压料的制备工艺包括预混法和预浸法。预混法是先将玻璃纤维切成 30～50mm 的短切纤维，与树脂混合均匀，然后经烘干（晾干）制备而成模压料，其特点是模压料比容大，流动性好。预浸法则是将整束连续玻璃纤维（或布）经过浸胶、烘干、切割而制成模压料，特点是纤维呈束状，排布比较紧密。

短纤维模压料模压成型工艺流程主要分为加料、闭模、排气、固化、脱模和后处理等阶段。在加料阶段，需要精确计算装料量，装料量多则复合材料制品毛边厚，容易导致尺寸不精确、脱模困难和物料浪费等问题。装料量少则复合材料制品不致密且厚度不均匀。模具需要预热并涂覆脱模剂，将模压料预热并预成型，然后将模压料装入模具进行压制，在模压温度下保持一段时间完成固化，最后进行脱模和后处理。

1.2.5　先进复合材料成型工艺

先进复合材料（advanced composites material，ACM）也称为高性能复合材料，是用于制造设备主承力结构和次承力结构，刚度和强度相当于或超过铝合金的复合材料，包括碳纤维、硼纤维和氮化硅纤维等，具有较高的比强度、比模量，良好的延展性、耐腐蚀、减震和耐高低温等特性，已广泛应用于航空航天、机械、建筑和医学等领域。

与传统复合材料相比，先进复合材料的优点包括：①具有更高的静态和动态力学性能，比如碳纤维增强环氧树脂基复合材料的静态强度较高，而疲劳强度可以达到静态强度的 90%；②结构设计灵活度更高，先进复合材料由不同的高性能基体和增强材料制备而成，可以根据功能与环境合理选择材料，充分发挥先进复合材料的性能优势；③先进复合材料可以采用一体成型技术制备，有效提高生产效率，减少紧固件数目。

先进复合材料的成型方法很多，可以按照工艺特点进行分类。比如按照成型工艺可以分为纤维预浸渍成型工艺和预成型件/液态成型工艺两类。纤维预浸渍成型工艺包括热压罐成型工艺、真空袋成型工艺、模压成型工艺和缠绕成型工艺等。预成型件/液态成型工艺包括真空辅助树脂注射成型工艺和树脂传递模塑成型工艺等。按照成型过程所需压力可分为低压成型工艺和高压成型工艺。另外，也可以按照所采用模具的开、闭模方式分为开模成型工艺和闭模成型工艺。先进复合材料成型工艺包括热压罐成型工艺、缠绕成型工艺和树脂传递模塑成型工艺等。

1. 热压罐成型工艺

热压罐成型工艺如图 1.5 所示。热压罐成型工艺是利用热压罐内部的高温压缩气体产生的压力对复合材料坯料进行加压、加热完成固化成型的方法。热压罐是一种能调控温度和压力的专用压力容器，具有整体加热系统和加压系统，通过加热与压缩空气加压对材料进行固化成型。热压罐成型工艺的优点比较明显，热压罐内的压力和温度恒定且均匀，所得到的复合材料制品材质密实，孔隙率低。通过调控温度和压力可实现多种先进复合材料以及结构件的制备，比如蒙皮、壁板和壳体等。但是复合材料制品尺寸受到热压罐尺寸的限制，另外，也存在设备

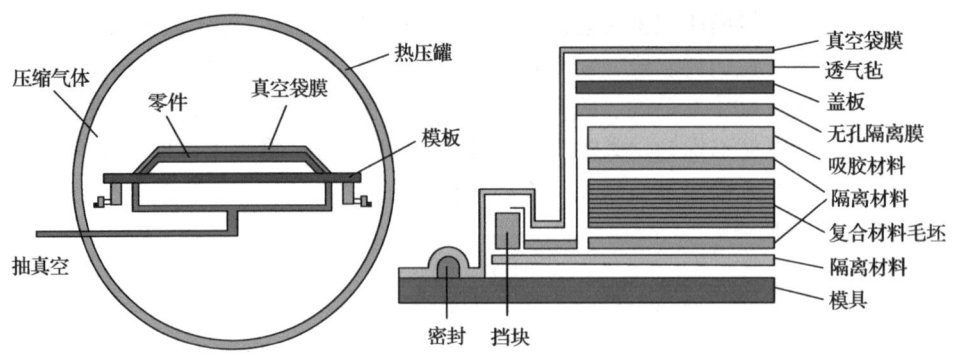

图 1.5 热压罐成型工艺

昂贵、材料利用率低和成本高的缺点。

2. 缠绕成型工艺

缠绕成型工艺如图 1.6 所示。缠绕成型工艺是将浸润过树脂胶液的连续纤维按照一定的规律缠绕在转动的芯轴上，经过固化、脱模，获得复合材料制品的工艺。缠绕成型工艺也有多种分类方法，按照缠绕方式可以分为极向缠绕、螺旋缠绕和周向缠绕，按照树脂基体的物理状态可以分为干法缠绕、湿法缠绕和半干法缠绕，在这三种缠绕方法中，湿法缠绕的应用最为普遍，干法缠绕仅用于高性能、高精度的尖端设备结构件制造。

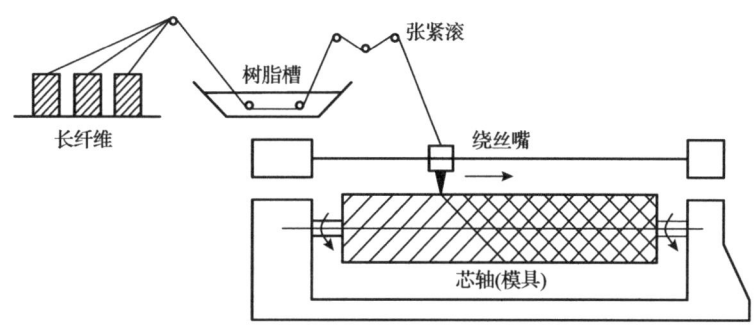

图 1.6 缠绕成型工艺

缠绕成型工艺的优点包括：①可根据结构件的受力特点对缠绕规律进行灵活设计，充分发挥纤维材料的强度；②易于实现机械化和自动化，产品质量稳定且生产效率高；③可根据复合材料制品特点选择合适的材料。另一方面，缠绕成型工艺具有设备投入大、适用范围小和技术要求高的缺点。

3. 树脂传递模塑成型工艺

树脂传递模塑(resin transfer molding，RTM)成型工艺是一种闭合模塑技术，将增强材料放在成型模腔中，再将树脂等基体材料注入到成型模腔中，使其浸润增强材料，然后增强材料和基体材料在一定温度下发生化学反应而固化成型。RTM 工艺具有孔隙率小、尺寸精度高、产品表面质量好、生产率高和材料选择范围广等优点。RTM 工艺的缺点在于树脂流动速度不易控制，容易出现气泡和翘曲等缺陷。近年来 RTM 工艺衍生出了多种成型工艺，包括真空辅助树脂传递模塑(vacuum assisted resin transfer molding，VARTM)、热膨胀树脂传递模塑(thermal expansion resin transfer molding，TERTM)、真空辅助树脂灌注模塑(vacuum assisted resin infusion molding，VARIM)和树脂膜渗透(resin film infusion，RFI)等成型工艺。

1.3 复合材料应用

随着复合材料的发展和各种新型成型技术的开发应用,复合材料在工业领域中的使用比例不断增大。在早期的复合材料工业应用中,树脂基复合材料发挥了很大的作用,其中,玻璃纤维增强树脂基复合材料尤为突出。20世纪60年代以后,为了满足航空飞行器对材料高比模量、高比强度的性能要求,碳纤维、石墨纤维、硼纤维等复合材料得到了极大发展,并与合成树脂等非金属基体或铝、镁、钛等金属基体复合,构成各具特色、性能各异的复合材料[1,2]。

1.3.1 复合材料在飞机领域中的应用

复合材料在航空航天领域应用的比例较小,但在飞机上的使用比例日益增大,应用的结构也很多,在机体中分布广泛。现阶段飞机的性能与复合材料的应用水平密切相关。飞机作为一种高精密技术设备,对材料的性能要求很高,复合材料在飞机上的应用比例和应用结构已经成为衡量飞机各项性能的重要指标。

空客A350机型中复合材料的用量已经达到机体结构质量的40%,波音B787机型复合材料用量达到50%,空客A380机型采用了更多的复合材料,其中仅机身壁板采用的碳纤维复合材料就超过30t,从而使飞机的有效载荷大大增加。大型民用飞机复合材料应用情况如表1.2所示。

表1.2 大型民用飞机复合材料应用情况

机型	碳纤维种类	复合材料结构质量比例/%	复合材料用量/t	复合材料主要使用部位
空客A350	—	39	17	机翼
空客A380	T800S-24k IM600-24k	25	36	机尾
空客A400M	—	34~40	—	机身、机翼
波音B777	T300-3k、T800-12k	9	8~9	机身、掠翼
波音B787	T700、T800、IM7、IM8	50	35	机身、机翼

空客A310机型是第一型采用复合材料垂尾盒的民用飞机,空客A320机型是率先采用全复合材料尾翼的飞机,空客A340-500/600机型是率先采用碳纤维增强复合材料(carbon fiber reinforced plastic, CFRP)大梁和后压力隔框的飞机。在这些机型中,飞机机体垂尾、方向舵、升降舵、整流罩、水平尾翼、垂直尾翼等均采用了复合材料,比例各有不同,随着机型的发展,越来越多的结构开始采用复合材料。而在空客A380机型中,后机身、尾椎、横梁、中央翼盒、机肋、襟翼轨道等也都采用了复合材料。另外,空客A380机型首次在飞机壳体上采用GLARE

材料。GLARE 是一种由 2024 高强铝合金和玻璃纤维层压而成的复合材料,具有质量轻、强度高、抗疲劳特性好等优点。GLARE 材料在空客 A380 机型上的用量比例为 3%,主要用于机身上部外壳和尾翼的主边缘。空客 A350XWB 机型是目前复合材料用量比例最大的一型客机,复合材料比例达到 53%,复合材料用量第一次超过了金属材料,对降低机体质量,提高机体寿命,降低维修成本,提高经济效益有明显的促进作用。

在 20 世纪 60 年代,波音各型飞机复合材料用量比例只有 1%~3%,波音 B747 机型的复合材料用量比例也只有 2%~3%。20 世纪 80 年代后,复合材料在波音多型客机上的用量显著增加,波音 B777 机型中复合材料用量比例约为 12%,而在波音 B787 机型中,复合材料比例达到 50%,远超铝材用量。波音 B787 机型在机身和机翼部位采用了碳纤维增强复合材料,在水平尾翼、垂直尾翼等部位采用碳纤维增强夹芯板结构,整流蒙皮采用玻璃纤维增强树脂基复合材料。此外,波音 B787 机型在压力容器和引擎罩等部位采用碳纤维、有机纤维、玻璃纤维增强树脂和各种混杂纤维的复合材料。针对不同尺寸和使用位置的复合材料部件,波音 B787 机型中采用了多种制造加工工艺。例如,在中央翼盒、尾翼和机身前段中采用了铺带-热压罐固化工艺,在窗框、客货舱地板等位置采用模压-热压罐固化工艺,在襟副翼和扰流片中采用了缝合-真空辅助树脂转移成型技术,并采用了新型注射胶料和碳纤维丝束编织的无纬布。与空客 A380 机型相比,波音 B787 机型复合材料用量更大,复合材料结构件数量更多,分布更广泛。另外,在波音 B787 机型中,复合材料逐步开始替代传统金属材料作为主承力结构部件使用。针对波音 B787 机型,空客 A350 机型进一步提高复合材料用量,比例达到 53%,形成与波音 B787 机型的有力竞争。

我国商飞 C919 干线民用客机在气动布局、电传操纵、综合航电技术、客舱综合设计等关键技术方面均取得重要突破,总体性能达到世界先进水平。在 C919 型客机机体结构材料中,复合材料比例约为 12%,主要应用在尾翼、中央壁板、主起落架舱门工作包、前起落架舱门工作包、翼身整流罩工作包和垂直尾翼工作包等位置。与波音、空客等世界领先飞机制造商相比,我国国产大飞机复合材料的应用比例偏低。造成这种结果的原因有很多,例如,在飞机结构上大规模使用复合材料的理念还没有在工业领域得到深入推广与形成共识,相关结构复合材料的制备与产品结构设计存在比较突出的问题,生产成本较高等。

1.3.2 复合材料在汽车领域中的应用

在汽车制造业中,车身轻量化是一个主要的发展趋势,对车身各个结构进行的改进也主要是围绕车身减重展开,通过车身结构减重能够有效提升车辆的各项性能。当整车质量减轻 10%时,燃油经济性提高 3.8%,加速时间减少 8%,制动距离减少 5%，转向力减小 6%，CO 排放减少 4.5%，轮胎寿命提高 7%。为了提升经济性，汽车制造商逐步开发了各种轻型汽车用材料，包括高强度钢、铝合金、镁合金和树脂基复合材料等[3,4]。在这些材料中，复合材料质量轻、强度高、耐腐蚀性能好，纤维增强复合材料中的纤维与基体间的界面可以有效地阻止车身结构疲劳裂纹的萌生与扩展，与钢材和铝材相比，有较大的属性优势。另外，基于复合材料的制造工艺，其成型更方便、材料设计自由度更大，可以根据汽车零部件结构灵活地调整增强材料的形状、排布与基体材料含量，从而满足结构件的强度和刚度性能要求。同时，可以通过共固化成型制造大尺寸零件，减少结构零件数目，并在一定程度上降低结构失效的风险。因此在汽车车身结构中复合材料的用量越来越大，已经成为复合材料最大的应用领域。

汽车用复合材料应用部位主要包括车身、底盘和座舱等。基于复合材料的特性，在采用复合材料制造汽车零部件时，可以根据结构受力等情况进行灵活设计，如在韧性和刚度要求高的部位采用复合材料三合板，在几何形状较为复杂的区域使用复合材料层合板等。

碳纤维复合材料在车辆中的应用部位主要包括车身底盘、座椅结构、仪表盘、缓冲梁和窗饰等。在整体车身上采用碳纤维复合材料能够使汽车车身质量显著降低。例如，宝马 i3 车型中采用碳纤维座舱可以减重 50%左右。另外，采用碳纤维复合材料制造车身能够提高气动性和结构强度，在承受撞击时可以减少碎片的产生，提高安全性能。例如，F1 赛车车身大部分结构都采用了碳纤维复合材料。此外，碳纤维复合材料在碳纤维汽车轮毂、刹车系统、内外饰品、进气系统等结构和部件中均有比较多的应用。

汽车工业中广泛应用的金属基复合材料主要是颗粒增强和短纤维增强的铝基复合材料。在 20 世纪 80 年代，日本就已经使用硅酸铝纤维增强铝基复合材料制造汽车发动机活塞抗磨环、汽车连杆等零部件。美国将铝基复合材料应用于刹车轮，用 SiC 颗粒增强铝基复合材料制造汽车制动盘，其质量可以降低 40%～60%，耐磨性也得到了提高。此外，在轮胎螺栓、齿轮箱等零部件中也可以采用铝基复合材料制造加工。

1.3.3 复合材料在船舶领域中的应用

复合材料游艇已经成为先进复合材料应用的重要领域。与船舶制造所用的传统材料相比，应用复合材料能够显著减重，有效提高船舶性能，减少废气排放，提高燃油效率。另外，采用复合材料制造船体结构可设计性强，能够满足低磁、减震等性能要求，耐腐蚀，耐老化，从而提高船体结构的寿命，因此复合材料是理想的船体制造材料。船体结构所用复合材料主要以聚合物基复合材料为主，由增强材料、树脂和芯层材料复合制备而成。不同种类船舶所应用的复合材料不尽相同，不同类型的纤维如碳纤维和连续玄武岩纤维应用结构不同，不同的树脂也是如此。例如，船舶中最常用的基体树脂是不饱和聚酯树脂，而高性能船舶则一般采用间苯型聚酯树脂。环氧树脂主要用于碳纤维赛艇等主船体，酚醛树脂成本较低，可以用于船体的局部结构。复合材料夹层结构船体常用的轻质高性能结构芯材包括泡沫塑料、轻木和蜂窝材料等。另外，根据应用结构部位功能，复合材料可以分为结构复合材料、声学复合材料、阻尼复合材料、隐身复合材料和防护复合材料等。结构复合材料应用结构包括船舶壳体、舱室隔板、电缆盒等；声学复合材料应用结构包括声呐导流罩、稳定翼、指挥台围壳、舷间隔声器等；阻尼复合材料应用结构包括螺旋桨、推进轴、管路系统等；隐身复合材料应用结构包括围壳顶部、桅杆等；防护复合材料应用结构包括指挥舱、弹药舱、燃油舱等。

参 考 文 献

[1] 黄志超, 张玉宽, 姜玉强. 不同夹层材料层合板与 AA5052 铝合金自冲铆接接头成形质量与静强度对比. 锻压技术, 2022, 47(11): 87-94.

[2] 黄志超, 程露, 涂林鹏, 等. 不同纤维铺层玻璃-碳纤维混杂复合材料与铝合金自冲铆接强度对比. 塑性工程学报, 2020, 27(10): 54-61.

[3] Huang Z C, Zhang Y K, Lin Y C, et al. Physical property and failure mechanism of self-piercing riveting joints between foam metal sandwich composite aluminum plate and aluminum alloy. Journal of Materials Research and Technology, 2022, 17: 139-149.

[4] Huang Z C, Li H Z. Low velocity impact behavior of hybrid basalt/carbon FRP composites laminates: Influence of impact surface fiber type. Materials Today Communications, 2025, 44: 111991.

第2章 VARTM成型工艺纤维增强复合材料树脂充填模拟及试验研究

采用VARTM成型工艺制备复合材料制品有很多优点。首先，模腔内抽真空后模腔内压力变小，成型过程中模具的损伤减小，从而使模具的使用寿命更长、模具的可设计性更高；其次，模腔内抽真空后注入树脂，可以提高纤维增强复合材料的含量，复合材料制品的强度等力学性能显著提高；此外，真空辅助成型有助于树脂对纤维增强复合材料的浸润，使树脂和纤维增强复合材料的结合更为致密。

2.1 VARTM成型工艺概述

2.1.1 VARTM成型工艺与其他工艺对比

1. VARTM成型工艺原理及其特点

VARTM成型工艺是在单面刚性模具上铺放纤维增强体等材料，再用柔性真空袋膜包覆密封，形成一个密封模腔，然后抽出模腔中的气体使模腔内成为真空状态，再利用空气压力差驱动树脂流动、渗透和浸润纤维增强复合材料，最后在室温或加热环境中整体固化成型。VARTM成型工艺原理示意图如图2.1所示。

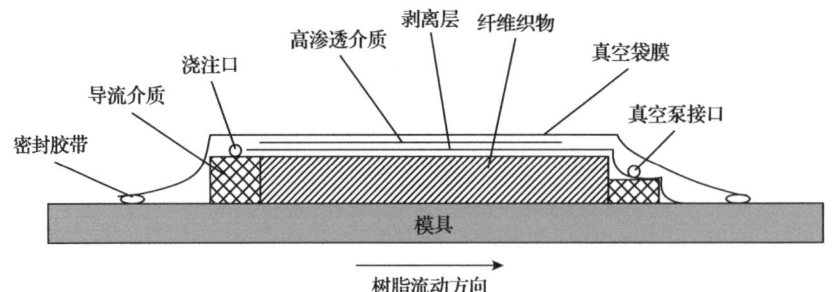

图2.1 VARTM成型工艺原理示意图

2. VARTM成型工艺与其他工艺的比较

不同成型工艺复合材料制品的结构性能和应用领域如图2.2所示。VARTM成型工艺复合材料制品属于结构和半结构材料范畴,应用领域包括航空航天、电气和船舶等行业,VARTM成型工艺复合材料制品占比正在快速增长。

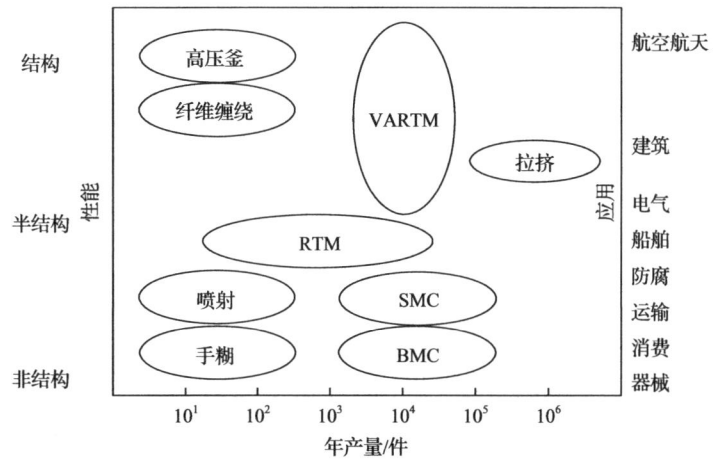

图 2.2 不同成型工艺复合材料制品的结构性能和应用领域

1) VARTM 成型工艺和手糊工艺比较

手糊工艺是发展历史最长的成型工艺,其主要工艺流程为:在模具上铺放一层纤维织物(布或毡),在织物上涂刷浸润树脂然后再铺放一层织物,重复进行,直到复合材料制品的厚度达到要求为止。手糊工艺的显著优点是复合材料制品的形状和尺寸不受限制,生产技术相对简单。该工艺的缺点包括:环境污染大,大量苯乙烯挥发会损害人体健康并污染环境;产品尺寸精度差,产品的壁厚精度无法保证,产品质量不稳定,重复性差;废料多且生产效率低;制品中纤维增强复合材料含量难以控制。

VARTM 成型工艺明显优于手糊工艺,闭模成型使苯乙烯的挥发得到有效控制,环境污染小,废料也更少。

2) VARTM 成型工艺与片状模塑工艺比较

片状模塑工艺出现于 20 世纪 60 年代,制品平整度高且不易变形,尺寸稳定表面光滑,具有较好的力学性能,生产效率高,适于大批量生产。片状模塑工艺的缺点包括:设备投资大,需要用专门设备将树脂、纤维增强复合材料和添加剂等混合制成片状模塑预制件;模具需要承受高压高温,模具成本高;成型需要大吨位压力机。VARTM 成型工艺采用单面硬质模具,另一半用真空袋膜代替,设备成本较低。

3) VARTM 成型工艺与热压罐工艺比较

航空航天高性能复合材料制品主要由热压罐工艺制得。热压罐工艺复合材料制品的纤维含量高、孔隙率低且质量稳定,但能源消耗大、设备投资高以及劳动量大。热压罐工艺需要专用预浸料制作设备和固化设备，并且预浸料制品固化时间长，铺放预浸料工作量大。

VARTM 成型工艺设备投资小，能源消耗少，产品性能好，复合材料制品综合成本相比热压罐工艺低很多。

4) VARTM 成型工艺与 RTM 工艺比较

VARTM 成型工艺是在 RTM 工艺的基础上发展而来，这两种工艺的特点从以下 5 方面进行比较。

(1) 模具成本。

RTM 工艺使用双面硬质模具，而 VARTM 成型工艺使用单面硬质模具，RTM 工艺的模具成本更高。

(2) 复合材料制品精度。

RTM 工艺复合材料制品精度由模具设计精度控制，且复合材料制品厚度由模具型腔控制。VARTM 成型工艺复合材料制品精度一方面由模具精度控制，另一方面受真空度、纤维增强复合材料类型等因素影响，需要适当控制真空度等因素，才能得到精度高、重复性好的复合材料制品。

(3) 成型速度。

成型速度主要由两个因素决定：一是树脂凝胶时间；二是完全固化时间。凝胶时间不能太短，要保证树脂充填完成浸润纤维增强复合材料后开始凝胶。VARTM 成型工艺需要的压力不大于一个大气压（10^5Pa），而 RTM 工艺通过注射设备向模腔中注入树脂，需要的压力是 VARTM 成型工艺的数倍，因此，RTM 成型速度是 VARTM 的数倍。

(4) 工艺步骤。

虽然 VARTM 成型工艺模具比 RTM 工艺模具成本低，但其技术要求并不比 RTM 工艺简单。RTM 工艺模具合模时要求上下模配合好，制造精度要求高；VARTM 成型工艺中需要真空辅助，要求模腔空间密封性好。

两种工艺步骤比较如下：

①RTM 工艺：铺放纤维增强复合材料；闭合模具；注射预定量树脂；等待固化；打开模具脱模；修整制品。

②VARTM 成型工艺：铺放纤维增强复合材料；铺放真空辅助材料；闭合密封模具；在精确低压下注射树脂；控制真空度；注意树脂外溢；等待固化；保压防止真空度损失；打开模具脱模；修整制品。

从上述两种工艺步骤可以看出，VARTM 成型工艺步骤几乎是 RTM 工艺的两倍。

(5) 设备要求及产品质量。

RTM 工艺需要专用的树脂、固化剂等计量混合设备以及模具操作装置，

VARTM 成型工艺需要真空泵及真空辅助材料。总体而言，RTM 工艺设备成本比 VARTM 成型工艺高很多。RTM 工艺由于树脂注入快，模腔中气体不能及时排出，产品中容易存在气泡等缺陷，而 VARTM 成型工艺利用抽真空排出模腔中的气体，产品的孔隙率低，综合性能更好。

3. VARTM 成型工艺材料的选择

在 VARTM 成型工艺应用中，需要根据复合材料制品的使用要求确定所采用的树脂体系和纤维增强复合材料的种类。VARTM 成型工艺的树脂体系不同于手糊、缠绕、模压及拉挤等工艺所用的树脂，VARTM 成型工艺树脂应满足"一长""一快""两高"和"四低"的要求，"一长"指树脂的凝胶时间长(凝胶时间是液态树脂在规定的温度下由流动液态转变成固体凝胶状态所需的时间)；"一快"指树脂的固化快；"两高"指树脂具有高浸润性和高消泡性；"四低"指树脂的黏度低、放热峰低、固化收缩率低和可挥发成分低。

VARTM 成型工艺纤维增强复合材料要与树脂基体有很好的相容性，易于树脂对纤维增强复合材料的浸润。玻璃纤维、碳纤维、芳纶纤维、陶瓷纤维和天然纤维等都可以在 VARTM 成型工艺中使用，其中玻璃纤维主要用于建筑装饰、海洋船舶和汽车等工业领域，而碳纤维主要用于航空航天、体育用品和国防尖端装备等高技术领域。

2.1.2 VARTM 成型工艺发展概况

1. VARTM 成型工艺树脂要求及开发状况

VARTM 成型工艺流程比较复杂，对树脂材料和纤维增强复合材料都有十分严格的要求。所采用的树脂不仅需要满足成本和性能要求，还需要满足工艺成型要求。VARTM 成型工艺树脂需要满足以下条件：

1) 树脂黏度

在 VARTM 成型工艺中，树脂在空气压力差的作用下完成对纤维增强复合材料的浸润。为使树脂充分浸润纤维增强复合材料，减少树脂充填过程时间和流动阻力，避免干斑和孔隙等缺陷，树脂黏度不能过高。VARTM 成型工艺树脂黏度范围为 $0.1 \sim 0.8 \mathrm{Pa \cdot s}$。

2) 凝胶时间

VARTM 成型工艺中在树脂未完全浸润纤维增强复合材料之前不能固化，要求树脂体系的凝胶时间应该足够长，保证树脂在发生凝胶前充填完成并对纤维增强复合材料充分浸润，特别是在制造结构复杂、尺寸大以及纤维含量较高的复合材料制品时，VARTM 成型工艺树脂的凝胶时间需要足够长。

3）相容性

VARTM 成型工艺中树脂要与纤维增强复合材料有良好的相容性，以提高纤维与树脂之间的浸润程度和黏结强度，使复合材料制品中纤维与树脂的界面结合性能更好。

4）反应活性

在树脂凝胶时间满足 VARTM 成型工艺的前提下，一旦发生凝胶反应，树脂反应活性应比较大，能够在较短时间内完成固化，一定程度上可以减少模具占用时间，提高生产效率。

5）收缩率

树脂收缩率应比较低，避免产生裂纹和孔隙。

6）放气量

VARTM 成型工艺成型在密闭模腔内完成，因此，树脂在复合材料成型过程中发生化学反应时不能伴随产生大量气体，否则会造成孔隙等缺陷。

VARTM 成型工艺树脂的选择受到很多因素限制，既要满足树脂黏度的要求，还要使复合材料制品在使用环境中有良好的综合性能，适用该工艺的树脂相对有限，国内对该领域的研究起步较晚，对 VARTM 成型工艺树脂还有待进一步研发。

石凤等[1]开发了满足 VARTM 成型工艺的 BA9911 双马来酰亚胺树脂，该树脂的黏度低于 0.3Pa·s，凝胶时间较长，可在室温环境下固化。杨青海等[2]、段华军等[3]对低黏度不饱和聚酯树脂进行改性，制备了能够基本满足 VARTM 成型工艺的树脂。尹昌平等[4]开发了 E-44/GA327 环氧树脂体系，在 60～75℃黏度低于 0.8Pa·s，并且低黏度会持续 20min 以上，在 75～85℃黏度小于 0.3Pa·s 且时间可达 10min 以上。邓杰等[5]开发出了以低黏度液体酸酐作为固化剂适用于 VARTM 成型工艺的高性能环氧树脂体系，在 25℃该树脂体系黏度仅为 0.11Pa·s。刁岩等[6]开发出了 TDE-85 型环氧树脂，采用双马来酰亚胺/二烯丙基苯基化合物进行改性，获得了适用于 VARTM 成型工艺的高性能树脂基体，在 60℃黏度为 0.24Pa·s，凝胶时间长，具有良好的工艺性。

2. VARTM 成型工艺纤维增强复合材料发展概况

纤维增强复合材料包括两类：一类是短切纤维，纤维直径范围为 9～13μm，长度范围为 3～25mm；另一类为连续性纤维（长纤维），其长度尺寸可根据要求定制。VARTM 成型工艺纤维增强复合材料主要是采用连续性长纤维按一定编织方式制得的织物，具有良好的均匀性和整体性，可以有效减少纤维增强复合材料在树脂充填流动过程中的纤维变形。纤维织物按编织方式可分为方格纤维织物、单轴向纤维织物、双轴向纤维织物、三轴向纤维织物和多轴向纤维织物。

纤维增强复合材料的常规织法种类很多[7]，包括平纹、斜纹和缎纹，如图 2.3 所示。图 2.3(a)为平纹织法，即经向纱上下交替穿过每一根纬向纱，这种布在工艺成型中有良好的操作性和稳定性，但纤维中的波纹对复合材料制品面内的机械性能有不利影响。图 2.3(b)和图 2.3(c)分别为 3×1 斜纹织法与 2×2 斜纹织法，经向纱和纬向纱相互交叉穿过，形成斜纹，与平纹织法相比纤维波纹程度降低，布的悬垂性更好。图 2.3(d)为 5-通纱缎纹织法，纬向纱按照一定顺序穿过数根经向纱，纱线之间的交叉减少，织物纤维波纹低并有较高的面密度，易于铺放在形状复杂的模腔内，机械性能好。

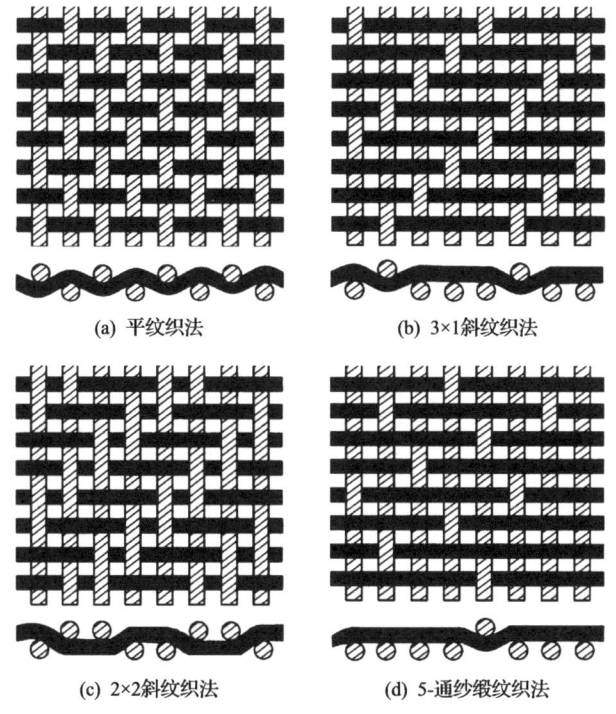

图 2.3 纤维织物常规织法

为避免纤维织物波纹引起复合材料面内性能降低，现已开发出有效消除纤维织物波纹的编织工艺，即无波纹织物。先将纤维排列在单向层内，再用线将排放好的纤维缝编在一起，从而避免纤维束交叉形成的波纹。与普通纤维织物相比，无波纹织物的机械性能更好，可生产多种纤维取向（0°、90°和±θ，θ 一般为 30°～60°）的无波纹织物。常用纤维织物主要有三类：双轴向（±45°）纤维织物、双轴向（0°/90°）纤维织物和单轴向（0°）纤维织物，如图 2.4 所示。

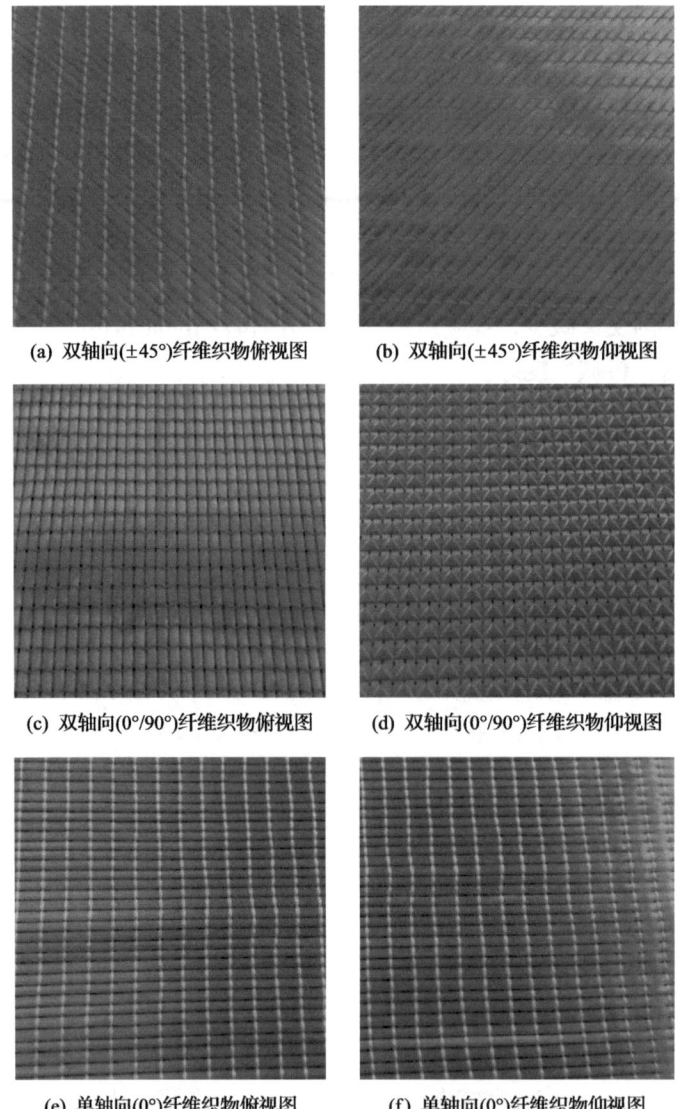

(a) 双轴向(±45°)纤维织物俯视图　　(b) 双轴向(±45°)纤维织物仰视图

(c) 双轴向(0°/90°)纤维织物俯视图　　(d) 双轴向(0°/90°)纤维织物仰视图

(e) 单轴向(0°)纤维织物俯视图　　(f) 单轴向(0°)纤维织物仰视图

图 2.4　双轴向（±45°）纤维织物、双轴向(0°/90°)纤维织物和单轴向(0°)纤维织物俯仰视图

通常纤维织物的渗透性会随纤维体积分数的增加而显著降低，为改善纤维增强复合材料的渗透性，近年来业界研发了新型编织工艺，可生产流动增强型织物。织物流动性增强主要通过纤维的集束编织实现，可以在具有相同纤维体积分数织物中的纤维束间建立"流道"，从而提高纤维织物的宏观渗透性[8,9]。流动增强型织物的纤维体积分数很高，但纤维分布均匀性有所降低，可以通过优化集成纤维束的比例使复合材料制品的综合性能处在可接受的水平。

2.1.3 VARTM 成型工艺数值模拟研究现状

1. 流动模拟基本原理

在 VARTM 成型工艺复合材料制备数值模拟中一般将树脂体系在纤维织物中的充填过程假设为不可压缩的流体流过多孔介质的过程。因此不可压缩流体的质量守恒定律可用于 VARTM 成型工艺中树脂充填的物理过程，并且可以采用达西定律描述其动量守恒[10]。流动相的质量守恒方程为

$$\nabla u = 0 \tag{2.1}$$

式中，∇ 为哈密顿算子；u 为表面流动速度矢量。

达西定律推广到三维的表达式为

$$u = -\frac{1}{|u|}K\nabla P \tag{2.2}$$

式中，$|u|$ 为流动速度，m/s；K 为渗透率矩阵，m^2；∇P 为压力梯度。

式(2.1)和式(2.2)是 VARTM 成型工艺中树脂充填流动模拟的基础，将质量守恒方程和达西定律相结合，可求解出纤维织物中树脂饱和区域压力场的偏微分控制方程。根据复合材料几何形状的复杂程度以及注射情况，可以通过解析方法和数值方法求出解。然后，再对压力场进行微分计算，并通过达西定律得到树脂的流动速度，从而得出充填阶段任意时刻树脂流动前沿位置。

常用的数值模拟方法包括纯有限元法、边界单元法、贴体坐标/有限差分法和有限元/控制体积法。在 VARTM 成型工艺中，纯有限元法和边界单元法无法描述树脂在纤维增强复合材料中流动前沿的变化而很少使用；贴体坐标/有限差分法采用网格再生技术，程序比较简单，但不适于求解动边界问题；有限元/控制体积法程序编制难度较大，但非常适于边界复杂情况下树脂流动过程的数值模拟，而且边界面的网格不需要重新划分，能够比较准确地预测树脂流动前沿位置。

2. VARTM 成型工艺数值模拟研究现状

VARTM 成型工艺数值模拟不仅需要求解树脂在纤维增强复合材料中随注入时间和注入量的变化其流动区域的变化问题，而且需要求解树脂在纤维增强复合材料中的压力场、温度场、流动场以及树脂固化度场的互相耦合问题。树脂在多孔介质中的流动是一个复杂的三维瞬态渗透流动过程，因此，VARTM 成型工艺树脂充填流动过程的数值模拟难度比较大。

VARTM 成型工艺数值模拟大多采用模拟分析 RTM 工艺的软件进行，但由于 RTM 工艺和 VARTM 成型工艺的边界条件及工艺过程不同，VARTM 成型工艺中树

脂的充填流动行为很难采用 RTM 工艺的模拟方法和模型完成比较准确的模拟[11]。

采用 RTM 工艺模拟方法和模型无法准确模拟 VARTM 成型工艺树脂充填流动行为的原因主要有：

(1) RTM 工艺树脂充填过程中纤维增强复合材料的厚度没有变化，纤维体积分数恒定（模具为双面硬质模），其边界条件是基于刚性边界条件建立的；而在 VARTM 成型工艺树脂充填过程中纤维增强复合材料的厚度有变化，纤维体积分数不恒定，因此，RTM 工艺数值模拟刚性边界条件不适于 VARTM 成型工艺。

(2) RTM 工艺数值模拟不需要考虑高渗透导流介质的作用，而 VARTM 成型工艺中需要加入高渗透导流介质提高树脂的流动和充填速度，导致纤维增强复合材料表层和底层的树脂流动速度存在差异，改变了树脂的充填流动模式，因而，采用 RTM 工艺模型必然存在较大偏差。

(3) VARTM 成型工艺在充填完成后关闭注入口，然后保持一段时间的真空压应力抽走多余的树脂，直至完成固化，这一过程为 VARTM 成型工艺后注射过程，而 RTM 工艺中基本没有此过程。

针对上述问题，Dong[12]开发二次衰退模型，研究了导流介质和纤维增强复合材料所组成的不同渗透率铺层多孔介质的三维流动，并对 VARTM 成型工艺的数值模拟和优化设计进行了探索；Simacek 等[13]建立了模拟后注射过程的控制模型，并分析了后注射阶段的影响因素和充填浸润机理；Yenilmez 等[14]模拟研究了 VARTM 成型工艺中树脂注入对纤维增强复合材料厚度变化的影响规律。

2.2 VARTM 成型工艺中乙烯基树脂体系流变性能研究

VARTM 成型工艺中树脂体系在真空压力驱动下对纤维增强复合材料进行流动浸润，因此，VARTM 成型工艺对所采用的树脂体系有特定要求：黏度低、凝胶时间长、有适当的固化特性和成型周期、能确保完成在纤维织物中的流动和浸润，以及复合材料制品的机械和物理性能满足工程要求。

然而，应用于 VARTM 成型工艺的环氧树脂体系成本较高，而乙烯基树脂体系不仅具有环氧树脂体系的力学性能，其与玻璃纤维等织物组成的复合材料的刚度、抗疲劳等各项机械和物理性能指标能够满足设计要求，而且其价格远低于环氧树脂，因此，对乙烯基树脂体系进行改性可以在很大程度上代替环氧树脂体系，采用乙烯基树脂体系制备复合材料将成为 VARTM 成型工艺的发展趋势。

为了研究 VARTM 成型工艺用乙烯基树脂体系特性，开展树脂体系黏度测试，包括动态黏度特性和等温黏度特性测试，分析乙烯基树脂体系黏度与温度的关系、黏度与时间的关系，通过对试验所得参数进行数值拟合计算，建立乙烯基树脂体系的黏度计算数学模型。

2.2.1 试验部分

1. 试验材料

试验材料主要为 TH110-350R 双酚 A 改性不饱和聚酯乙烯基树脂和 KP-100 固化剂。

2. 试验设备

试验设备如表 2.1 所示。

表 2.1 试验设备

试验设备	型号
旋转式黏度计	NDJ-79
真空干燥箱	DHG.9075A
电子天平	JA2603B
电子节能控温仪	TDW200
笔式温度计	TPI306
可控温水浴装置	WDR-XL

3. 树脂体系黏度测试

按照《不饱和聚酯树脂试验方法》(GB/T 7193—2008)[15]测试树脂体系黏度,采用 NDJ-79 型旋转式黏度计实时测量树脂体系的动态黏度变化。

4. 树脂体系凝胶时间测试

按比例混合乙烯基不饱和聚酯树脂和固化剂,采用电子节能控温仪和可控温水浴装置保持树脂体系温度稳定在相应数值,按照 GB/T 7193—2008 不饱和聚酯树脂试验方法测试树脂体系凝胶时间。

2.2.2 结果与分析

1. 乙烯基树脂体系动态黏度特性

乙烯基树脂体系动态升温黏度曲线如图 2.5 所示。可以看出,乙烯基树脂体系的黏度对温度变化非常敏感。在对该树脂体系进行加热的初始阶段,树脂体系温度从 10℃升高到 30℃时,其黏度从约 750mPa·s 降低至约 200mPa·s,这是由于随着温度逐渐升高,树脂体系中分子链的运动加快,促使树脂体系的黏度迅速降低。

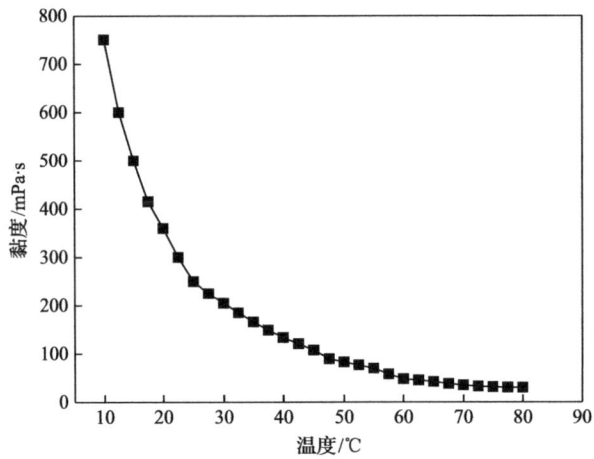

图 2.5　乙烯基树脂体系动态升温黏度曲线

当该树脂体系温度从 30℃逐渐升至 50℃时，黏度从 200mPa·s 缓慢降低至约 80mPa·s，在升温阶段的黏度变化幅度明显小于加热初始阶段的变化，这是由于随着温度的继续升高，树脂中的分子链运动活性增速放缓，使树脂黏度的变化幅度变小。树脂体系温度从 50℃升高到 80℃时，其黏度继续略微下降，黏度变化趋势稳定，保持在 30mPa·s 左右。

试验结果表明，当乙烯基树脂体系温度在 15~50℃之间时，其黏度在 500~80mPa·s 之间，能够满足 VARTM 成型工艺对树脂低黏度特性的要求。

2. 乙烯基树脂体系等温黏度特性

为进一步研究等温状态下乙烯基树脂体系的黏度变化特性，在 15~45℃范围内，均匀设置 5 个等温测试点，分别为 20℃、25℃、30℃、35℃和 40℃，测试乙烯基树脂体系在以上 5 个温度点的黏度变化情况。

乙烯基树脂体系等温黏度曲线如图 2.6 所示。可以看出，在同一温度条件下，乙烯基树脂体系的黏度随测试时间增加均呈现先减小后逐渐加速增大的趋势，这是由于在反应初始阶段，树脂体系发生交联反应放热对树脂产生加热作用，树脂温度升高黏度降低，从而使树脂体系黏度有一个先减小的过程；随着反应持续进行，树脂体系内的交联反应加快，反应速度提高，交联反应作用大于交联反应对树脂体系加热的作用，因而树脂体系黏度随交联反应的持续逐渐加速增大。

温度越高对应的树脂体系黏度变化曲线的斜率越大，在 40℃时树脂体系的黏度曲线的上升斜率最大，这是由于温度升高对树脂体系交联反应有促进作用，会加快交联固化反应的进行，因而树脂体系黏度曲线斜率变大。

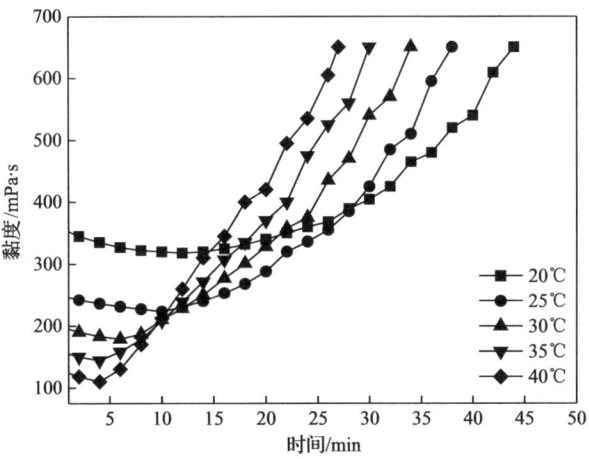

图 2.6 乙烯基树脂体系等温黏度曲线

3. 温度对乙烯基树脂体系凝胶时间的影响

凝胶时间是 VARTM 成型工艺树脂体系的重要指标。在 VARTM 成型工艺过程中为了使树脂能充分在纤维增强复合材料中流动充填和浸润，所采用的树脂体系工艺操作窗口（低黏度平台时间）应不小于 30min，以避免在树脂未充填完成和浸润时就发生剧烈的交联固化反应而凝胶，阻碍成型过程的进行。

树脂体系交联固化反应应符合固化反应动力学方程，即温度与凝胶时间满足阿伦尼乌斯（Arrhenius）方程，为

$$\ln t_{\text{gel}} = \ln K + \frac{E_a}{RT} \tag{2.3}$$

可将式(2.3)变换为

$$t_{\text{gel}} = K \exp\left(\frac{E_a}{RT}\right) \tag{2.4}$$

式中，E_a 为凝胶表观活化能，kJ/mol；K 为凝胶特性常数；R 为理想气体常数，$R=8.314\text{J/mol}$；T 为树脂温度，℃；t_{gel} 为树脂凝胶时间，min。

乙烯基树脂体系凝胶时间-温度曲线如图 2.7 所示。可以看出，随着温度升高，乙烯基树脂体系的凝胶时间变短，并呈现指数减小的趋势，表明乙烯基树脂体系温度与凝胶时间的关系符合阿伦尼乌斯方程。

$\ln t_{\text{gel}}$ 与 T^{-1} 数据如表 2.2 所示，以 $\ln t_{\text{gel}}$ 为纵坐标，以 T^{-1} 为横坐标，以 E_a/R 为斜率，以 $\ln K$ 为截距，凝胶时间与温度的线性拟合曲线如图 2.8 所示。

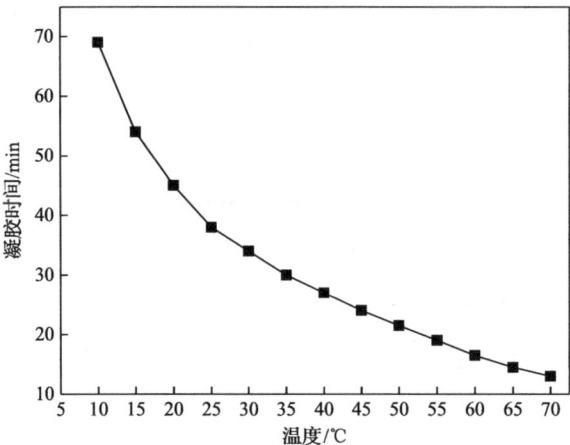

图 2.7 乙烯基树脂体系凝胶时间-温度曲线

表 2.2　$\ln t_{gel}$ 与 T^{-1} 数据

$\ln t_{gel}$	T^{-1}
2.7	0.0029
2.9	0.0030
3.1	0.0031
3.3	0.0032
3.5	0.0033
3.8	0.0034
4.2	0.0035

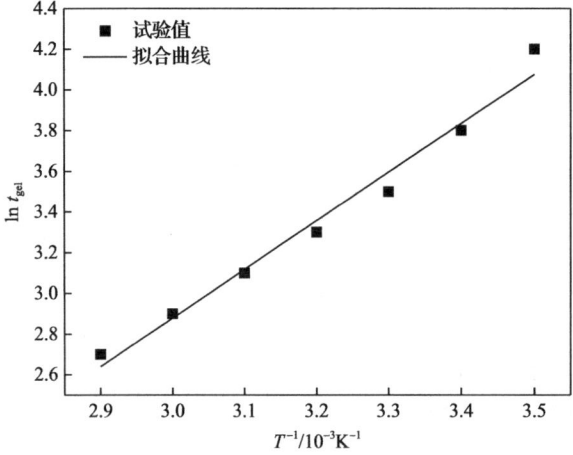

图 2.8　凝胶时间与温度的线性拟合曲线

线性拟合曲线方程为

$$\ln t_{\text{gel}} = 2392.9T^{-1} - 4.3 \quad (2.5)$$

由线性拟合曲线可得凝胶特性常数 K 和树脂表观活化能 E_a，以及 K 和 E_a 两个变量的相关程度，其相关程度用相关系数 P 表示，两个变量的线性相关性越强 P 的绝对值越接近 1。由式(2.5)可得 $E_a/R = 2392.9$，$\ln K = -4.3$，由凝胶时间与温度的线性拟合曲线计算乙烯基树脂体系的阿伦尼乌斯参数，如表 2.3 所示。

表 2.3 乙烯基树脂体系的阿伦尼乌斯参数

凝胶特性常数 K	树脂的表观活化能 E_a /(kJ/mol)	相关系数 P
1.36×10^2	19.89	0.975

树脂表观活化能指标反映树脂对温度的敏感性，树脂表观活化能数值越小表示该树脂对温度的敏感性越差。由图 2.8 和表 2.3 可知，通过拟合处理得到的曲线线性度很好，树脂表观活化能约为 20 kJ/mol，表明该乙烯基树脂体系的表观活化能不高，反应活性较好，树脂能够在较低温度下完成交联固化反应，若再对该树脂基复合材料制品在保温箱中进行后固化处理，会促进树脂的固化反应。另外，该乙烯基树脂体系在 25℃时的凝胶时间约为 40min，完全满足 VARTM 成型工艺对树脂凝胶时间的要求。

4. 乙烯基树脂体系化学流变模型

乙烯基树脂属于热固性树脂体系，其黏度受树脂体系温度和固化度变化的综合影响。温度升高一方面有利于树脂中分子链的运动，使树脂体系黏度降低；另一方面树脂体系温度升高又会加快树脂中交联固化反应的进行，导致树脂体系黏度变大。温度和固化度对树脂体系黏度的综合影响可用式(2.6)表示，即

$$\frac{\eta_t}{\eta_0} = \exp(nt) \quad (2.6)$$

式中，n 为模型参数；η_t 为树脂体系在 t 时刻的黏度，Pa·s；η_0 为树脂体系在起始时刻的黏度，Pa·s。

η_0 和 n 都符合阿伦尼乌斯公式，即

$$\eta_0 = k_1 \exp\left(\frac{k_2}{T}\right) \quad (2.7)$$

$$n = k_3 \exp\left(\frac{k_4}{T}\right) \tag{2.8}$$

式中，k_1、k_2、k_3 和 k_4 均为模型参数。

为了预测所有温度下树脂体系的起始黏度 η_0，需要求解式(2.7)中的模型参数 k_1 和 k_2，可将式(2.7)加以变换，对两边同时求对数，可得

$$\ln\eta_0 = \ln k_1 + \frac{k_2}{T} \tag{2.9}$$

然后以 $\ln\eta_0$ 为纵坐标，以 T^{-1} 为横坐标，以 k_2 为斜率，以 $\ln k_1$ 为截距，处理树脂体系在 20℃、25℃、30℃、35℃和40℃时测得的试验数据，得到 $\ln\eta_0$ 与 T^{-1}，如表 2.4 所示。$\ln\eta_0$ 与 T^{-1} 的线性拟合关系曲线如图 2.9 所示。可以看出，$\ln\eta_0$ 与 T^{-1} 有较好的线性关系。

表 2.4　$\ln\eta_0$ 与 T^{-1} 数据

温度/℃	$\ln\eta_0$	T^{-1}/K^{-1}
20	5.9	0.00341
25	5.5	0.00336
30	5.3	0.00330
35	5.1	0.00325
40	4.9	0.00319

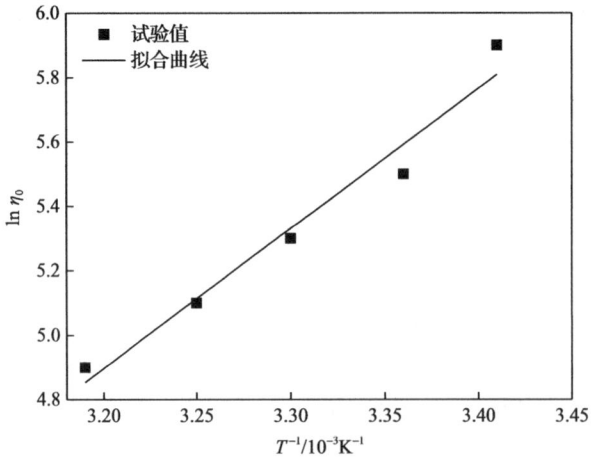

图 2.9　$\ln\eta_0$ 与 T^{-1} 的线性拟合关系曲线

对线性拟合曲线进行数值分析，可得

$$\ln\eta_0 = 4346T^{-1} - 9.011 \qquad (2.10)$$

由式(2.10)可知，$\ln k_1 = -9.011$，进而可求得 $k_1 = \mathrm{e}^{-9.011} = 1.22 \times 10^{-4}$；$k_2 = 4346$。将 k_1 和 k_2 代入式(2.7)，可得乙烯基树脂体系的初始黏度模型方程，即

$$\eta_0 = 1.22 \times 10^{-4} \exp\left(4346T^{-1}\right) \qquad (2.11)$$

为求解式(2.8)中的模型参数 k_3 和 k_4，将式(2.6)中的 η_t/η_0 定义为修正黏度，即将图 2.6 中的黏度除以其初始黏度，以得到的 η_t/η_0 值作为纵坐标，以时间 t 作为横坐标，作 η_t/η_0 与 t 的关系图，可得到等温修正黏度曲线，如图 2.10 所示。

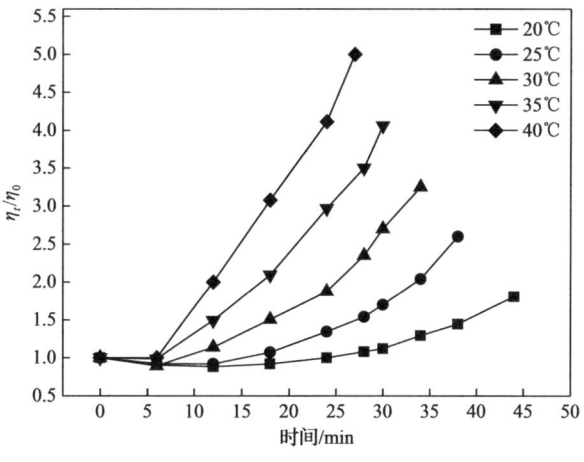

图 2.10 等温修正黏度曲线

采用式(2.6)对等温修正黏度曲线数据进行非线性最小方差拟合，求解式(2.6)中的黏度模型在五种温度下的拟合参数 n，如表 2.5 所示。等温修正黏度模型非线性最小方差拟合参数曲线如图 2.11 所示。可以看出，由修正模型计算得到的树脂体系黏度与非线性最小方差拟合得到的理论值一致性比较好，因此，可以

表 2.5 黏度模型在五种温度下的拟合参数 n

温度/℃	n
20	0.0134
25	0.0251
30	0.0347
35	0.0467
40	0.0596

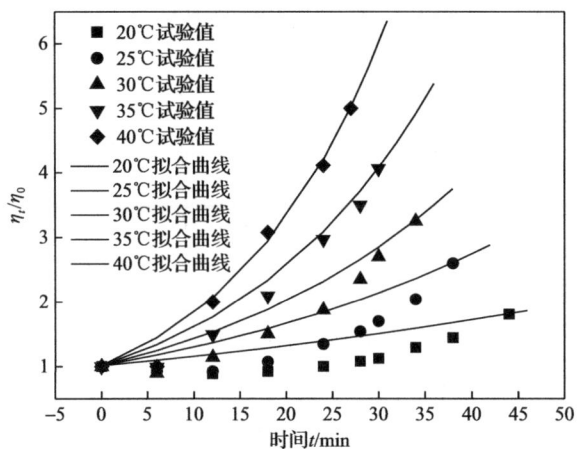

图 2.11 等温修正黏度模型非线性最小方差拟合参数曲线

认为等温修正黏度模型可以较好地预测乙烯基树脂体系的等温黏度与时间的关系。

式(2.8)两边取对数，可得

$$\ln n = \ln k_3 + k_4 T^{-1} \tag{2.12}$$

然后以 $\ln n$ 为纵坐标，以 T^{-1} 为横坐标，以 k_4 为斜率，以 $\ln k_3$ 为截距，处理树脂体系在 20℃、25℃、30℃、35℃和40℃时测得的试验数据，得到 $\ln n$ 与 T^{-1}，如表 2.6 所示。$\ln n$ 与 T^{-1} 的线性拟合曲线如图 2.12 所示。可以看出，$\ln n$ 与 T^{-1} 的线性关系比较理想，说明试验结果与修正的黏度模型吻合良好。

将数据进行线性拟合处理，得

$$\ln n = -6514 T^{-1} + 18.063 \tag{2.13}$$

由式(2.13)可求解 k_3 和 k_4，其中 $\ln k_3 = 18.063$，$k_4 = -6514$。

表 2.6 $\ln n$ 与 T^{-1} 数据

温度/℃	$\ln n$	T^{-1}/K^{-1}
20	−4.31	0.00341
25	−3.68	0.00336
30	−3.36	0.00330
35	−3.06	0.00325
40	−2.82	0.00319

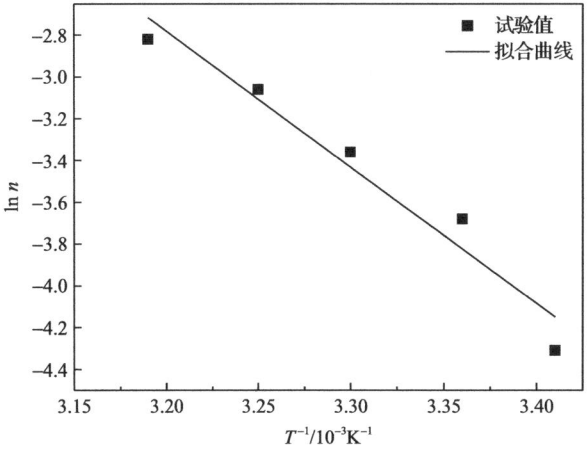

图 2.12　$\ln n$ 与 T^{-1} 的线性拟合曲线

由于模型曲线与试验数据分布吻合度较高，表明可以用基于阿伦尼乌斯方程建立的黏度模型预测乙烯基树脂体系工艺窗口内的化学流变行为。由试验数据得到乙烯基树脂体系的黏度模型，即

$$\begin{aligned}\eta_t &= \eta_0 \exp(nt) \\ &= 1.22 \times 10^{-4} \exp(4346 T^{-1}) \exp\left[\exp(18.063 - 6514 T^{-1})t\right]\end{aligned} \quad (2.14)$$

由式(2.14)可以计算乙烯基树脂体系不同工艺窗口温度下的树脂体系黏度，进而预测其化学流变行为。

2.3　VARTM 成型工艺纤维增强复合材料与导流介质渗透性能的研究

渗透率用于表征液体在压力梯度下通过多孔介质时的流动难易程度，是分析树脂在纤维增强复合材料中流动状态的关键参数。渗透率是纤维增强复合材料的固有属性，表示纤维增强复合材料能够被树脂浸润的性能。对于大多数纤维增强复合材料，渗透率具有方向性。传统工艺的充填过程主要取决于纤维增强复合材料的平面渗透率，因此平面渗透率是一个重要的工艺参数。在层合板等较厚的结构件和多轴向纤维增强复合材料的成型过程中，树脂会沿厚度方向流动，需要测量纤维增强复合材料厚度方向的渗透率。

树脂对纤维增强复合材料的浸润过程比较简单，但是树脂在纤维增强复合材料中的流动既有宏观流动又有微观流动，整个流动过程非常复杂。纤维增强复合材料的渗透率受孔隙大小、流道长度、扭曲程度等物理参数影响，而这些物理参数又与纤维体积分数、结构件厚度、压实力和铺层顺序等因素有关。

在 VARTM 成型工艺中，树脂在空气压力差的作用下完成对纤维织物的浸润，由于纤维织物的渗透性比较差，而网状高渗透导流介质的渗透性通常比纤维织物大 2~3 个数量级。在纤维织物的表面铺放一层导流介质有助于树脂在纤维织物表面的流动，同时树脂在重力的作用下沿纤维织物的厚度方向渗透，从而完成对纤维织物整体的浸润。因此，有必要测量 VARTM 成型工艺中所采用导流介质的渗透率，为数值模拟和分析奠定基础。

2.3.1 渗透率测试理论

1. 达西定律

树脂流动是保证树脂对纤维增强复合材料浸润的前提。树脂在纤维增强复合材料中的流动过程常被描述为牛顿流体在多孔介质中的流动，水在沙子中的流动经验关系式为

$$q = K \frac{\Delta P}{L} \tag{2.15}$$

式中，K 为渗透率，m^2；L 为流体流过长度，mm；q 为单位面积流体流动速度，m/s；ΔP 为流体压力降，Pa。

该流体流动经验关系式被称为达西定律。达西定律广泛应用于描述树脂在纤维增强复合材料中的流动，假定纤维增强复合材料在树脂浸润时不发生变形，忽略流体惯性、表面张力、毛细现象和重力的影响，达西定律的表达式为

$$Q = K \frac{A \Delta P}{\eta L} \tag{2.16}$$

对式(2.16)进行变换，令 $v = \dfrac{Q}{A}$，$\nabla P = -\dfrac{\Delta P}{L}$，可得

$$v = -K \frac{\nabla P}{\eta} \tag{2.17}$$

式中，A 为试样的横截面积，m^2（垂直于流动方向）；K 为纤维增强复合材料的渗透率，m^2；L 为流体流动前沿位置，mm；Q 为通过试样恒定截面积的体积流量，m^3/s；v 为液体表面流动速度 m/s；ΔP 为流体压力降，Pa；η 为流体的黏度，Pa·s；∇P 为压力梯度。

在笛卡儿三维坐标系流场中，速度矢量分为 u、v、w 三个分量，其渗透率

$K_{ij}(i,j=x,y,z)$ 有 9 个分量。其三维表达式为

$$\begin{bmatrix} u \\ v \\ w \end{bmatrix} = -\frac{1}{\mu} \begin{bmatrix} K_{xx} & K_{xy} & K_{xz} \\ K_{yx} & K_{yy} & K_{yz} \\ K_{zx} & K_{zy} & K_{zz} \end{bmatrix} \begin{bmatrix} \frac{\partial P}{\partial x} \\ \frac{\partial P}{\partial y} \\ \frac{\partial P}{\partial z} \end{bmatrix} \quad (2.18)$$

当选取的坐标轴方向与纤维增强复合材料主方向一致时,渗透率的交叉项则为零,此时其表达式为

$$\begin{bmatrix} u \\ v \\ w \end{bmatrix} = -\frac{1}{\mu} \begin{bmatrix} K_{xx} & 0 & 0 \\ 0 & K_{yy} & 0 \\ 0 & 0 & K_{zz} \end{bmatrix} \begin{bmatrix} \frac{\partial P}{\partial x} \\ \frac{\partial P}{\partial y} \\ \frac{\partial P}{\partial z} \end{bmatrix} \quad (2.19)$$

不可压缩流体流动连续方程为

$$\nabla \boldsymbol{v} = 0 \quad (2.20)$$

将式(2.17)代入式(2.20),可得

$$\nabla \left(-\boldsymbol{K} \frac{\nabla P}{\eta} \right) = 0 \quad (2.21)$$

式中,$\boldsymbol{K}$ 为渗透率矩阵。

由式(2.19)～式(2.21)可得

$$\frac{\partial}{\partial x}\left(\frac{K_{xx}}{\eta}\frac{\partial P}{\partial x}\right) + \frac{\partial}{\partial y}\left(\frac{K_{yy}}{\eta}\frac{\partial P}{\partial y}\right) + \frac{\partial}{\partial z}\left(\frac{K_{zz}}{\eta}\frac{\partial P}{\partial z}\right) = 0 \quad (2.22)$$

将研究对象按选取节点划分单元,最后可以用有限元方法求解压力场。压力场求出后,便可以用达西定律求出速度场。达西定律是计算纤维增强复合材料渗透率的公式,也是计算压力场、速度场和树脂流动前沿位置的理论依据。

渗透率的单位为达西,换算为:$1m^2 = 1.01325 \times 10^{12} D = 1.01325 \times 10^{15} mD$。其数值越小,表示树脂流过纤维增强复合材料的阻力就越大。

2. 纤维增强复合材料孔隙率的计算方法

纤维增强复合材料的孔隙率与其渗透率关系密切。树脂通过纤维增强复合材料中的孔隙完成流动充填过程。纤维增强复合材料的孔隙率是树脂体积分数的函数,其表达式为

$$\varphi = \frac{V_\mathrm{r}}{V_\mathrm{m}} \tag{2.23}$$

式中,V_r 为树脂的体积,cm^3;V_m 为模腔的体积,cm^3;φ 为孔隙率,%。

式(2.23)也可以表示为纤维增强复合材料体积密度 V_f 的函数,即

$$1 - \varphi = \frac{V_\mathrm{f}}{V_\mathrm{m}} \tag{2.24}$$

在模腔中,纤维增强复合材料质量的表达式为

$$M = \rho_\mathrm{f} V_\mathrm{f} = \rho_\mathrm{b} V_\mathrm{m} \tag{2.25}$$

式中,M 为纤维增强复合材料质量,g;ρ_f 为纤维增强复合材料的纤维密度,g/cm^3;ρ_b 为纤维增强复合材料的体积密度,g/cm^3。

整理式(2.24)和式(2.25),可得

$$\varphi = 1 - \frac{\rho_\mathrm{b}}{\rho_\mathrm{f}} \tag{2.26}$$

纤维增强复合材料的体积密度 ρ_b 表达式为

$$\rho_\mathrm{b} = \frac{n\xi}{h} \tag{2.27}$$

式中,h 为模腔厚度,mm;n 为纤维增强复合材料的层数;ξ 为纤维增强复合材料的表面密度,g/cm^3。

将式(2.27)代入式(2.26),可得纤维增强复合材料孔隙率的表达式,即

$$\varphi = 1 - \frac{n\xi}{h\rho_\mathrm{f}} \tag{2.28}$$

式(2.28)可拓展为多层不同类纤维增强复合材料孔隙率的计算公式,即

$$\varphi = 1 - \frac{1}{h}\sum_{i=1}^{j}\left(1 - \frac{n_i \xi_i}{\rho_{\mathrm{f}i}}\right) \tag{2.29}$$

式中,j 为增强材料的种类。

3. 一维流动渗透率的计算方法

一维流动渗透率的测定方法包括稳定态测定、动态测定、恒定流速测定和恒压测定四种测定方法，对应的渗透率计算方法如下。

1) 稳定态渗透率的计算

由一维流动达西定律可得

$$v = \frac{Q}{A} = \frac{K\Delta P}{\eta L} \tag{2.30}$$

式中，A 为试样的横截面积，m^2（垂直于流动方向）；K 为纤维增强复合材料的渗透率，D；L 为树脂流动前沿位置，mm；Q 为通过试样恒定截面积的体积流量，m^3/s；v 为液体表面流动速度，m/s；ΔP 为注射口与树脂流动前沿位置的压力差，Pa；η 为流体的黏度，Pa·s。

2) 动态渗透率的计算

树脂流动前沿位置随时间 t 变化，由达西定律求时间 t 的导数，得到动态渗透率的计算公式，即

$$\frac{dl}{dt} = \frac{K\Delta P}{\eta \varphi} \tag{2.31}$$

式中，dl 为树脂流动前沿在 t 时刻的位置，cm；ΔP 为注射口与树脂流动前沿位置的压力差，MPa；φ 为纤维增强复合材料的孔隙率，%。

3) 恒定流速渗透率的计算

在初始条件 $t=0$、$L=0$ 情况下，对式(2.31)积分，可得

$$\frac{L^2}{2} = \frac{K}{\eta \varphi} \int_0^t \Delta P dt \tag{2.32}$$

$$\Delta P = P_{in} - P_{out} - P_c \tag{2.33}$$

式中，P_{in} 为树脂注射的压力，MPa；P_{out} 为排气口处的压力，MPa；P_c 为毛细管作用的压力，MPa。

在流速恒定情况下，用 $Qt/(\varphi A)$ 代替 L 可得渗透率的表达式，即

$$K = \frac{\eta Q^2 t^2}{2\varphi^2 A^2 \left[\int_0^t P_{in} dt - (P_{out} + P_c)t \right]} \tag{2.34}$$

4)恒压渗透率的计算

在压力保持不变的情况下计算渗透率是常用的计算方法,假设压力是固定值,在 $t=0$、$L=0$ 的初始条件下,其计算公式同样可以由式(2.31)求积分得

$$L^2 = \frac{2K\Delta P}{\eta \varphi}t \qquad (2.35)$$

由式(2.35)可以求解渗透率 K。另外,当渗透率已知时,式(2.35)可表达树脂充填时间与树脂流动前沿位置的关系。

4. 二维流动渗透率的计算方法

二维流动渗透率指二维面内径向流动渗透率,即

$$\boldsymbol{K} = \begin{bmatrix} K_{xx} & K_{xy} \\ K_{yx} & K_{yy} \end{bmatrix} \qquad (2.36)$$

面内渗透率测定过程试验示意图如图 2.13 所示。其基本原理是将树脂流体从纤维织物的中心注入,通过可视装置观察和记录树脂在纤维织物中的流动前沿位置与对应时刻,然后将得到的数据代入二维面内径向流动渗透率计算方程,即可求解二维流动渗透率。

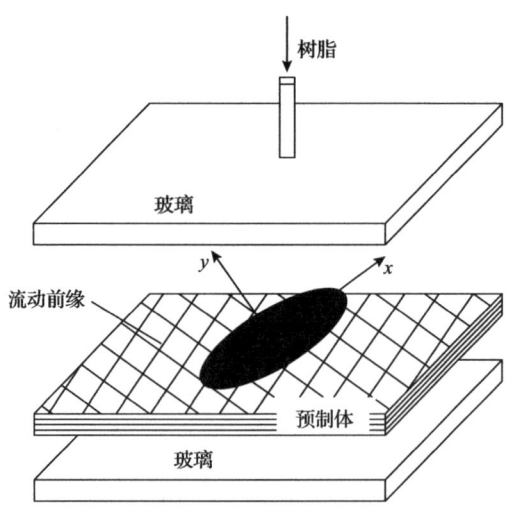

图 2.13　面内渗透率测定过程试验示意图

树脂流体刚进入二维各向异性纤维织物中流动时,其流动前沿是圆形的;随

着树脂在二维各向异性纤维织物中的继续流动，其流动前沿由圆形逐渐变为椭圆形。树脂在二维各向异性纤维织物中的流动前沿如图 2.14 所示。

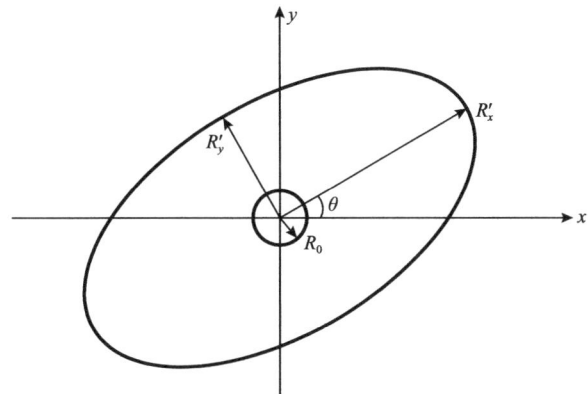

图 2.14　树脂在二维各向异性纤维织物中的流动前沿

在图 2.14 中，x、y 分别为纤维织物的经向和纬向方向，R'_x 与 R'_y 分别为树脂在纤维织物中流动前沿位置长半轴和短半轴的长度，θ 为 R'_x 与 x 轴之间的夹角。

纤维织物按纤维编织方式可分为各向同性纤维织物、各向异性纤维织物和正交各向异性纤维织物三种。三种纤维织物的渗透率计算方法如下。

1) 各向同性纤维织物的渗透率计算

各向同性纤维织物的经向和纬向渗透率相等，即

$$K = K_x = K_y \tag{2.37}$$

$$\left(\frac{R_t}{R_0}\right)^2 \left(2\ln\frac{R_t}{R_0} - 1\right) + 1 = \frac{4K\nabla Pt}{\eta\varphi R_{x0,e}^2} \tag{2.38}$$

式中，R_0 为树脂注射口半径，mm；R_t 为 t 时刻的树脂流动前沿半径，mm；$R_{x0,e}$ 为各向同性坐标系内椭圆长轴上的等效树脂注射口半径；∇P 为压力梯度；t 为树脂注射时间，s；η 为树脂黏度，Pa·s；φ 为纤维织物孔隙率，%。

2) 各向异性纤维织物的渗透率计算

当纤维织物为各向异性时，渗透率坐标系的主轴与纤维织物材料坐标系的轴之间形成夹角 θ，如图 2.14 所示。由此可得渗透率表达式，即

$$K_{xx} = \frac{K_x + K_y}{2} + \frac{K_x - K_y}{2}\cos(2\theta) \tag{2.39}$$

$$K_{yy} = \frac{K_x + K_y}{2} - \frac{K_x - K_y}{2}\cos(2\theta) \qquad (2.40)$$

$$K_{xy} = K_{yx} = \frac{K_x - K_y}{2}\sin(2\theta) \qquad (2.41)$$

3) 正交各向异性纤维织物的渗透率计算

正交各向异性纤维织物中夹角 $\theta = 0°$，这种纤维织物的树脂流动前沿近似于椭圆形，式(2.36)中的 K_{xy} 和 K_{yx} 均为零，只有对角线上的 K_{xx} 和 K_{yy} 不为零，此时简写为 K_x 和 K_y。由式(2.37)可得正交各向异性纤维织物渗透率方程，即

$$K_x \frac{\partial^2 P}{\partial x^2} + K_y \frac{\partial^2 P}{\partial y^2} = 0 \qquad (2.42)$$

式(2.42)可以转换为等效各向同性坐标系，(x, y) 点可通过式(2.43)～式(2.46)变换转变成 (X_e, Y_e) 等效点。

$$y = \left(\frac{K_y}{K_x}\right)^{\frac{1}{2}} x \qquad (2.43)$$

$$K_e = \left(K_x K_y\right)^{\frac{1}{2}} \qquad (2.44)$$

$$X_e = \left(\frac{K_y}{K_x}\right)^{\frac{1}{4}} x \qquad (2.45)$$

$$Y_e = \left(\frac{K_x}{K_y}\right)^{\frac{1}{4}} y \qquad (2.46)$$

通过试验获得在相同时间处的每一组数据，由椭圆长轴(R_x)和椭圆短轴(R_y)作树脂流动前沿图，通过原点作一直线，其斜率用 k_1 表示，即

$$k_1 = \left(\frac{K_y}{K_x}\right)^{\frac{1}{2}} \qquad (2.47)$$

$$R_{x,e} = \left(\frac{K_y}{K_x}\right)^{\frac{1}{4}} R_x \tag{2.48}$$

由式(2.48)可将树脂注射口半径 R_0 转换成在各向同性坐标系内椭圆长轴上的等效树脂注射口半径 $R_{x0,e}$，表达式为

$$R_{x0,e} = \left(\frac{K_y}{K_x}\right)^{\frac{1}{4}} R_0 \tag{2.49}$$

将式(2.48)和式(2.49)代入式(2.38)，可得

$$\left(\frac{R_{x,e}}{R_{x0,e}}\right)^2 \left[2\ln\left(\frac{R_{x,e}}{R_{x0,e}}\right) - 1\right] + 1 = \frac{4K\Delta Pt}{\eta\varphi R_{x0,e}^2} \tag{2.50}$$

式中，$R_{x,e}$ 为等效各向同性坐标系内的椭圆长轴长度。

式(2.50)曲线的斜率 k_2 为

$$k_2 = \frac{4K_e\Delta P}{\eta\varphi R_{x0,e}^2} \tag{2.51}$$

由式(2.51)可以求解 K_e，再结合式(2.44)和式(2.47)即可求出渗透率 K_x 和 K_y。其表达式分别为

$$K_x = \frac{K_e}{k_1} = \frac{\eta\varphi R_{x,t}^2}{4\Delta Pt}\left(2\ln\frac{R_{x,t}}{R_0} - 1\right) \tag{2.52}$$

$$K_y = k_1 K_e = \frac{\eta\varphi R_{y,t}^2}{4\Delta Pt}\left(2\ln\frac{R_{y,t}}{R_0} - 1\right) \tag{2.53}$$

5. 三维流动渗透率的计算方法

VARTM 成型工艺纤维增强复合材料通常是由数层同种或不同种织物叠加铺放而组成的多铺层织物结构。若复合材料制品局部需要更高的强度和刚度，就需要在局部区域多铺放不同的纤维增强复合材料；若纤维增强复合材料制品厚度有特定要求，则需要增加或减少纤维增强复合材料的层数。因此，计算多铺层三维纤维增强复合材料的渗透率有重要意义。

多铺层三维纤维增强复合材料的平均渗透率为

$$\bar{K}_{ij} = \frac{1}{H}\sum_{i=1}^{n} h^{\mathrm{e}} K_{ij}^{\mathrm{e}} \tag{2.54}$$

式中，H 为纤维增强复合材料的整体厚度，mm；h^{e} 为每一层纤维增强复合材料的厚度，mm；$\bar{K}_{ij}$ 为纤维增强复合材料面内的平均渗透率，m^2；K_{ij}^{e} 为每一层纤维增强复合材料面内的渗透率，m^2。

在实际成型中树脂在纤维增强复合材料中的充填流动是在三维空间中进行，树脂在一定厚度、形状复杂的纤维增强复合材料中的充填流动过程，可以通过达西定律转换为可以描述树脂在纤维增强复合材料三维方向上的流动过程与对应渗透率的关系表达式。

依据达西定律，建立树脂在纤维增强复合材料中流动三个方向上渗透率的近似表达式，分别用 K_x、K_y 和 K_z 表示。

$$K_x = \frac{\eta a^2 \varphi}{6\Delta Pt}\left[2\left(\frac{x}{a}\right)^3 - \left(\frac{x}{a}\right)^2 + 1\right] \tag{2.55}$$

$$K_y = \frac{\eta b^2 \varphi}{6\Delta Pt}\left[2\left(\frac{y}{b}\right)^3 - \left(\frac{y}{b}\right)^2 + 1\right] \tag{2.56}$$

$$K_z = \frac{\eta c^2 \varphi}{6\Delta Pt}\left[2\left(\frac{z}{c}\right)^3 - \left(\frac{z}{c}\right)^2 + 1\right] \tag{2.57}$$

式中，a、b 和 c 为三个坐标上对应的树脂注入口的半径，mm；x、y 和 z 为 t 时刻对应的树脂流动前沿位置距初始位置的距离，cm；ΔP 为注射口与树脂流动前沿位置的压力差，MPa；φ 为纤维增强复合材料孔隙率，%。

一般情况下会对 a、b 和 c 进行简化处理，使其近似等于注入口处树脂导管的半径 R_0，即 $a = b = c = R_0$。

2.3.2 纤维增强复合材料渗透率测量

1. 试验材料与试验设备

试验材料如表 2.7 所示。试验设备如表 2.8 所示。

第2章 VARTM成型工艺纤维增强复合材料树脂充填模拟及试验研究

表 2.7 试验材料

试验材料	型号
单轴向(0°)纤维织物	L600
双轴向(±45°)纤维织物	BX600
双轴向(0°/90°)纤维织物	LT600
真空袋膜	Vacuum film 400Y
密封胶带	LG150
高渗透导流介质网	VI160
玉米糖浆	市售
T型三通管	FT-10S
螺旋导管	SW-1012
树脂管	TB-1012

表 2.8 试验设备

试验设备	型号
真空泵	X-25
树脂收集器	SJQ-10
数码高清摄像机	HDR.XR200型
真空调压阀	IRV20
旋转式黏度计	NDJ-79型
真空干燥箱	DHG-9075A
电子天平	JA2603B
马弗炉	SX2-10-12

2. 纤维织物孔隙率测试

纤维织物孔隙率按 *Standard Test Methods for Void Content of Reinforced Plastic* (ASTM D2734-23)[16]进行测试。试验采用玻璃纤维织物，首先进行玻璃纤维织物密度测试，多次测量取平均值，测得玻璃纤维织物密度 $\rho_f = 2.54 \text{ g/cm}^3$；再测试玻璃纤维织物体积密度，同样多次测量取平均值，测得玻璃纤维织物体积密度 $\rho_b = 1.07 \text{ g/cm}^3$。

将玻璃纤维织物密度 ρ_f 和玻璃纤维织物体积密度 ρ_b 代入式(2.26),得到纤维织物的孔隙率为

$$\varphi = 1 - \frac{\rho_b}{\rho_f} = 1 - \frac{1.07}{2.54} \approx 57.9\% \tag{2.58}$$

3. 渗透率测试试验过程

一维、二维和三维的渗透率测试分别采用单轴向(0°)、双轴向(±45°)和双轴向(0°/90°)纤维织物,树脂流体黏度均为(250±5)mPa·s,真空表压均为 $-(0.095\pm0.003)$ MPa。

1)一维单向流动渗透率测试

(1)用清洁剂清洗和擦拭试验平台,将纤维织物平整地铺放在试验平台上,纤维织物两端布置螺旋导管,一端为树脂注入口,另一端为真空泵抽气口,纤维织物与注入口和真空排气口布置图如图 2.15 所示。

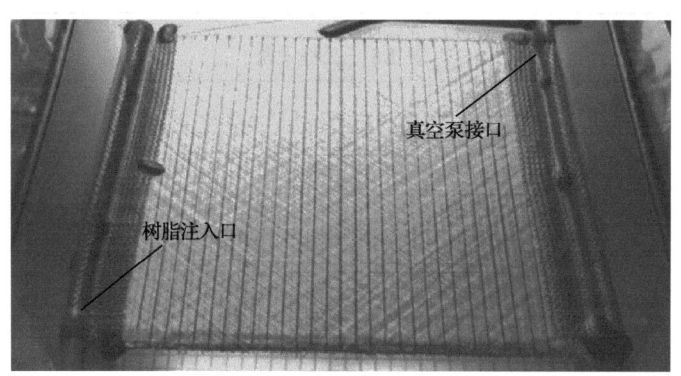

图 2.15 纤维织物与注入口和真空排气口布置图

(2)在纤维织物四周的玻璃板上粘贴密封胶带,使密封胶带四条边界距纤维织物有一定距离,围成一个封闭的矩形框,再将真空袋膜铺放在纤维织物上,并确保真空袋膜与玻璃板上的密封胶带黏结,使所围成的模腔为密封状态,在纤维织物两端接好树脂注入导管和真空抽气导管。

(3)通过导管把真空泵和树脂收集器等设备所预留的导管相连接,打开真空泵对整个密闭模腔进行抽真空操作,检查系统的密封情况,然后关闭真空泵,若真空表压 30min 没有变化,证明模腔密封良好,否则检查各个环节,直至模腔成密封状态。

(4)在确保密封状态下,打开真空泵电源,注入树脂流体,并实时记录树脂流动前沿位置和对应时刻,待充填完成后关闭真空泵,整理试验平台,试验结束。

整理试验数据，通过渗透率计算公式得到一维单向流动渗透率。

2)二维面内径向流动渗透率测试

二维面内径向流动渗透率测试前期准备与一维单向流动渗透率测试相似，只是此时的树脂注入口位置与排气口位置有所不同。

(1)二维面内径向流动渗透率测试的树脂注入口布置在纤维织物中间，纤维织物四周铺放螺旋导管。树脂从中心位置注入，从纤维织物四周排气。二维面内径向流动渗透率测试布置图如图2.16所示。

图2.16　二维面内径向流动渗透率测试布置图

(2)类似于一维渗透率测试布置方式，铺放密封胶带，黏结真空袋膜，连接相关导管和设备，并检查密封性，确认密封性良好后，开始测试。测试结束后整理试验平台。

二维面内径向流动渗透率测试图如图2.17所示。

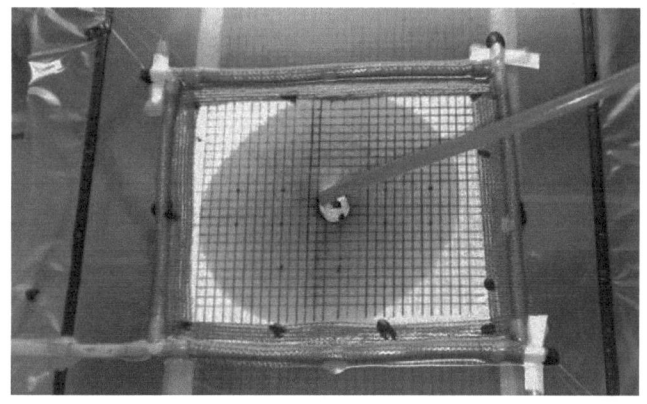

图2.17　二维面内径向流动渗透率测试图

3)三维流动渗透率测试

三维流动渗透率测试采用热敏电阻测定法，将多个热敏电阻预埋在多铺层纤维织物中,各个热敏电阻对应的坐标不同,将热敏电阻用导线和万用表相连,并将万用表调整至测量电压位置。三维流动渗透率测试布置图如图2.18所示。树脂开始注入到纤维织物中的瞬间打开秒表计时,当树脂在厚度方向流至预埋在纤维织物中的热敏电阻时,热敏电阻的表面温度会发生变化,引起热敏电阻自身的电压变化,万用表读数发生变化。记录下此时对应的时间和树脂流动前沿位置,将数据代入式(2.55)~式(2.57)计算得到纤维织物的三维流动渗透率。

图2.18 三维流动渗透率测试布置图

2.3.3 结果与分析

1. 一维单向流动渗透率

一维单向流动渗透率测试采用单轴向(0°)纤维织物。树脂开始注入纤维织物时间 t 为零,树脂流动前沿位置也为零。每隔 10s 记录一次树脂流动前沿位置,如表2.9所示。

表2.9 时间 t 与对应的树脂流动前沿位置 L

t/s	L/mm	t/s	L/mm
10	65	90	217
20	98	100	228
30	119	110	241
40	138	120	250
50	157	130	261
60	176	140	270
70	191	150	279
80	203	160	289

由式(2.35)可以看出，L^2与t呈线性关系，以L^2为纵坐标，以t为横坐标，拟合得到树脂流动前沿位置的平方与对应时间的关系，如图2.19所示。

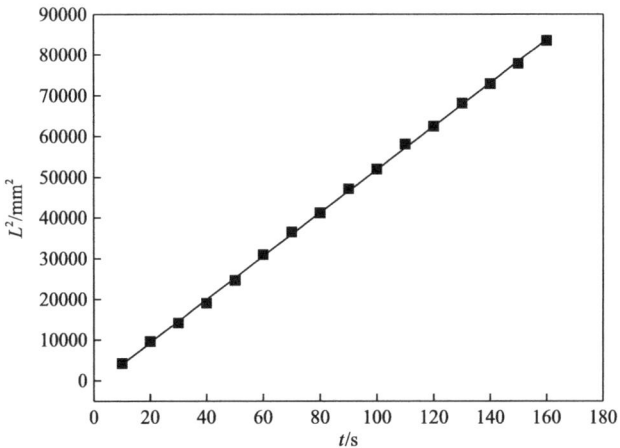

图2.19　树脂流动前沿位置的平方与对应时间的关系

得到的线性拟合公式为

$$L^2 = 531.94t - 1316 \tag{2.59}$$

由式(2.35)和式(2.59)可得

$$\frac{2K\Delta P}{\eta \varphi} = 531.94 \tag{2.60}$$

将$\Delta P = 0.098\text{MPa}$、$\eta = 250\text{mPa}\cdot\text{s}$和$\varphi = 57.9\%$代入式(2.60)，得到渗透率$K$，即

$$K = \frac{531.94 \times 10^{-6} \times 250 \times 10^{-3} \times 57.9 \times 10^{-2}}{2 \times 0.098 \times 10^{6}} = 3.92 \times 10^{-10} (\text{m}^2)$$

以树脂流动前沿位置的平方除以对应的时间得到的L^2/t为纵坐标，以对应时刻的树脂流动前沿位置L为横坐标，L^2/t与L的关系如图2.20所示。可以看出，一维单向流动渗透率测试中树脂的充填状态是从不稳定状态到逐渐稳定状态的过程。初始阶段树脂充填速度很快，此时的渗透率最大，随着充填时间的增加，树脂在纤维织物中的充填流动过程逐渐稳定。

在0~200mm内，L^2/t与树脂流动前沿位置L的关系一直处于较大变化中，表明此时流动没有达到稳定状态，得到的渗透率也一直处于变化中，结果误差较大；当树脂流动前沿位置达到200mm后，L^2/t与树脂流动前沿位置L的关系趋于稳定，表明树脂在纤维织物中的流动趋于稳定，此时得到的渗透率比较稳定。

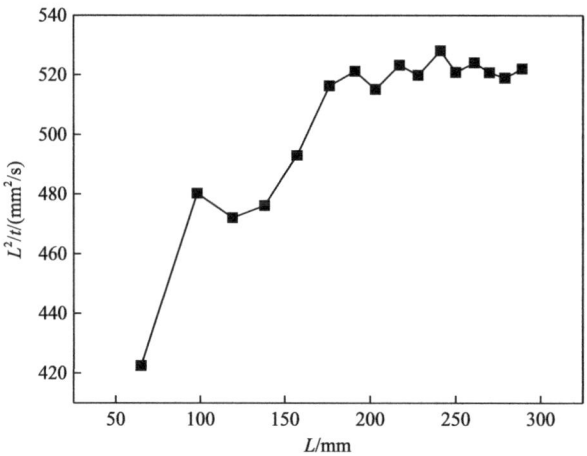

图 2.20　L^2/t 与树脂流动前沿位置 L 的关系

这一现象表明，在测试一维单向流动渗透率时，应避免选取树脂充填流动过程前半阶段的数据计算渗透率，取后半阶段稳定后的数据进行计算能极大提高渗透率的准确性。

2. 二维面内径向流动渗透率

1) 双轴向（±45°）纤维织物的面内径向渗透率

二维面内径向流动渗透率测试采用双轴向（±45°）纤维织物，测试中需记录同时刻对应的椭圆轴 R_x 和 R_y，不同时刻 t 的长、短轴数据分别用 $R_{x,t}$ 和 $R_{y,t}$ 表示，将得到的数据分别代入式(2.52)和式(2.53)，得到二维面内径向流动渗透率 K_x 和 K_y。

二维面内径向流动渗透率测试中树脂注入口布置在纤维织物的中心位置，排气通道设置在纤维织物四周，树脂由纤维织物中心注入，并向四周流动，在起始阶段树脂流动前沿近似为圆形，随着树脂充填过程的持续，其流动前沿逐渐变为近似椭圆。纤维织物二维面内径向流动过程如图 2.21 所示。

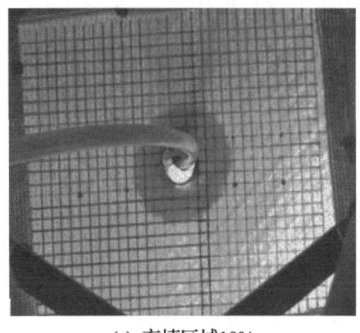
(a) 充填区域10%

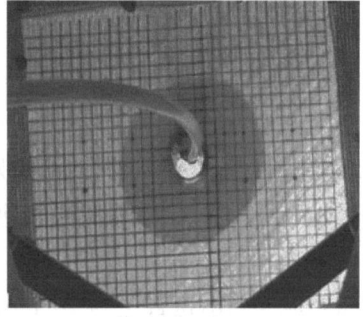
(b) 充填区域20%

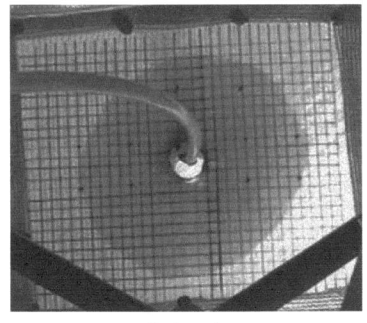
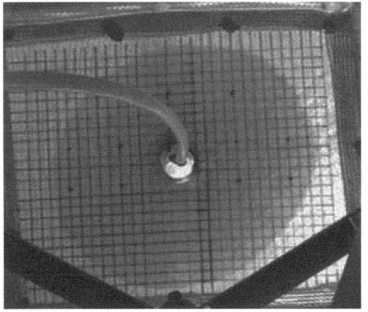

(c) 充填区域40%　　　　　　　　(d) 充填区域60%

图 2.21　纤维织物二维面内径向流动过程

树脂充填流动过程中每隔 20s 记录树脂流动前沿位置 $R_{x,t}$ 和 $R_{y,t}$。不同时刻 t 的 $R_{x,t}$ 和 $R_{y,t}$ 如表 2.10 所示。

表 2.10　不同时刻 t 的 $R_{x,t}$ 和 $R_{y,t}$

t/s	$R_{x,t}$/mm	$R_{y,t}$/mm
20	30	27
40	44	37
60	55	47
80	62	56
100	69	62
120	74	67
140	79	71
160	83	77
180	87	81
200	91	85
220	95	88
240	99	92
260	103	96
280	106	100
300	108	103
320	112	106
340	115	108
360	117	111

二维面内径向流动渗透率的计算公式分别为

$$K_x = \frac{\eta \varphi R_{x,t}^2}{4\Delta P t}\left(2\ln\frac{R_{x,t}}{R_0} - 1\right) \tag{2.61}$$

$$K_y = \frac{\eta\varphi R_{y,t}^2}{4\Delta P t}\left(2\ln\frac{R_{y,t}}{R_0} - 1\right) \tag{2.62}$$

式中，R_0 为树脂注入口半径，$R_0 = 6\text{mm}$；ΔP 为注射口与树脂流动前沿位置的压力差，$\Delta P = 0.098\text{MPa}$；$\eta$ 为树脂黏度，$\eta = 250\text{mPa}\cdot\text{s}$；$\varphi$ 为纤维织物孔隙率，$\varphi = 57.9\%$。

$$A_1 = \frac{\eta\varphi}{4\Delta P} \tag{2.63}$$

$$K'_x = \frac{R_{x,t}^2}{t}\left(2\ln\frac{R_{x,t}}{R_0} - 1\right) \tag{2.64}$$

$$K'_y = \frac{R_{y,t}^2}{t}\left(2\ln\frac{R_{y,t}}{R_0} - 1\right) \tag{2.65}$$

将 A_1、K'_x 和 K'_y 代入式(2.61)和式(2.62)，可得

$$K_x = A_1 K'_x \tag{2.66}$$

$$K_y = A_1 K'_y \tag{2.67}$$

$$A_1 = \frac{\eta\varphi}{4\Delta P} = \frac{250\times10^{-3}\times5.79\times10^{-1}}{4\times0.098\times10^6} = 3.6926\times10^{-7}$$

不同时刻 t 的 K'_x 和 K'_y 如表2.11所示。

表2.11　不同时刻 t 的 K'_x 和 K'_y

t/s	$K'_x/10^{-6}$	$K'_y/10^{-6}$
20	99.85	73.20
40	144.47	90.30
60	172.99	114.75
80	176.38	135.91
100	184.95	141.10
120	183.66	143.12
140	185.24	141.93
160	183.17	152.08
180	182.85	153.29
200	183.76	155.40
220	185.60	153.86

第2章 VARTM成型工艺纤维增强复合材料树脂充填模拟及试验研究

续表

t/s	K'_x/10^{-6}	K'_y/10^{-6}
240	188.13	157.29
260	191.20	161.11
280	191.34	165.24
300	185.88	165.71
320	190.26	166.55
340	190.84	164.01

由表 2.11 可分别求出 K'_x、K'_y 的平均值，其中 $\overline{K'_x}=1.782\times10^{-4}$，$\overline{K'_y}=1.445\times10^{-4}$。

将 A_1、$\overline{K'_x}$ 和 $\overline{K'_y}$ 代入式(2.66)和式(2.67)，可得

$$K_x = 3.6926\times10^{-7}\times1.782\times10^{-4} \approx 6.58\times10^{-11}(\text{m}^2)$$

$$K_y = 3.6926\times10^{-7}\times1.445\times10^{-4} \approx 5.34\times10^{-11}(\text{m}^2)$$

树脂流动前沿位置与 K_x 和 K_y 的关系如图 2.22 所示。可以看出，在二维面内径向流动渗透率的测试中，树脂充填流动开始阶段测得的二维面内径向流动渗透率 K_x 和 K_y 偏小，随着充填流动过程继续，渗透率呈增大趋势；树脂流动前沿到达 80mm 位置后，树脂充填流动过程趋于稳定，渗透率 K_x 和 K_y 也达到稳定状态，此时计算得到的二维面内径向流动渗透率可靠性更好。

由图 2.22 还可以看出，二维面内径向流动渗透率 K_x 始终大于 K_y，这也印证

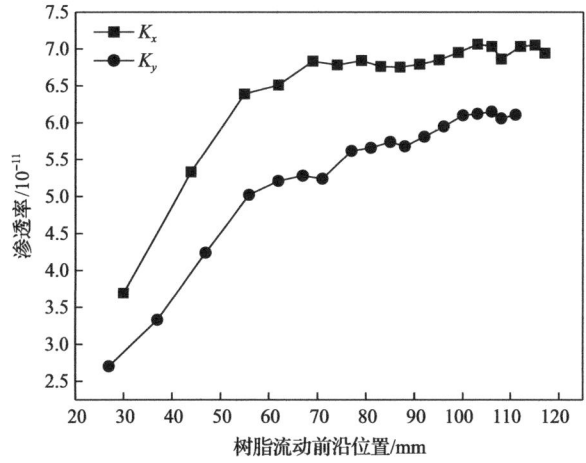

图2.22 树脂流动前沿位置与 K_x 和 K_y 的关系

了树脂在纤维织物二维面内径向流动过程中，在相同时刻 t 对应的树脂流动前沿位置 $R_{x,t}$ 和 $R_{y,t}$ 不相等，树脂流动前沿组成的区域不是完全的圆形，而是呈现近似椭圆形状，由图 2.21 也可以观察到这一现象。

2) 双轴向(0°/90°)纤维织物的面内径向渗透率

采用双轴向(±45°)纤维织物面内径向渗透率研究方法，进行双轴向(0°/90°)纤维织物面内径向渗透率计算，得到双轴向(0°/90°)纤维织物面内径向渗透率 K_x 和 K_y 值。

3. 三维流动渗透率

三维流动渗透率测试采用双轴向(0°/90°)纤维织物，其面密度为 $600g/m^2$，裁剪成尺寸为 300mm×300mm 的正方形，总层数为 45 层，总厚度为 22.50mm，测试所用树脂黏度为 250mPa·s。

首先计算厚度方向即 z 方向的渗透率 K_z，然后再计算 x 和 y 方向的渗透率 K_x 和 K_y，最终得到纤维织物三个方向的渗透率 K_x、K_y 和 K_z。

树脂由纤维织物中心注入，分别在纤维织物的第 9、18、27、36 和 45 层下面铺放薄片热敏电阻，并将热敏电阻与万用表连接，实时记录热敏电阻温度。由于热敏电阻均匀地布置在相同间隔层数的纤维织物下，在 z 方向上厚度可认为近似均匀递增，厚度分别为 4.5mm、9mm、13.5mm、18mm 和 22.5mm。将得到的数据代入三维流动渗透率计算公式(2.57)中，即可求解三维厚度方向的渗透率。测试所得厚度 z 和对应的时间 t 如表 2.12 所示。

表 2.12　测试所得厚度 z 和对应的时间 t

厚度 z/mm	时间 t/s
4.5	2.7
9	9.4
13.5	28.5
18	63.9
22.5	126.3

对式(2.57)进行转换替代，令

$$B_1 = \frac{\eta c^2 \varphi}{6\Delta P} \tag{2.68}$$

$$L = \frac{2\left(\dfrac{z}{c}\right)^3 - \left(\dfrac{z}{c}\right)^2 + 1}{t} \tag{2.69}$$

则式(2.57)可表示为

$$K_z = B_1 L \tag{2.70}$$

将 η、φ、ΔP 和 z 值代入式(2.68)，可得

$$B_1 = \frac{\eta c^2 \varphi}{6\Delta P} = \frac{250 \times 10^{-3} \times 6^2 \times 10^{-6} \times 5.79 \times 10^{-1}}{6 \times 0.098 \times 10^6} = 8.862 \times 10^{-12}$$

令 $y' = 2\left(\dfrac{z}{c}\right)^3 - \left(\dfrac{z}{c}\right)^2 + 1$，$x' = t$，则式(2.69)可以写为

$$L = \frac{y'}{x'} \tag{2.71}$$

x' 与 y' 实测点线性拟合关系如图 2.23 所示，斜率即为 L 值。可以看出，$\dfrac{y'}{x'} = 0.742$，即求解所得到的 L 值约为 0.742，将计算得到的 B_1 和 L 的值代入式(2.70)，即可求得三维厚度方向上的渗透率 K_z 的值。

$$K_z = B_1 L = 8.862 \times 10^{-12} \times 0.742 \approx 6.58 \times 10^{-12} (\text{m}^2)$$

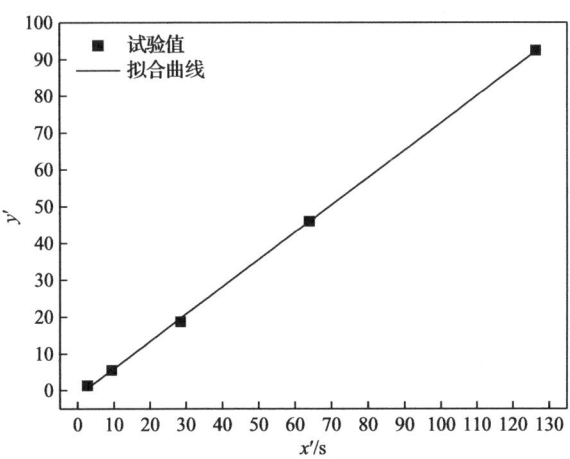

图 2.23　x' 和 y' 实测点线性拟合关系

采用相同的计算方法，根据式(2.55)和式(2.56)计算出平面内 x 和 y 方向上的渗透率 K_x 和 K_y，即

$$K_x = 4.29 \times 10^{-10} \text{m}^2$$

$$K_y = 3.72 \times 10^{-11} \text{m}^2$$

数值模拟和试验均采用双轴向(0°/90°)纤维织物,在后续数值模拟中采用测试得到的渗透率。

渗透率K_z与厚度位置z的关系如图2.24所示。可以看出,在进行三维厚度方向的渗透率测试时,随着树脂在纤维织物厚度方向上不断渗透,不同厚度位置处的渗透率不断变化。曲线的总体趋势是先急速增大,后增速放缓并最终趋于稳定。这是由于在测试开始阶段,树脂流动不稳定,随着测试持续进行,工艺参数逐渐稳定,三维厚度方向的渗透率也趋于稳定。

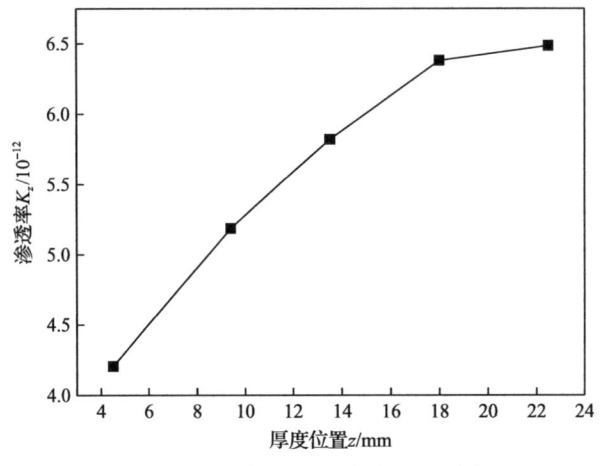

图2.24 渗透率K_z与厚度位置z的关系

另外,当树脂渗透至第一个热敏电阻位置时,即渗透至纤维织物厚度4.5mm处得到的渗透率仅约为$4.25 \times 10^{-12}\text{m}^2$,而当渗透至厚度18mm处时渗透率约为$6.40 \times 10^{-12}\text{m}^2$,沿厚度方向渗透率变化非常明显,并呈线性增加趋势。

当树脂渗透至厚度22.5mm处时,对应的渗透率约为$6.50 \times 10^{-12}\text{m}^2$,树脂在厚度18mm至22.5mm的区域渗透率增幅较小,与最终拟合得到的理论值$6.58 \times 10^{-12}\text{m}^2$相近,表明通过这种试验方法得到的三维厚度方向的渗透率比较可靠。

4. 导流介质渗透率

辅助树脂流动的高渗透导流介质渗透率的测试方法与纤维织物渗透率的测试方法相似。导流介质面内渗透率测试图如图2.25所示。

每隔2s记录树脂在导流介质面内两个方向上流动前沿位置$R_{x,t}$和$R_{y,t}$。两个方向树脂流动前沿位置$R_{x,t}$和$R_{y,t}$如表2.13所示。

图 2.25 导流介质面内渗透率测试图

表 2.13 两个方向树脂流动前沿位置 $R_{x,t}$ 和 $R_{y,t}$

t/s	$R_{x,t}$/mm	$R_{y,t}$/mm
2	33	27
4	56	41
6	75	64
8	91	82
10	99	90
12	107	95

由于导流介质的渗透性很好，为了更准确地记录树脂流动前沿位置，所采用的流体黏度应该比较大，以延长充填完成时间，尽可能减少误差。流体黏度为 400mPa·s，并测算出导流介质的孔隙率约为 20%。结合二维面内径向流动渗透率计算式(2.52)和式(2.53)，根据纤维织物二维面内径向流动渗透率的计算方法，由式(2.66)和式(2.67)得到导流介质面内渗透率，分别用 $K_{\text{d},x}$ 和 $K_{\text{d},y}$ 表示，即

$$K_{\text{d},x} = 8.15\times10^{-7}\times5.34\times10^{-3} = 4.35\times10^{-9}(\text{m}^2)$$

$$K_{\text{d},y} = 8.15\times10^{-7}\times4.33\times10^{-3} = 3.53\times10^{-9}(\text{m}^2)$$

导流介质厚度方向的渗透率测试图如图 2.26 所示。

总计裁剪 64 层导流介质，堆叠在一起，总厚度为 32.76mm。在导流介质中心位置沿 z 方向从上到下每隔 16 层安放一个热敏电阻，近似认为热敏电阻位置在导流介质厚度方向均匀递增，即 4 个热敏电阻对应的 z 值分别为 8.19mm、16.38mm、

24.57mm 和 32.76mm。测试所得厚度 z 和对应的时间 t 如表 2.14 所示。

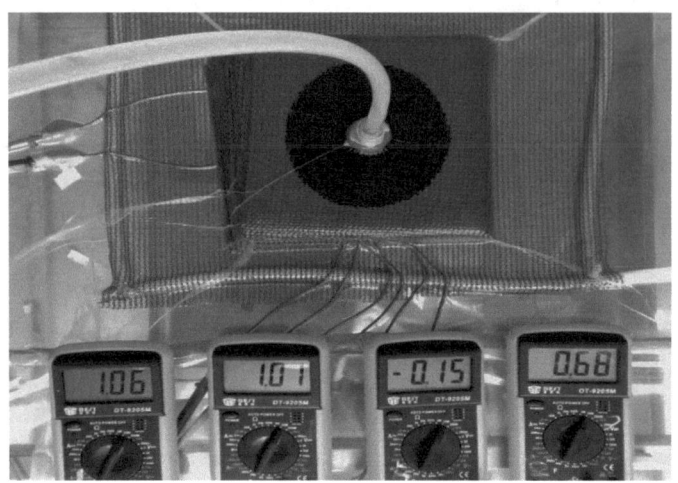

图 2.26 导流介质厚度方向的渗透率测试图

表 2.14 测试所得厚度 z 和对应的时间 t

厚度 z/mm	时间 t/s
8.19	0.94
16.38	1.51
24.57	5.23
32.76	8.21

导流介质厚度方向上的渗透率用 $K_{d,z}$ 表示,将 t 和 z 代入三维流动渗透率计算公式(2.57),则

$$K_{d,z} = 4.76 \times 10^{-12} \times 37.74 = 1.80 \times 10^{-10} (\mathrm{m}^2)$$

2.4 VARTM 成型工艺中树脂充填数值模拟与试验研究

采用 VARTM 成型工艺制备纤维增强复合材料的成型过程可分为树脂的充填流动和固化反应两个过程。树脂的充填流动作为工艺过程的第一步,确保树脂充分浸润增强材料是保证复合材料制品质量的关键。

为准确预测树脂充填流动模式,充分了解 VARTM 成型工艺中树脂的充填流动过程和流动规律,本节模拟了工艺参数对 VARTM 成型工艺中树脂充填流动过程和规律的影响,并进行了高渗透导流介质、树脂黏度、真空压力、注射方式和纤维方向等工艺参数下树脂充填流动过程和规律的试验研究。

2.4.1 树脂充填过程数值模拟

VARTM 成型工艺中树脂流动模型的主、俯视图如图 2.27 所示。数值模拟的主要参数如表 2.15 所示。模型图形化用户界面窗口如图 2.28 所示。

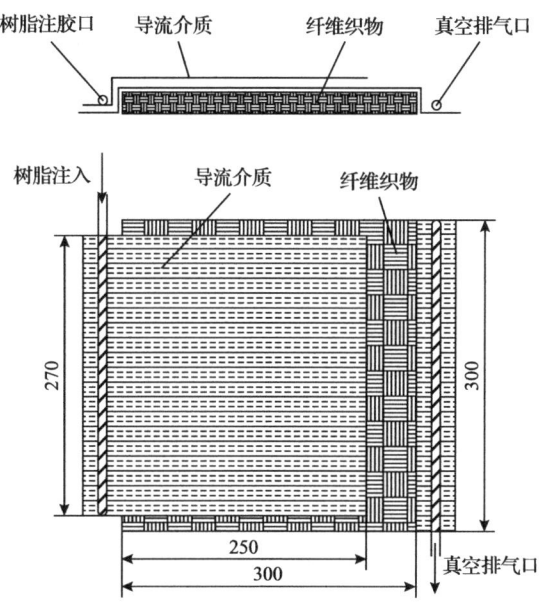

图 2.27　VARTM 成型工艺中树脂流动模型的主、俯视图(单位：mm)

表 2.15　数值模拟的主要参数

参数	数值
树脂黏度/mPa·s	300
真空表压/MPa	−0.098
几何尺寸/mm×mm	300×300
纤维织物方式	0°/90°
纤维主渗透率/m^2	4.29×10^{-10}
纤维辅渗透率/m^2	6.58×10^{-12}
导流介质主渗透率/m^2	4.35×10^{-9}
导流介质辅渗透率/m^2	1.80×10^{-10}
织物厚度/mm	3

VARTM 成型工艺树脂充填流动过程模拟步骤包括模型创建、有限元网格划分、参数设置、模拟计算和结果分析。

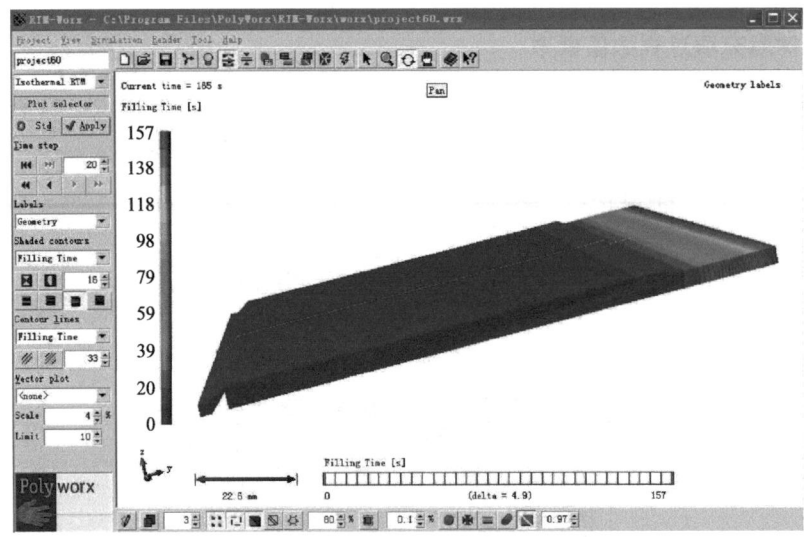

图 2.28　模型图形化用户界面窗口

1. 模型创建

模型创建过程如下：首先创建点；再由点连接创建线；然后由线连接创建面；最后由面连接创建体。基于对称面描述三维立体结构，即通过定义中心对称面的厚度而形成三维立体模型。在模型上还可以设置纤维方向、层数及纤维体积分数含量等参数。在模型的节点处定义注射口和排气口（溢料口）；在曲线上定义流动通道；在面上定义厚度等参数。树脂注射口与溢料口模型设置如图 2.29 所示。

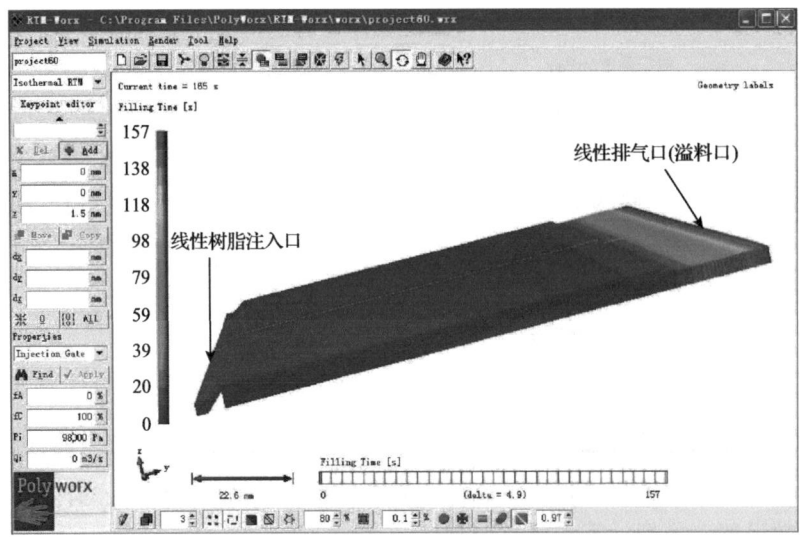

图 2.29　树脂注射口与溢料口模型设置

2. 有限元网格划分

单元网格的划分密度和大小可以根据模型复杂程度及尺寸确定，通过最大单元尺寸和最小单元尺寸控制网格节点的密度等参数。模型有限元网格划分示意图如图 2.30 所示。

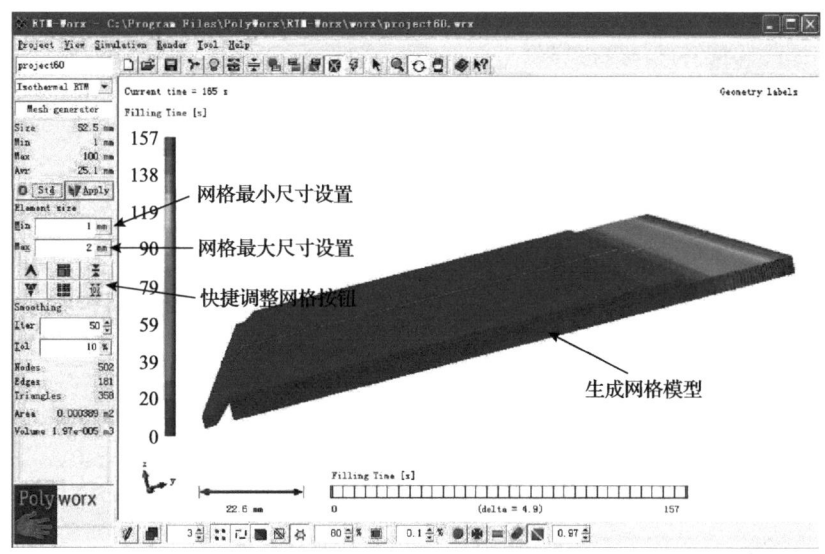

图 2.30　模型有限元网格划分示意图

3. 参数设置

在 VARTM 成型工艺模拟中需要设置的参数包括：纤维织物几何尺寸、树脂注射口和排气口的压力和开闭时间、纤维织物孔隙率、纤维方向、渗透率和树脂黏度或密度等参数。模拟过程工艺参数设置如图 2.31 所示。

4. 模拟计算

模型能够对树脂流动前沿位置进行追踪，在每一个时间步长都会实时计算各节点的树脂充填流动速度和压强分布等信息，预测树脂的流动趋势。模拟计算界面如图 2.32 所示。

5. 结果分析

模型可以通过矢量图显示树脂在纤维织物中充填流动的方向，通过等值线图显示压力分布和树脂充填完成时间，通过云纹图显示模型结构厚度方向的信息等。模拟结果分析界面如图 2.33 所示。

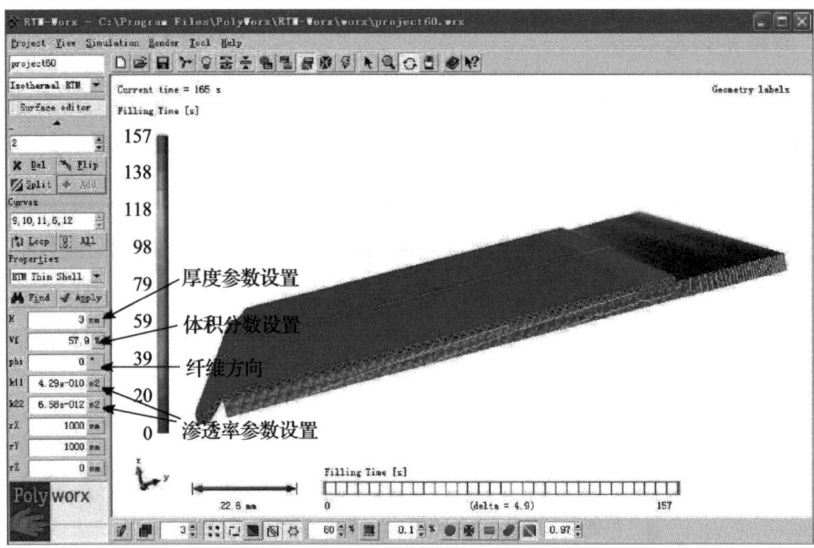

图 2.31 模拟过程工艺参数设置

图 2.32 模拟计算界面

2.4.2 树脂充填过程试验

1. 试验材料与试验设备

试验材料如表 2.7 所示。试验设备如表 2.8 所示。

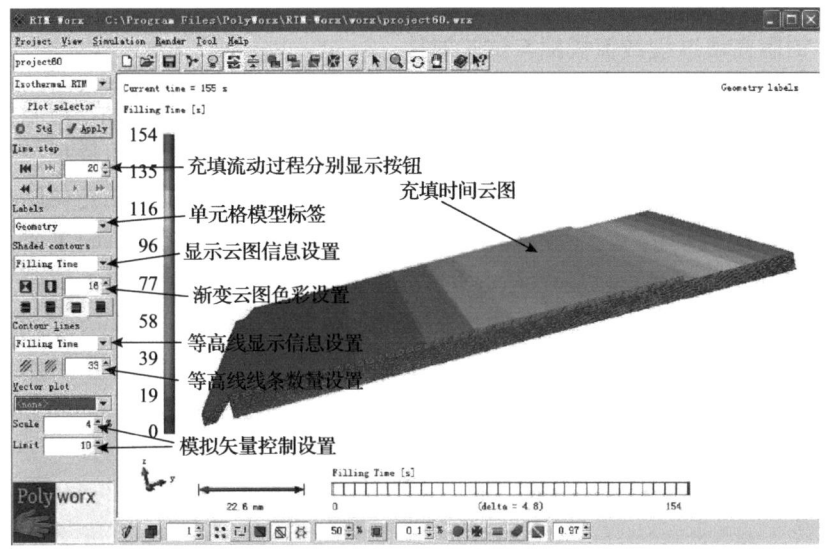

图 2.33　模拟结果分析界面

2. 试验方案

VARTM 成型工艺试验平台示意图如图 2.34 所示。

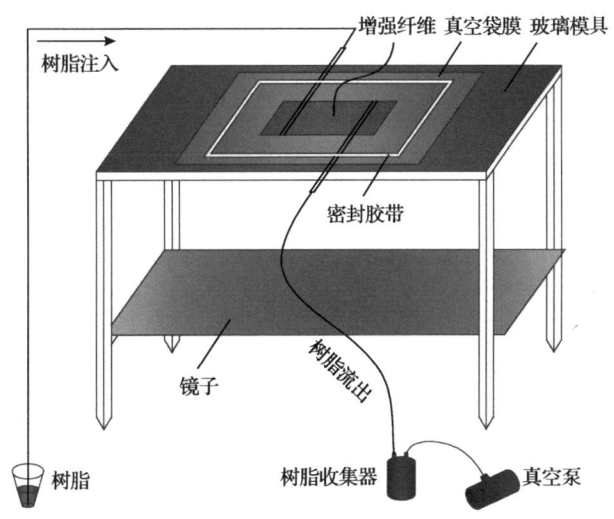

图 2.34　VARTM 成型工艺试验平台示意图

试验主要研究五个工艺参数对树脂在纤维织物中充填流动行为的影响,包括:①树脂黏度;②注胶方式;③真空压力;④导流介质;⑤纤维织物厚度。

2.4.3 树脂充填过程数值模拟与试验对比

树脂充填流动过程数值模拟与试验不同时刻对比如图 2.35 所示。树脂充填流动过程数值模拟与试验结果对比如图 2.36 所示。可以看出，数值模拟结果与试验结果的吻合程度较高，模型能够比较准确地模拟 VARTM 成型工艺树脂在纤维织物中的充填流动情况。模拟充填速度大于试验测试速度，其原因主要是数值模拟中工艺参数设置与实际参数存在差异：一是数值模拟设置的渗透率是试验测试得到的理论值，与纤维织物真实的渗透率相比可能偏小；二是在数值模拟中真空表压设置为理论值-0.098MPa，而试验过程中真空压力无法一直维持在-0.098MPa。

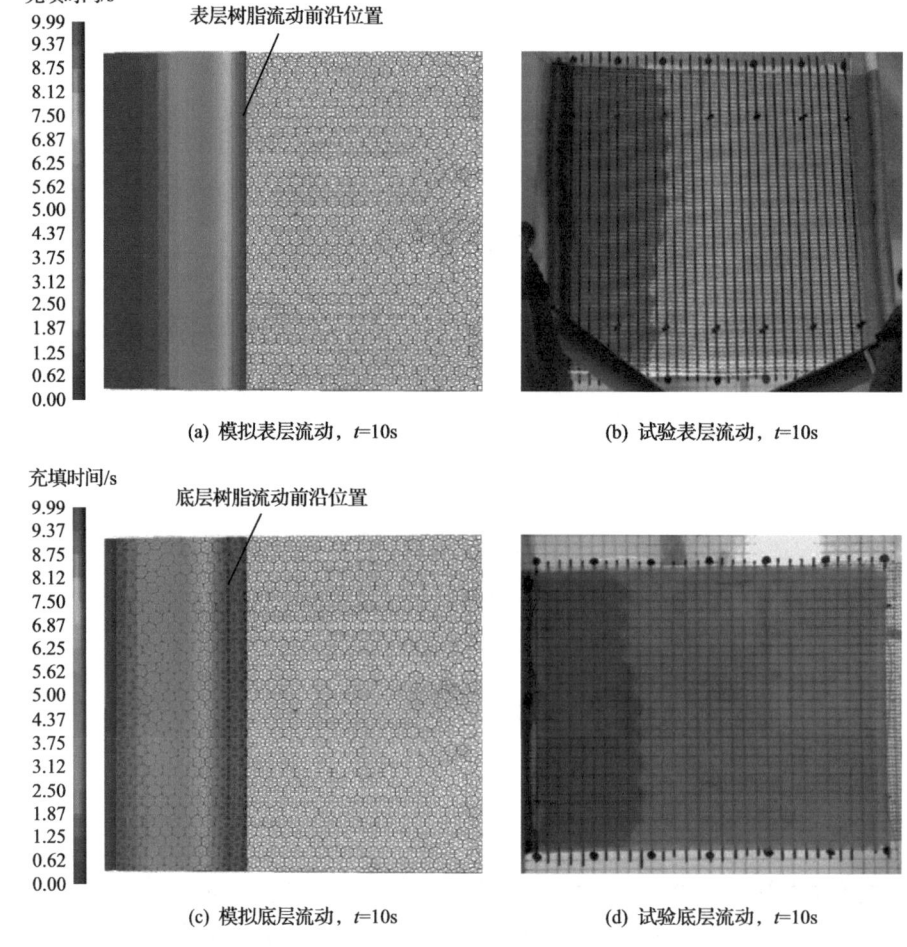

(a) 模拟表层流动，t=10s　　　　(b) 试验表层流动，t=10s

(c) 模拟底层流动，t=10s　　　　(d) 试验底层流动，t=10s

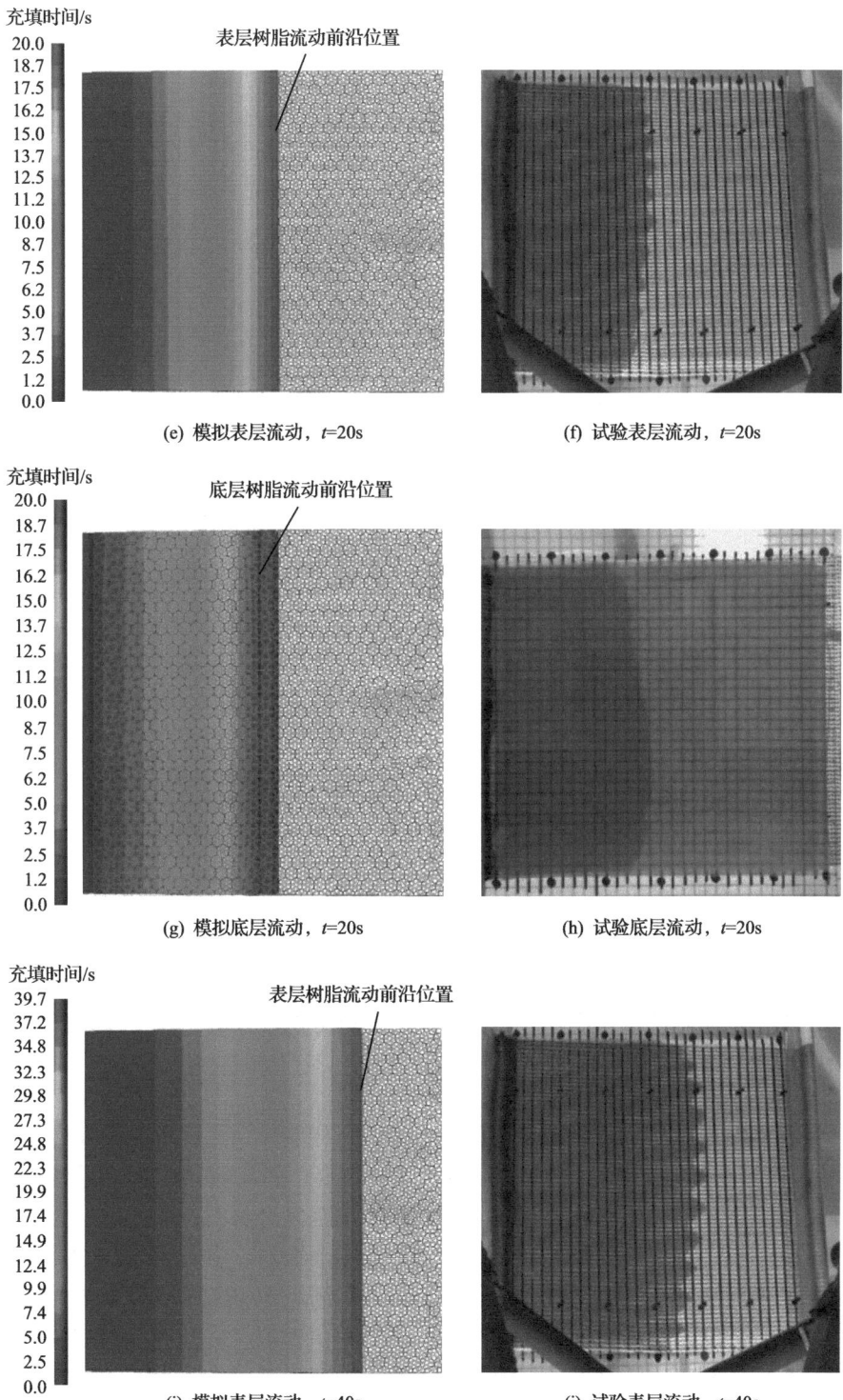

(e) 模拟表层流动，$t=20s$ (f) 试验表层流动，$t=20s$

(g) 模拟底层流动，$t=20s$ (h) 试验底层流动，$t=20s$

(i) 模拟表层流动，$t=40s$ (j) 试验表层流动，$t=40s$

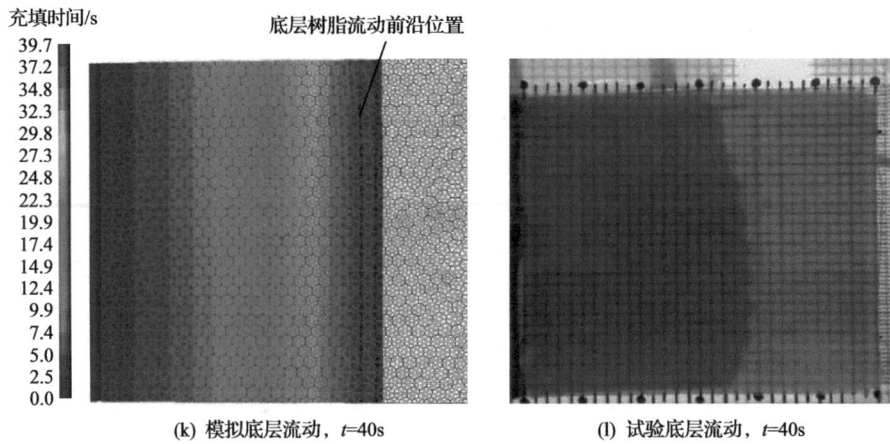

图 2.35 树脂充填流动过程数值模拟与试验不同时刻对比

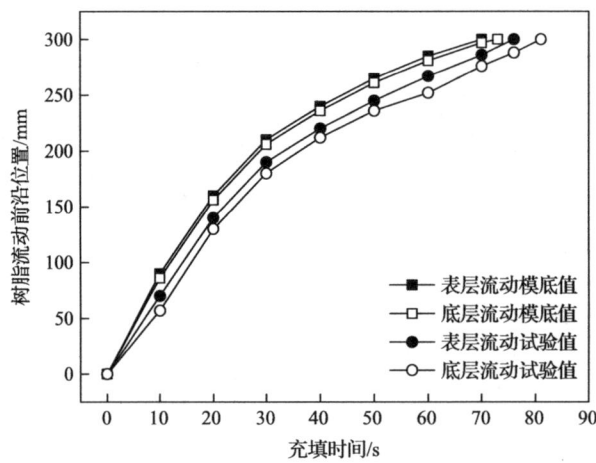

图 2.36 树脂充填流动过程数值模拟与试验结果对比

2.4.4 工艺参数对树脂充填行为影响的数值模拟与试验分析

1. 树脂黏度对充填过程的影响

树脂黏度是 VARTM 成型工艺的重要参数,树脂体系黏度不能过高也不能过低(一般应小于 1000mPa·s,最好在 100~800mPa·s 之间)。黏度过高会导致树脂充填流动困难,充填完成时间长且难以浸润纤维增强复合材料;黏度过低会导致树脂充填流动不稳定,制品中容易形成干斑和孔隙等缺陷。为研究 VARTM 成型工艺树脂黏度对树脂充填流动过程的影响,首先对满足 VARTM 成型工艺要求的五种黏度对应的纤维织物中的充填流动过程进行数值模拟,并开展五种黏度下的树脂流动充填试验。树脂充填过程模拟和试验结果如表 2.16 所示。

表2.16 树脂充填过程模拟和试验结果

树脂黏度/mPa·s	纤维增强复合材料		模拟充填完成时间/s		试验充填完成时间/s	
	尺寸/mm×mm	层数	完成表层充填	完成底层充填	完成表层充填	完成底层充填
100	300×300	5	25.6	28.7	30	32
250	300×300	5	66.5	71.8	64	68
400	300×300	5	106	115	106	117
550	300×300	5	147	158	207	220
700	300×300	5	189	201	268	282

VARTM成型工艺数值模拟中真空表压设置为–0.098MPa，采用边界线型注射方式。由表2.16可以看出，黏度对树脂在纤维织物中充填流动过程的影响模拟结果与试验结果吻合良好，模拟结果与试验结果的变化趋势具有良好的一致性，通过模拟可以比较准确地预测树脂充填流动过程。

不同黏度树脂充填流动过程模拟曲线如图2.37所示。不同黏度树脂充填流动过程试验曲线如图2.38所示。可以看出，随着树脂黏度增大，树脂浸润纤维增强复合材料过程中表层与底层树脂流动前沿位置的距离持续增大，并在充填后期趋于稳定。这是由于树脂在低黏度时有良好的流动性，容易浸润纤维增强复合材料；随着黏度增大树脂流动性和浸润一致性变差，纤维增强复合材料表层和底层的树脂流动前沿位置差距拉大，但随着树脂黏度进一步增大，树脂在纤维增强复合材料中的流动浸润变得非常缓慢，渗漏作用促使表层树脂对厚度方向的纤维增强复合材料进行了比较充分的浸润，使整个充填流动过程具有较好的均匀性和稳定性，因此，表层与底层充填完成所需的时间差的增速逐渐稳定。

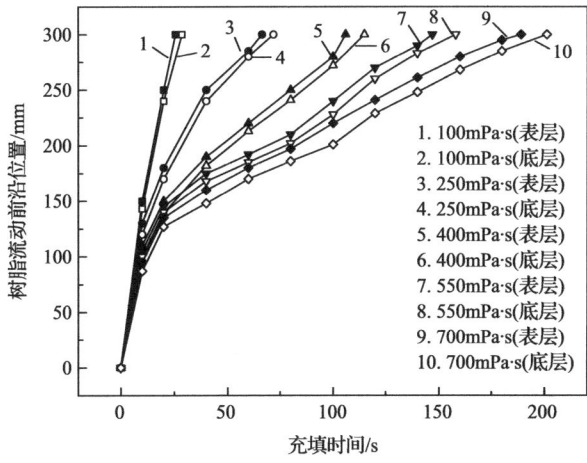

图2.37 不同黏度树脂充填流动过程模拟曲线

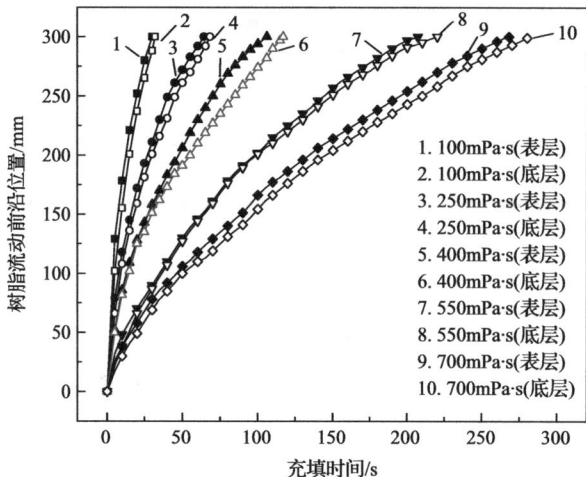

图 2.38 不同黏度树脂充填流动过程试验曲线

树脂黏度从 100mPa·s 增加到 700mPa·s 时，树脂对纤维增强复合材料表层与底层的充填完成时间差呈现快速增大并在充填后期趋于一致的趋势。树脂黏度与充填完成时间差(表层与底层)的关系如图 2.39 所示。

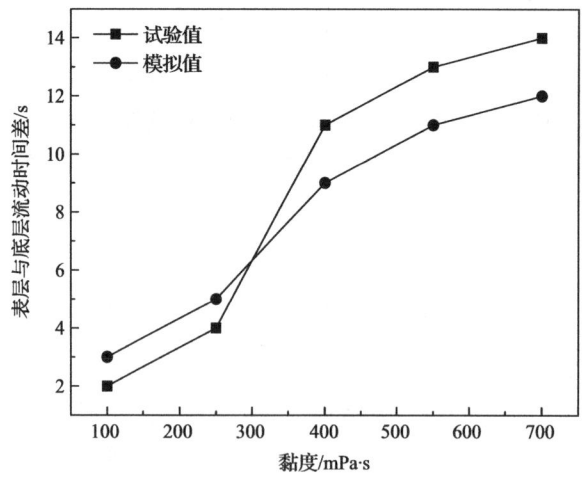

图 2.39 树脂黏度与充填完成时间差(表层与底层)的关系

树脂黏度与充填完成时间的关系如图 2.40 所示。可以看出，模拟结果与试验结果所反映的趋势相同，随着树脂黏度增大充填完成时间逐渐变长，并呈近似线性增大关系，说明树脂黏度对充填完成时间影响很大。

在低黏度条件下模拟与试验结果一致性比较好，随着黏度增加，模拟与试验结果差距变大，这是由于模拟中设置的参数都是恒定的，而试验中影响因素较多，参数不能保持在恒定理论值。低黏度树脂在纤维织物中的流动浸润速度较快，受

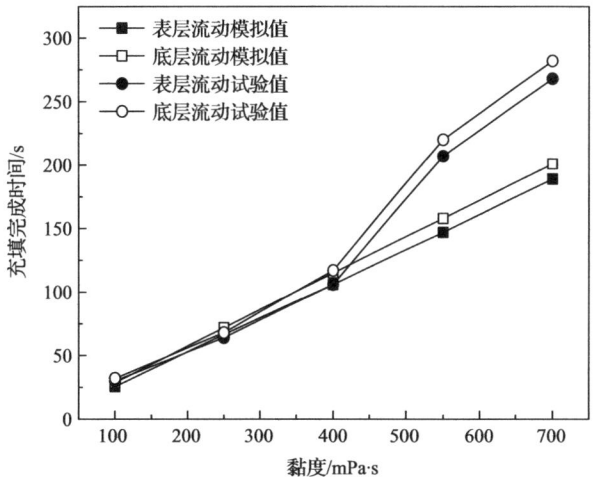

图 2.40　树脂黏度与充填完成时间的关系

其他参数变化的影响较小；黏度较大时，纤维织物充填完成时间较长，受其他参数影响的时间变长，最终试验结果受到较大影响。

模拟充填完成时间与试验充填完成时间相比偏小，表明模拟中树脂充填速度比试验充填速度快，其原因在于模拟中真空表压恒定在-0.098MPa，而试验中真空压力偏小，树脂在充填过程中受到的真空驱动力偏小，进而影响充填速度。

2. 注胶方式对充填过程的影响

为研究 VARTM 成型工艺中树脂的注射方式对充填流动模式和充填流动速度的影响，开展了四组模拟和试验，研究边界点型注射、边界线型注射、中心点型注射和四周线型注射四种注射方式对树脂充填流动模式和充填流动速度的影响。树脂注射方式及其流动模式和充填完成时间如表 2.17 所示。

表 2.17　树脂注射方式及其流动模式和充填完成时间

注射方式	流动模式	模拟充填完成时间/s	试验充填完成时间/s
边界点型注射	扇形流动	257	229
边界线型注射	单向流动	73	68
中心点型注射	径向流动	71.8	65
四周线型注射	混合流动	26	22

不同注射方式下树脂充填流动模拟与试验对比如图 2.41 所示。模拟与试验中纤维增强体尺寸均为 300mm×300mm，导流介质全铺，纤维织物层数为 5 层，树脂黏度为 250mPa·s，真空表压为-0.098MPa。

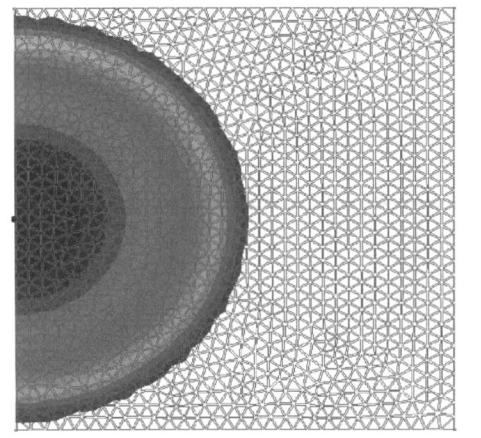

(a) 模拟边界点型注射

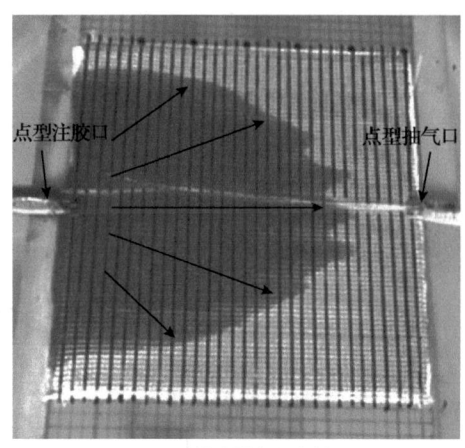

(b) 试验边界点型注射

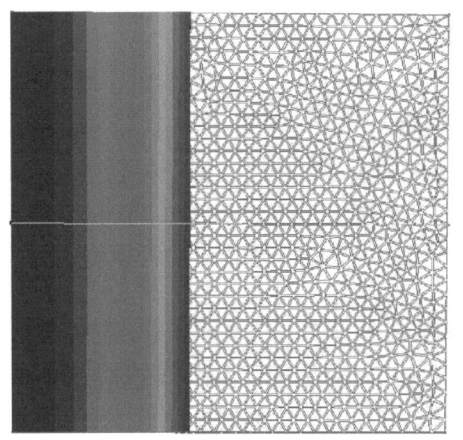

(c) 模拟边界线型注射

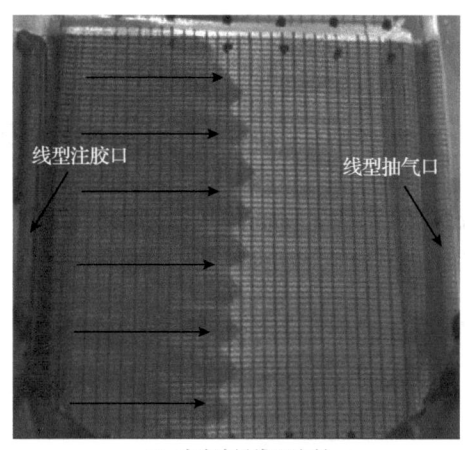

(d) 试验边界线型注射

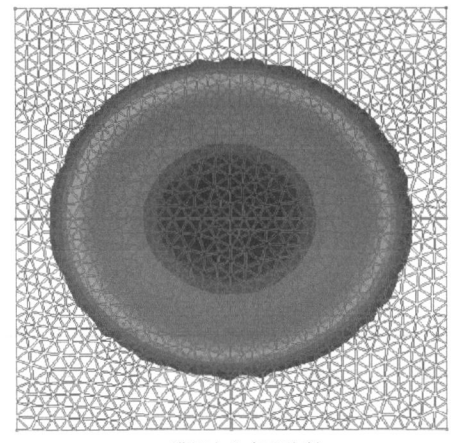

(e) 模拟中心点型注射

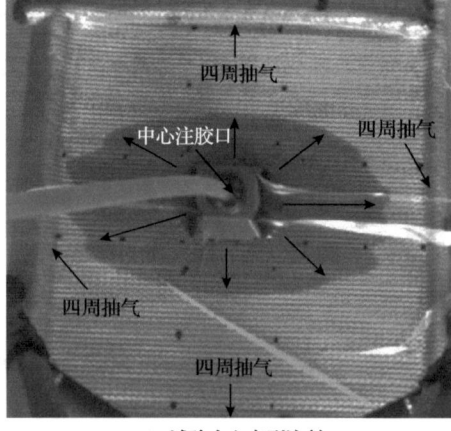

(f) 试验中心点型注射

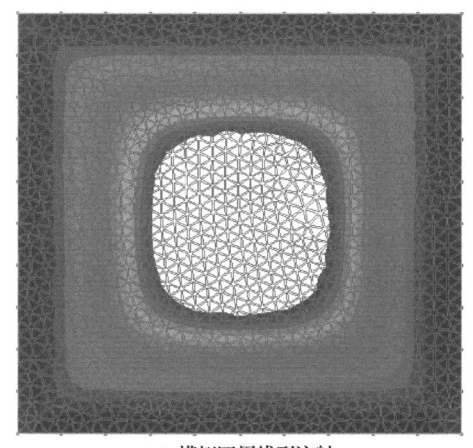

(g) 模拟四周线型注射　　　　　　　　(h) 试验四周线型注射

图 2.41　不同注射方式下树脂充填流动模拟与试验对比

由表 2.17 可以看出，相同的充填面积下点型注射充填模拟所需时间是线型注射的 3.5 倍，试验测得点型注射充填所需时间是线型注射的 3.4 倍，趋势一致性较好。边界线型注射之所以比点型注射快，是由于线型注射的注射口周长数倍于点型注射口周长，充填过程中树脂的瞬时体积流量大，因此，充填所需时间短。

中心点型注射充填模拟所需时间为 71.8s，边界线型注射充填模拟所需时间为 73s，两者相差仅 1.2s；试验测得边界线型注射充填所需时间与中心点型注射充填所需时间差也仅为 3s。模拟与试验结果表明，中心点型注射充填所需时间与边界线型注射充填所需时间基本相同，这是由于边界线型注射充填时纤维织物另外一侧设置线型抽气口，而中心点型注射时纤维织物四周均设置抽气口，模腔内真空度较单边抽气好，因此，点型注胶速度比较快。

四种注射方式模拟中四周线型注射中心抽气注射方式树脂充填速度最快，为 26s；试验测得在四种注射方式下，四周线型注射中心抽气方式树脂充填的速度也是最快的，只需 22s 就可以完成。四周线型注射中心抽气方式树脂充填所需时间约为边界线型注射充填和中心点型注射充填的 1/3，约为边界点型注射充填所需时间的 1/10，这是由于四周线型注射的外围形成一个很大的注射口，在模腔内真空压力相差不大的情况下，任意时刻注入树脂的体积流量数倍于点型注射方式和单边线型注射方式，充填相同区域纤维增强复合材料所需时间成倍缩短。

对比四种注射方式模拟与试验充填完成时间，发现模拟充填所需时间较长，这是由于在模拟中设置注胶方式时，无论是点型注射还是线型注射都是严格的理论尺寸，而试验中点型注射的树脂管直径大于模拟注射的树脂管直径，试验中线型注射边界尺寸也稍大于纤维增强复合材料的边界尺寸。由模拟和试验结果可以看出，四种注射方式下树脂在纤维织物中的充填流动速度和流动模式相似。

3. 真空压力对充填过程的影响

在 VARTM 成型工艺中,树脂在空气压力差的作用下完成对纤维织物的浸润,因此,真空压力是一个重要的工艺控制参数。在数值模拟中真空表压分别选取 –0.06MPa、–0.07MPa、–0.08MPa、–0.09MPa 和 –0.098MPa。树脂注射方式为边界线型注射,纤维织物表面覆盖导流介质,通过在真空泵与树脂收集器之间安装真空调压阀调节真空压力。不同真空压力下的树脂充填完成时间如表 2.18 所示。

表 2.18　不同真空压力下的树脂充填完成时间

真空表压/MPa	增强体尺寸/mm×mm	层数	树脂黏度/mPa·s	模拟充填完成时间/s	试验充填完成时间/s
–0.06	300×300	5	275	129	90
–0.07	300×300	5	275	111	92
–0.08	300×300	5	275	96.7	95
–0.09	300×300	5	275	86	91
–0.098	300×300	5	275	78.9	88

模拟结果表明,随着真空压力增大,树脂充填完成时间逐渐变短,真空表压从 –0.06MPa 到 –0.098MPa 充填所需时间从 129s 缩短至 78.9s;试验结果表明,真空压力对充填所需时间影响比较复杂,真空表压为 –0.08MPa 时充填完成时间最长(为 95s),真空表压为 –0.098MPa 时充填完成时间最短(为 88s),相差仅 7s。

不同真空压力下模拟与试验充填完成时间如图 2.42 所示。可以看出,模拟中真空压力越大则树脂充填速度越快。真空表压从 –0.06MPa 增加到 –0.08MPa 时,模拟充填速度逐渐加快,而试验充填所需时间逐渐变长;真空表压从 –0.08MPa

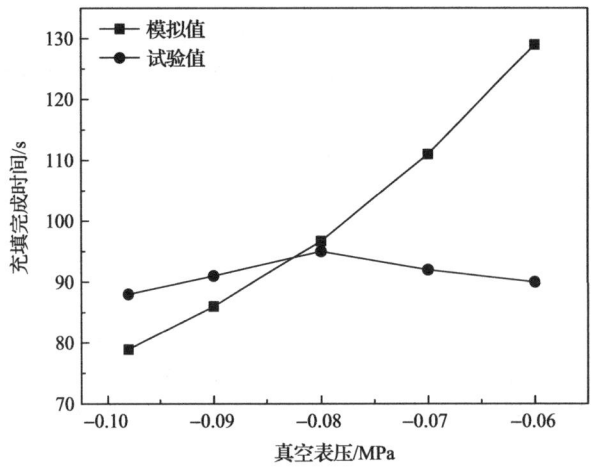

图 2.42　不同真空压力下模拟与试验充填完成时间

增加到–0.098MPa 时，模拟充填完成时间变短，这是由于在模拟中纤维织物的参数始终保持恒定，因此，随着真空压力增大，树脂获得的驱动力越大，充填速度越快，所需时间呈现快速缩短的趋势。试验中真空表压从–0.08MPa 增加到–0.098MPa 时，树脂充填速度也呈现加快的趋势，与模拟趋势相同。

在试验过程中，随着真空压力的变化，纤维织物受到的压实程度不同，纤维织物预成型体的纤维体积分数不同，纤维织物中树脂流动的孔隙通道随之改变。在较高的真空压力下(真空表压由–0.08MPa 增加到–0.098MPa)，空气压力差对树脂充填流动速度的影响大于对纤维体积分数的影响，因此，充填完成时间逐渐缩短，与模拟结果一致。在较低的真空压力下(真空表压由–0.06MPa 增加到–0.08MPa)，随着真空压力的增加纤维织物受到的压实程度逐渐增大，纤维织物预成型体的纤维体积分数变大，纤维织物中树脂流动的孔隙通道减少，导致树脂在纤维织物中的充填流动变得困难，因此，在较低的真空压力下随着真空度的增加树脂充填完成时间变长。

4. 导流介质对充填过程的影响

VARTM 成型工艺属于低压成型。高渗透导流介质是一种由聚乙烯塑料线编织的网状材料，其渗透率通常比纤维织物大 2~3 个数量级，树脂同时在两种渗透率差别很大的多孔介质中流动时，流动速度存在较大差异，使得 VARTM 成型工艺的树脂充填行为比传统的 RTM 成型工艺(无导流介质辅助)更为复杂[17]。无导流介质时树脂充填流动示意图如图 2.43 所示。有导流介质时树脂充填流动示意图如图 2.44 所示。

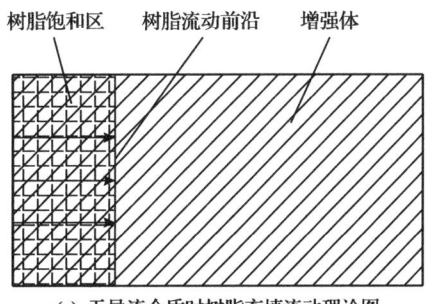

(a) 无导流介质时树脂充填流动理论图

(b) 无导流介质时树脂充填流动模拟示意图

图 2.43 无导流介质时树脂充填流动示意图

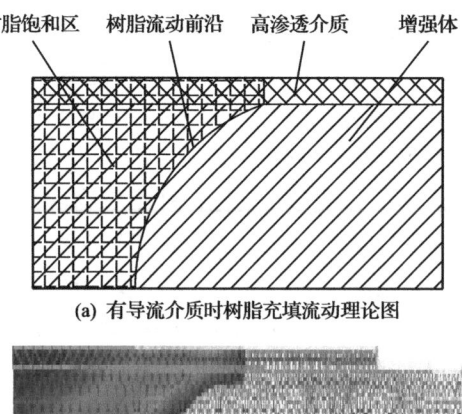

(a) 有导流介质时树脂充填流动理论图

(b) 有导流介质时树脂充填流动模拟示意图

图 2.44　有导流介质时树脂充填流动示意图

为研究高渗透导流介质对 VARTM 成型工艺树脂充填流动的影响，共进行两个组别 8 种导流介质下的树脂充填流动模拟与试验研究。不同高渗透导流介质设置下的树脂充填完成时间如表 2.19 所示。

表 2.19　不同高渗透导流介质设置下的树脂充填完成时间

序号	纤维织物层		高渗透导流介质层		模拟充填完成时间/s		试验充填完成时间/s	
	尺寸/mm	层数	尺寸/mm	位置	表层	底层	表层	底层
1	600×300	5	—	—	562	562	664	665
2	600×300	5	300×300	靠近注胶口端	305	308	392	410
3	600×300	5	300×300	靠近抽气口端	567	585	638	659
4	600×300	5	600×300	全覆盖	217	225	238	252
5	300×300	5	—	—	116	116	167	169
6	300×300	5	300×300	表层	63	69.2	64	68
7	300×300	5	300×300	中间层	66	67.2	68	69
8	300×300	5	300×300	底层	66.4	62	49	44

由表 2.19 中第 I 组的模拟与试验结果可以看出，模拟中导流介质完全覆盖纤维织物时树脂充填流动速度最快，与没有铺放导流介质的情况相比，充填速度提高近 1.5 倍。试验中完全铺放导流介质与未铺放相比，充填速度提高近 1.8 倍，与模拟结果相近。模拟与试验结果均表明在纤维织物表面铺放一层导流介质对促进树脂的充填流动作用非常明显。

模拟中导流介质使用比例和铺放位置对树脂充填流动的影响如图 2.45 所示。

试验中导流介质使用比例和铺放位置对树脂充填流动的影响如图2.46所示。模拟与试验结果均发现在导流介质尺寸相同而铺放位置不同的情况下，铺放在注胶口端比铺放在抽气口端树脂充填速度更快，完全充填所需时间缩短，这是因为导流介质铺放在注胶口端时在注胶初始阶段就能起到明显的导流作用，而导流介质铺放在抽气口端则与注胶口端隔断，在整个树脂充填流动过程中几乎不起导流作用，充填完成时间与完全没有导流介质下树脂充填完成时间相差不大。

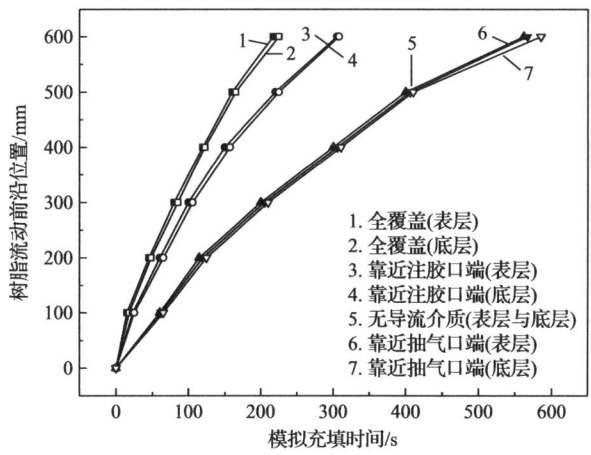

图 2.45 模拟中导流介质使用比例和铺放位置对树脂充填流动的影响

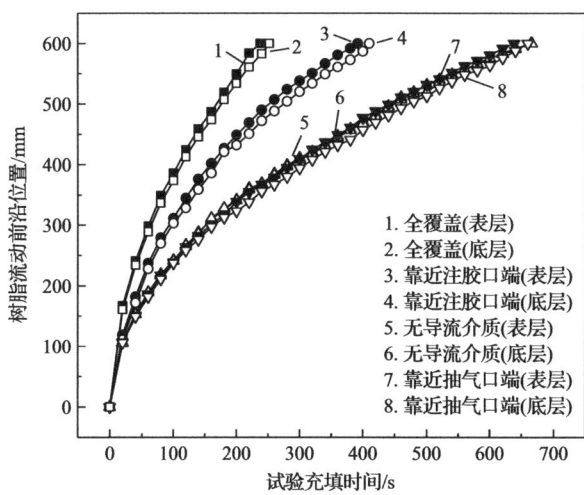

图 2.46 试验中导流介质使用比例和铺放位置对树脂充填流动的影响

表2.19第Ⅱ组中导流介质分别铺放在纤维织物表层、中间层和底层。模拟中导流介质不同铺放位置对树脂充填流动的影响如图2.47所示。试验中导流介质不同铺放位置对树脂充填流动的影响如图2.48所示。

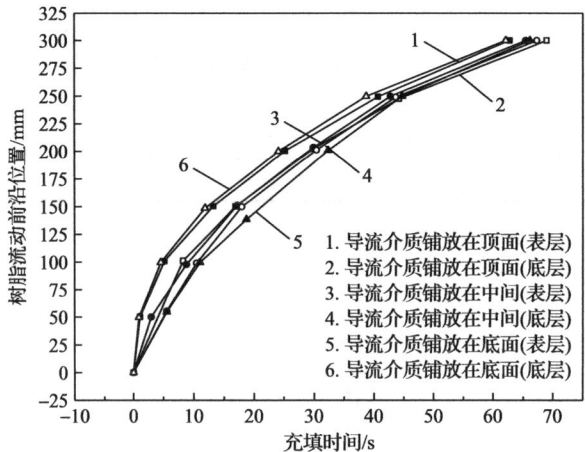

图 2.47　模拟中导流介质不同铺放位置对树脂充填流动的影响

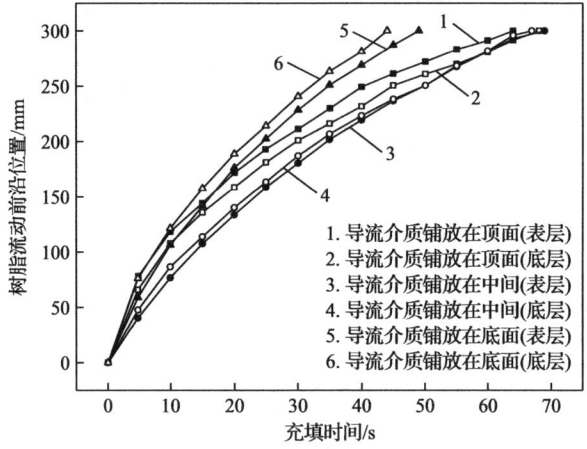

图 2.48　试验中导流介质不同铺放位置对树脂充填流动的影响

由表 2.19 可以看出，与不铺放导流介质相比，无论导流介质铺放在纤维织物哪个位置都能够起到促进树脂充填流动的作用，模拟中树脂充填流动速度提高 0.68~0.87 倍，试验中树脂充填速度提高 1.46~2.84 倍。

由图 2.47 和图 2.48 可以看出，模拟与试验结果均表明导流介质铺放在纤维织物底层时树脂充填流动速度快于铺放在表层和中间层的情况。这是由树脂在纤维织物内部的流动规律决定的，树脂注入纤维织物后，在整个纤维织物中不断流动，未被浸润的纤维织物得到的树脂来源于两部分，一部分来源于注入口，另一部分来源于纤维织物已被浸润部分。树脂从上向下渗透比从下向上渗透更容易，在表层流动的树脂不断向下面渗漏；而导流介质铺放在底层，一方面促进树脂在底层的流动，另一方面得到来自上面铺层已浸润部分向下流动的树脂，因此，导流效果与前两种情况相比更好。

模拟中同时刻表层与底层树脂流动前沿位置差如图 2.49 所示，试验中同时刻表层与底层树脂流动前沿位置差如图 2.50 所示，其中负值表示底层流动速度大于表层。可以看出，模拟中表层与底层树脂流动前沿位置差小于试验中的位置差，这是由于模拟参数稳定且理想，而试验中通过摄像机实时拍摄记录表层与底层的树脂流动前沿位置，会受到设备、操作环节等诸多因素的影响。因此，试验结果与模拟结果存在一定差异。

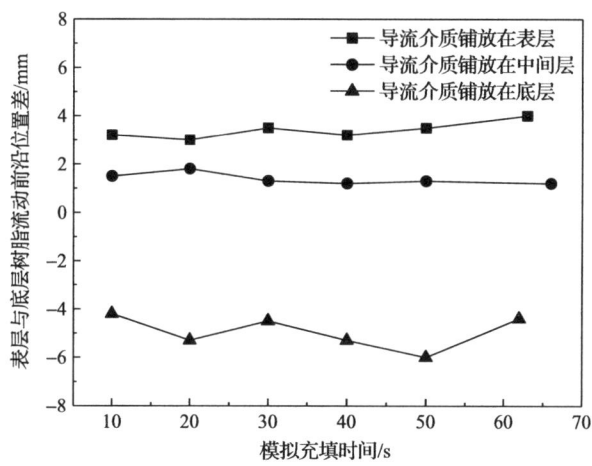

图 2.49　模拟中同时刻表层与底层树脂流动前沿位置差

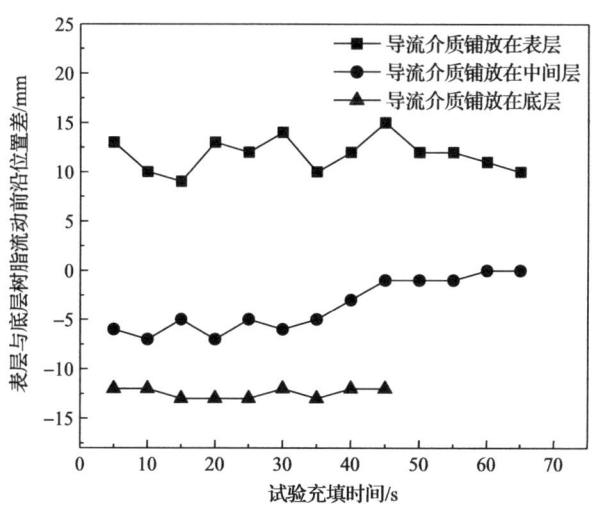

图 2.50　试验中同时刻表层与底层树脂流动前沿位置差

但是模拟结果与试验结果均表明导流介质铺放在纤维织物表层和底层时，相同时刻树脂流动前沿位置差大于铺放在中间层时的树脂流动前沿位置差。这说明纤维织物中间层铺放导流介质时，能促进树脂在充填流动过程中保持表层和底层的前沿位置一致性，减少树脂在纤维织物表层与底层流动速度不一致造成的干斑和孔隙缺陷。因此，在实际生产中可在纤维织物中间层铺放具有较好导流渗透性的材料(如玻璃纤维毡等)提高充填均匀性，或在纤维织物底层铺放部分导流介质减小表层和底层的树脂流动前沿位置差使充填趋于一致。

5. 纤维织物厚度对充填过程的影响

VARTM 成型工艺通常用树脂浸润堆叠成一定厚度的纤维织物得到满足工程需求的复合材料，因此，有必要研究纤维织物厚度对树脂充填流动速度的影响。纤维织物铺层分别为 3、6、9 和 12 层，不同纤维织物厚度下的树脂充填完成时间如表 2.20 所示。

表 2.20 不同纤维织物厚度下的树脂充填完成时间

纤维织物尺寸/mm	纤维织物层数	纤维织物厚度/mm	模拟充填完成时间/s	试验充填完成时间/s
300×300	3	1.66	107	118
300×300	6	3.18	136	160
300×300	9	4.86	159	201
300×300	12	6.28	185	247

由表 2.20 可以看出，随着纤维织物厚度增加，树脂充填流动所需时间增大。充填完成时间与纤维织物厚度的关系如图 2.51 所示。可以看出，相同纤维厚度的情况下，充填所需时间的模拟值小于试验值，主要有两方面原因：①模拟中树脂注入时真空表压稳定在理论最大值–0.098MPa，而试验中真空压力会发生变化，不会维持在理论最大值，因此，树脂流动浸润驱动力试验值较模拟值偏小；②所

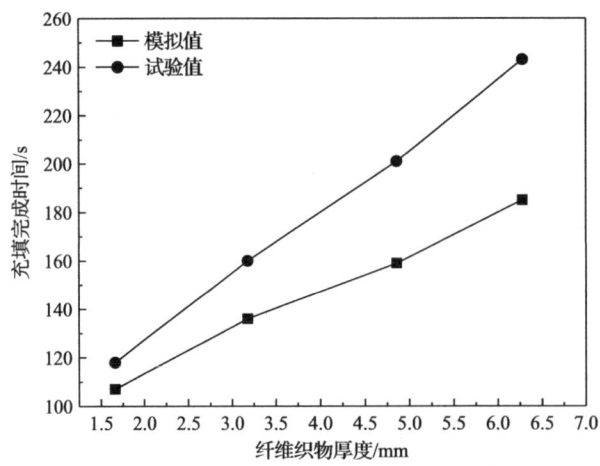

图 2.51 充填完成时间与纤维织物厚度的关系

建立的模型对边界条件等参数进行了简化处理，同时模拟设置参数值与实际值存在偏差，最终导致模拟结果与试验结果的差异。同时，由图 2.51 可以看出，模拟结果与试验结果趋势一致，纤维织物厚度与充填所需时间都呈现线性关系，即随着纤维织物厚度的增加充填所需时间变长。

2.5 VARTM 成型工艺制备纤维增强复合材料层合板试验研究

VARTM 成型工艺制品中纤维体积分数是一个重要指标，纤维体积分数高意味着其抗拉强度和模量都较高，综合性能更好。VARTM 成型工艺制品中孔隙是严重的质量缺陷，孔隙存在于增强纤维与树脂基体的界面上，会导致增强纤维与树脂基体间的黏合力减弱甚至产生分层，严重损害复合材料制品的性能。

本节首先介绍了 VARTM 成型工艺纤维增强复合材料层合板的制备过程，并制备单轴向(0°)、双轴向(±45°)和双轴向(0°/90°)三种纤维织物，以及每一种纤维织物的 3、6、9 和 12 层铺层结构总计 12 块纤维增强复合材料层合板；然后制备纤维体积分数和孔隙率测试标准试样；最后开展纤维织物厚度和编织方向对制品纤维体积分数和孔隙率的影响研究。

2.5.1 试验部分

1. 试验材料与试验设备

试验材料包括 TH110-350R 乙烯基双酚 A 改性不饱和聚酯、KP-100 固化剂、FK333 脱模蜡和 R90HA 脱模布。试验设备包括 HSQ3020 数控水刀、D318A 止流钳和瓷坩埚。

2. VARTM 成型工艺纤维增强复合材料层合板制备过程

VARTM 成型工艺纤维增强复合材料层合板制备流程如图 2.52 所示。VARTM 成型工艺纤维增强复合材料层合板如图 2.53 所示。

2.5.2 标准试样制作与测试

1. 纤维体积分数和孔隙率测试试样制备

利用搭建的 VARTM 试验平台制备纤维增强复合材料层合板，测试复合材料层合板的密度、树脂含量、纤维体积分数和孔隙率。试验参照标准《纤维增强塑料性能试验方法总则》(GB/T 1446—2005)[18]和《纤维增强塑料密度和相对密度试验方法》(GB/T 1463—2005)[19]进行。

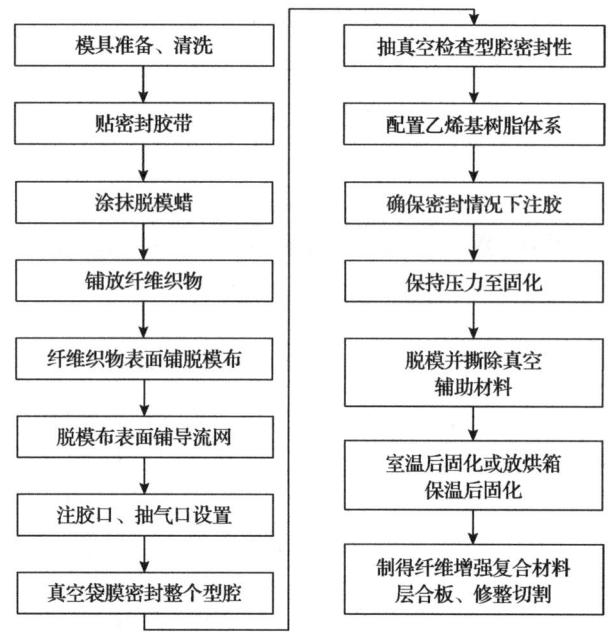

图 2.52 VARTM 成型工艺纤维增强复合材料层合板制备流程

图 2.53 VARTM 成型工艺纤维增强复合材料层合板

采用数控水刀将试样切割成规则的长方体：40mm×40mm×3mm；试验前将试样在实验室环境下放置 24h，在烘箱中 60℃保持 12h。纤维体积分数和孔隙率测试试样如图 2.54 所示。

2. 复合材料层合板纤维体积分数测试标准和计算方法

复合材料层合板纤维体积分数按照《玻璃纤维增强塑料树脂含量试验方法》

(GB/T 2577—2005)[20]进行测试，其计算公式为

$$V_g = \frac{m_3 - m_1}{m_2 - m_1} \frac{\rho_c}{\rho_f} \times 100 = \frac{M_g \rho_c}{\rho_f} \times 100 \tag{2.72}$$

式中，m_1 为坩埚质量，mg；m_2 为坩埚和试样总质量，mg；m_3 为灼烧后坩埚和残余物总质量，mg；M_g 为纤维质量分数，%；V_g 为纤维体积分数，%；ρ_c 为玻璃纤维增强复合材料层合板试样密度，g/cm³；ρ_f 为纤维密度，g/cm³。

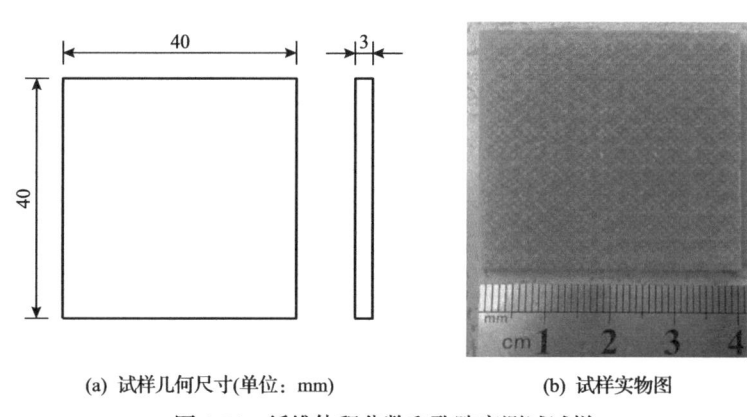

(a) 试样几何尺寸(单位：mm)　　(b) 试样实物图

图 2.54　纤维体积分数和孔隙率测试试样

3. 复合材料层合板孔隙率测试标准及计算方法

参照 ASTM D2734-23 测试复合材料层合板孔隙率，其计算公式为

$$V = 100 - M_d \left(\frac{M_r}{\rho_r} + \frac{M_g}{\rho_f} \right) \tag{2.73}$$

式中，M_d 为复合材料层合板的测量密度，g/cm³；M_g 为纤维质量分数，%；M_r 为树脂含量，%；V 为复合材料层合板的孔隙率，%；ρ_r 为树脂密度，g/cm³；ρ_f 为纤维密度，g/cm³。

4. 复合材料层合板制备试验方案设计

为研究纤维织物厚度和编织方向对 VARTM 成型工艺复合材料层合板纤维体积分数和孔隙率的影响，共制备 12 块纤维增强复合材料层合板。纤维增强复合材料层合板制备试验方案设计如表 2.21 所示。

表 2.21　纤维增强复合材料层合板制备试验方案设计

序号	纤维织物尺寸/mm	树脂体系型号	纤维织物层数	纤维织物方向	纤维织物规格
1	300×300	TH110-350R/KP100	3	单轴向(0°)	L600
2	300×300	TH110-350R/KP100	6	单轴向(0°)	L600
3	300×300	TH110-350R/KP100	9	单轴向(0°)	L600
4	300×300	TH110-350R/KP100	12	单轴向(0°)	L600
5	300×300	TH110-350R/KP100	3	双轴向(±45°)	BX600
6	300×300	TH110-350R/KP100	6	双轴向(±45°)	BX600
7	300×300	TH110-350R/KP100	9	双轴向(±45°)	BX600
8	300×300	TH110-350R/KP100	12	双轴向(±45°)	BX600
9	300×300	TH110-350R/KP100	3	双轴向(0°/90°)	LT600
10	300×300	TH110-350R/KP100	6	双轴向(0°/90°)	LT600
11	300×300	TH110-350R/KP100	9	双轴向(0°/90°)	LT600
12	300×300	TH110-350R/KP100	12	双轴向(0°/90°)	LT600

2.5.3　纤维体积分数和孔隙率测试结果与分析

1. 纤维织物厚度对复合材料层合板纤维体积分数和孔隙率的影响

1) 纤维织物厚度对复合材料层合板纤维体积分数的影响

三种编织方向纤维织物分别制备 3、6、9 和 12 层四块复合材料层合板。不同类型纤维增强复合材料层合板厚度如表 2.22 所示。

表 2.22　不同类型纤维增强复合材料层合板厚度

序号	厚度/mm	序号	厚度/mm
1	1.55	7	4.25
2	2.90	8	5.60
3	4.24	9	1.66
4	5.17	10	3.18
5	1.54	11	4.86
6	2.76	12	6.28

由表 2.22 可以看出，随着纤维织物铺层数增加，纤维增强复合材料层合板的厚度随之增大，其中单轴向(0°)纤维织物和双轴向(±45°)纤维织物复合材料层合板厚度相近，而双轴向(0°/90°)纤维织物复合材料层合板厚度最大。

纤维织物铺层数的变化会影响树脂在纤维织物中的充填流动行为和纤维浸润程度，因此，铺层对复合材料层合板纤维体积分数的影响比较复杂。复合材料层合板纤维体积分数和纤维织物铺层数的关系如图 2.55 所示。可以看出，三种编织方向纤维织物复合材料层合板铺层数为 3 层时纤维体积分数最小，随着纤维织物铺层由 3 层增加到 6 层纤维体积分数呈现快速增大趋势，继续增加铺层则纤维体积分数趋于稳定并略有下降的趋势，纤维织物铺层由 9 层增加到 12 层时纤维体积分数又呈现增大趋势。

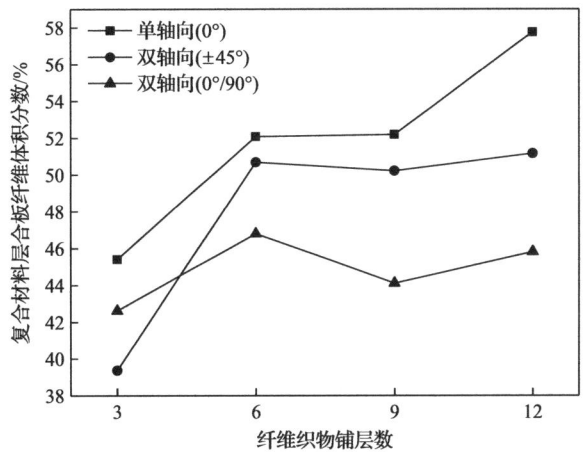

图 2.55　复合材料层合板纤维体积分数和纤维织物铺层数的关系

复合材料层合板纤维体积分数总体呈现随纤维织物铺层数增加而增大的趋势，单轴向(0°)纤维织物 3 层时其复合材料层合板纤维体积分数为 45.4%，铺层数增加到 12 层时纤维体积分数增加到 57.76%，纤维织物层数增加 3 倍对应的复合材料层合板纤维体积分数增幅约为 27%，因此，可以通过增加纤维织物铺层数提高纤维体积分数。

2)纤维织物厚度对复合材料层合板孔隙率的影响

纤维增强复合材料层合板一般含有一定量的孔隙(孔洞或气泡)，孔隙会极大影响复合材料层合板性能，纤维增强复合材料层合板孔隙率每增加 5%，复合材料层合板的层间剪切性能相比于无孔隙复合材料层合板下降约 20%。

复合材料层合板孔隙率与纤维织物铺层数的关系如图 2.56 所示。可以看出，纤维增强复合材料层合板孔隙率总体呈现随纤维织物铺层数增加而降低的趋势。纤维织物铺层数为 3 层时，制品孔隙率最大达到 4.90%，随着铺层数增加，制品孔隙率下降至 2%左右，并随铺层数的增加呈现近似线性下降的趋势。铺层数较少时树脂充填完成时间较短，树脂在纤维织物中的充填流动速度快，树脂没有足够时间对纤维织物进行充分浸润，导致纤维束内部孔洞不能得到树脂的有效充填，复合材料层合板孔隙率较高。纤维织物铺层数较多时，树脂充填完成时间成倍增加，树脂能够对纤维织物进行充分浸润，孔隙率相对较低。

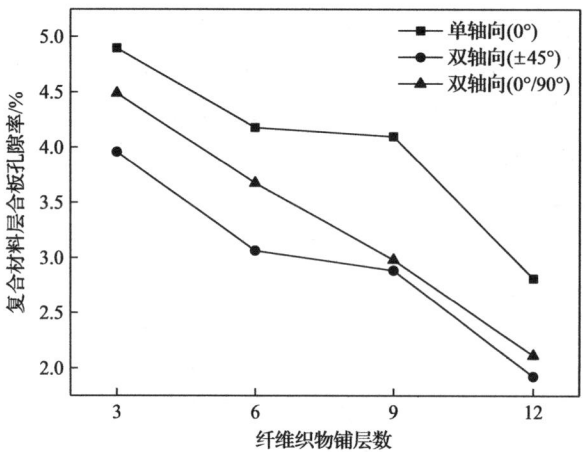

图 2.56　复合材料层合板孔隙率与纤维织物铺层数的关系

2. 纤维织物编织方向对复合材料层合板纤维体积分数和孔隙率的影响

1) 纤维织物编织方向对复合材料层合板纤维体积分数的影响

VARTM 成型工艺中纤维织物编织方向会对树脂的充填流动行为产生显著影响。三种编织方向复合材料层合板纤维体积分数平均值如图 2.57 所示。可以看出，三种编织方向复合材料层合板纤维体积分数差异明显。单轴向(0°)纤维织物复合材料层合板的纤维体积分数最大，约为 51.85%；双轴向(0°/90°)纤维织物复合材料层合板的纤维体积分数最小，仅约为 44.83%；双轴向(±45°)纤维织物复合材料层合板的纤维体积分数处于中间，约为 47.86%。

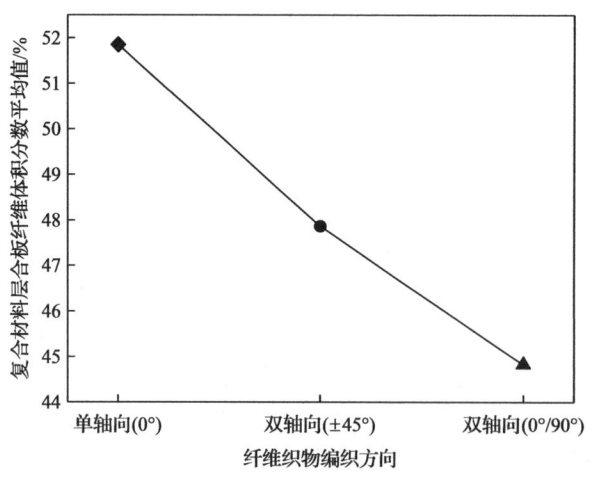

图 2.57　三种编织方向复合材料层合板纤维体积分数平均值

纤维织物的编织方向不同，纤维织物中树脂充填流动的通道有所不同。单轴向(0°)纤维织物沿着纤维方向为树脂提供了明显的流动通道，树脂的充填流动非常顺畅，在三种纤维织物中其通道作用最显著，不会产生树脂富集，因此纤维体积分数最大；双轴向(0°/90°)纤维织物的纤维方向相互垂直，顺着树脂流动方向编织的纤维束间可为树脂流动提供有效通道，而树脂在流经垂直于其流动方向的纤维束时会受到阻碍，制品表面产生树脂富集区域，此时复合材料层合板的厚度较大，树脂含量较多，制品纤维体积分数较小；树脂在双轴向(±45°)纤维织物中的流动情况介于单轴向(0°)纤维织物和双轴向(0°/90°)纤维织物之间，其纤维编织方式为+45°纤维和-45°纤维缝合，树脂的充填流动较为稳定，因此制品纤维体积分数相对较高。

不同编织方向复合材料层合板的树脂含量如表2.23所示。可以看出，单轴向(0°)纤维织物复合材料层合板的树脂含量最低，平均含量约为28.82%，双轴向(0°/90°)纤维织物复合材料层合板的树脂含量最高，平均含量约为35.35%，双轴向(±45°)纤维织物复合材料层合板的树脂含量居中，平均含量约为32.86%，与三种编织方向复合材料层合板的纤维体积分数相对应，即纤维增强复合材料层合板纤维体积分数与树脂含量成反比。

表2.23 不同编织方向复合材料层合板的树脂含量

序号	树脂含量/%	序号	树脂含量/%
1	34.10	7	30.62
2	28.41	8	30.23
3	28.36	9	36.96
4	24.39	10	33.33
5	40.48	11	36.17
6	30.12	12	34.95

2) 纤维织物编织方向对复合材料层合板孔隙率的影响

三种编织方向复合材料层合板孔隙率平均值如图2.58所示。可以看出，双轴向(±45°)纤维织物复合材料层合板孔隙率最低，其平均值约为2.96%；单轴向(0°)纤维织物复合材料层合板孔隙率最高，其平均值约为4.0%；双轴向(0°/90°)纤维织物复合材料层合板孔隙率平均值约为3.31%，介于单轴向(0°)纤维织物复合材料层合板和双轴向(±45°)纤维织物复合材料层合板之间。

不同编织方向复合材料层合板孔隙率存在差异的原因主要在于树脂在不同编织方向纤维织物中的充填流动行为不同。在双轴向(±45°)纤维织物中，由于纤维织物编织结构呈现良好的对称性，树脂的充填流动比较稳定，树脂流动前沿位置一致性较好，极大减少由于充填流动速度不一致造成空气无法排出的缺陷，即孔隙率较低。树脂在单轴向(0°)纤维织物中的充填流动通道主要沿纤维束间的编织方向，充填流动速度最快，同时流动最不稳定，树脂流动前沿位置差较大，复合材料层合板中包裹的气体最多，孔隙率最高。

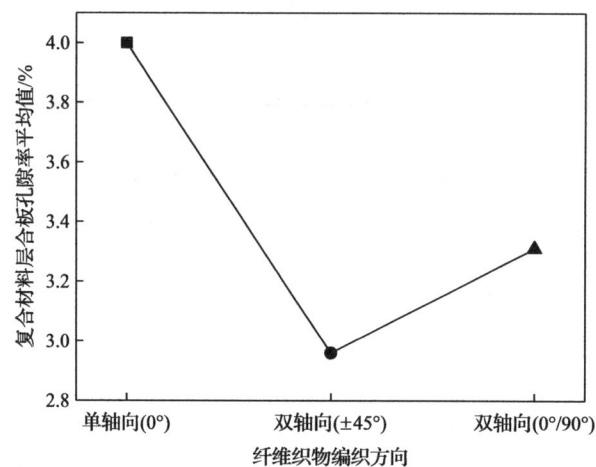

图 2.58 三种编织方向复合材料层合板孔隙率平均值

参 考 文 献

[1] 石凤, 段跃新, 梁志勇. RTM 专用双马来酰亚胺树脂体系化学流变特性. 复合材料学报, 2006, 23(1): 56-62.

[2] 杨青海, 王钧, 段华军. 硫脲改性胺环氧树脂固化剂的合成及性能研究. 热固性树脂, 2007, 22(6): 15-18.

[3] 段华军, 张联盟, 王钧. 低放热、低粘度、高韧性环氧树脂室温固化剂的性能研究. 绝缘材料, 2007, 40(6): 1-3, 9.

[4] 尹昌平, 肖加余, 曾竟成. E-44 环氧树脂体系流变特性研究. 宇航材料工艺, 2008, 38(5): 67-70.

[5] 邓杰, 艾涛. 用于树脂传递模塑(RTM)的高性能树脂基体研究. 化学与黏合, 2006, (2): 77-78.

[6] 刁岩, 陈一民, 洪晓斌. 真空辅助 RTM 成型技术应用及适用树脂体系. 高分子通报, 2006, (12): 84-87.

[7] 龙海如. 玻璃纤维横机针织物编织工艺探讨. 针织工业, 2001, (6): 37-39.

[8] 高彦涛, 李炜, 罗永康. VARTM 工艺中多层玻纤织物渗透规律研究与工艺优化. 玻璃钢/复合材料, 2009, (6): 54-57.

[9] Li M, Wang S, Gu Y, et al. Evaluation of through-thickness permeability and the capillary effect in vacuum assisted liquid molding process. Composites Science and Technology, 2012, 72(8): 873-878.

[10] 苑宝军,张玉文,姜袁.达西定律推导中的启示在实际工程中的应用.常州工学院学报,2005,18(5):6-8.

[11] 孔晋峰,张彦飞,刘亚青.树脂传递模塑(RTM)工艺数值模拟研究进展.绝缘材料,2008,41(4):52-55.

[12] Dong C S. Development of a process model for the vacuum assisted resin transfer molding simulation by the response surface method. Composites Part A: Applied Science and Manufacturing, 2006, 37(9): 1316-1324.

[13] Simacek P, Advani S G. Modeling resin flow and fiber tow saturation induced by distribution media collapse in VARTM. Composites Science and Technology, 2007, 67(13): 2757-2769.

[14] Yenilmez B, Senan M, Murat S E. Variation of part thickness and compaction pressure in vacuum infusion process. Composites Science and Technology, 2009, 69(11-12): 1710-1719.

[15] 中华人民共和国国家质量监督检验检疫总局,中国国家标准化管理委员会.不饱和聚酯树脂试验方法(GB/T 7193—2008).北京:中国标准出版社,2008.

[16] American Society for Testing and Materials. Standard Test Methods for Void Content of Reinforced Plastic(ASTM D2734-23). 2023.

[17] 赖家美,王德盼,陈显明,等.工艺参数对VARTM中树脂充模流动的影响研究.工程塑料应用,2013,41(12):49-53.

[18] 中华人民共和国国家质量监督检验检疫总局,中国国家标准化管理委员会.纤维增强塑料性能试验方法总则(GB/T 1446—2005).北京:中国标准出版社,2005.

[19] 中华人民共和国国家质量监督检验检疫总局,中国国家标准化管理委员会.纤维增强塑料密度和相对密度试验方法(GB/T 1463—2005).北京:中国标准出版社,2005.

[20] 中华人民共和国国家质量监督检验检疫总局,中国国家标准化管理委员会.玻璃纤维增强塑料树脂含量试验方法(GB/T 2577—2005).北京:中国标准出版社,2005.

第3章 VARTM成型工艺纤维增强复合材料层合板树脂固化过程中温度场的研究

3.1 环氧树脂、固化剂及玻璃纤维简介

3.1.1 环氧树脂

环氧树脂是一种热固性树脂,广泛应用于航空航天、建筑工程、化学工程、机械工程等领域。环氧树脂分子含有与胺类固化剂进行交联反应的环氧基团,能够形成复杂的网状材料。环氧树脂具有多种优越性能:

(1)种类繁多。环氧树脂分子中的环氧基团可与多种固化剂和改性剂发生反应生成黏度和熔点各异的固体材料。

(2)固化成型简单。环氧树脂可在室温或中温甚至高温中固化成型,温度越高,反应越剧烈,同时不会挥发有毒产物。

(3)黏附力较强。醚键能够对大多数物质产生很强的黏附力。

(4)收缩率低。环氧树脂的收缩率低于2%,固化后环氧树脂复合材料几乎不收缩,从而消除部分内应力。

(5)绝缘性能好。环氧树脂具有优良的高频介电性能,不加入导电介质的环氧树脂复合材料是优良的绝缘材料。

(6)化学性质稳定。环氧树脂复合材料能够在极强酸和极强碱的恶劣环境下进行工作。

(7)耐霉菌。环氧树脂体系能够抵抗大多数霉菌和细菌的侵蚀。

环氧树脂通常作为基体材料,和固化剂以及改性剂等混合使用,主要有以下应用特点:

(1)环氧树脂的配方设计比较灵活,可以根据不同的性能要求,设计出最佳配方,开发出成本低、性能好的复合材料制品。

(2)环氧树脂具有优良的力学性能,和增强材料(玻璃纤维、碳纤维等)混合使用后,复合材料弯曲强度和压缩强度有较大提高。

(3)环氧树脂尺寸稳定,成型后耐久性突出。

(4)环氧树脂黏度较低,在VARTM成型工艺、纤维缠绕成型工艺和拉挤成型工艺中得到广泛应用。

(5)环氧树脂的抗老化性能较好,对紫外线和高温有较强的抵抗能力。

3.1.2 固化剂

环氧树脂需要与固化剂配比混合，在常温、中温或高温下固化成型。不同配比的固化剂对环氧树脂的成型时间和物理化学性能有一定影响。常用的固化剂可分为两类：

(1)固化剂与环氧树脂进行加成反应，并且逐步缩聚成网状高聚物，这类固化剂称为加成型固化剂。成型过程中环氧树脂上的活泼氢原子不断地迁移。例如多元羧酸、多元硫醇和多元酚等。

(2)固化剂对环氧树脂产生催化作用。主要催化环氧基团依据阴离子和阳离子正负相吸的原理进行反应。

固化剂种类繁多，与环氧树脂配比混合的固化剂主要为胺类聚合物，此外为了使环氧树脂能在复杂环境下进行反应，需要添加引发剂和催化剂。固化剂的选取可以从以下几方面考虑：

①根据性能选择。根据不同的性能要求选取不同种类的固化剂，如耐高温、耐腐蚀等。

②根据固化方法选择。某些制品在高温环境中工作，应选取在高温下进行反应的固化剂。

③根据适用期选择。有的制品精度要求较高且适用期较长，应选取适用期较长的酸酐类固化剂。

④根据安全选择。一般要求毒性小的固化剂，便于安全生产。

⑤根据成本选择。若综合性能要求不是太高，应选择价格较低的固化剂。

3.1.3 环氧树脂固化成型

环氧树脂交联固化反应是相当复杂的，固化剂类型和配比、温度和辅助材料对复合材料的质量和性能都有较大影响。因此，设计者必须综合考虑固化温度、工艺、复合材料和模具参数。对环氧树脂胶液→凝胶→玻璃化→复合材料固化过程各阶段的控制同样也是获得高性能环氧树脂基复合材料的关键。环氧树脂分子链交联过程的变化如图 3.1 所示。环氧树脂在固化过程中一般通过加热或者自发引起树脂基体发生"交联"反应，将较低分子量的树脂基单体连接成分子量较高的网状树脂。

影响环氧树脂固化成型的因素如下：

(1)环氧树脂。环氧树脂种类繁多且分子结构也有一定的差异，会表现出不一样的反应活性。

(2)固化剂。成型后复合材料的某些性能随固化剂种类差异而发生改变。固化剂类型对环氧树脂有较大影响，能够表征固化反应机理和产物的理化性能。

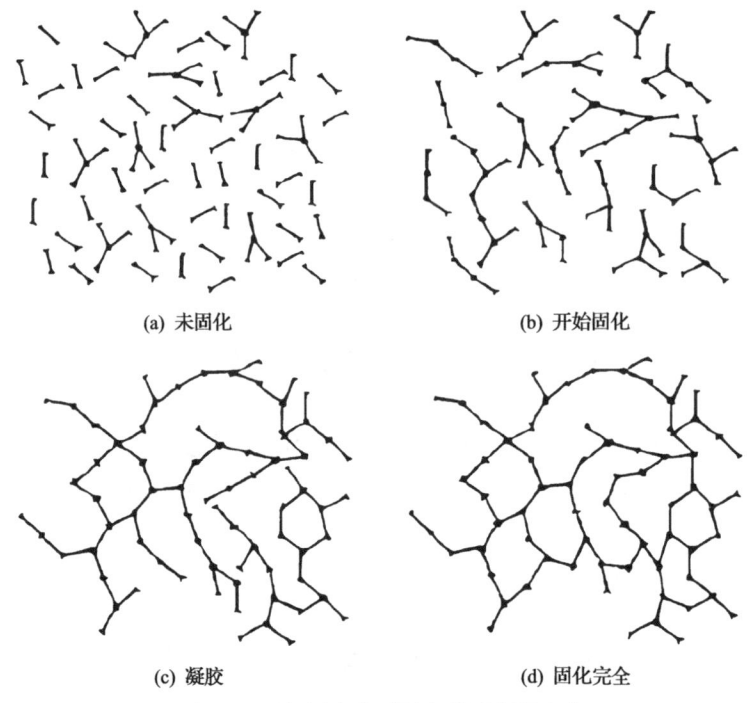

(a) 未固化　　　　　　　(b) 开始固化

(c) 凝胶　　　　　　　　(d) 固化完全

图 3.1　环氧树脂分子链交联过程的变化

(3)固化促进剂。固化促进剂主要对复合材料成型起催化作用,应根据复合材料的性能要求、反应规律和复杂程度,选取合适的促进剂。

(4)温度。环氧树脂的成型速度与温度有密切联系。温度越高,环氧树脂反应越快,复合材料成型所需的时间越短。

(5)二氧化碳。二氧化碳对复合材料成型质量有一定影响,特别是在使用伯胺类固化剂与环氧树脂进行反应的情况下,二氧化碳会与部分伯胺反应,使固化剂的活性大大降低,最终复合材料的质量和性能随之降低。

(6)环境。地理位置和环境的差异,也会对反应过程产生影响,如空气对流速度等。

3.1.4　玻璃纤维

玻璃纤维是目前应用比较普遍的增强材料,是一种具有优良绝缘性、耐高温、稳定性和机械性能好的无机非金属材料。同时,玻璃纤维具有较脆、耐磨性较差等缺点。玻璃纤维是以玻璃为原材料经过高温熔融成液态,并快速拉丝形成的材料。玻璃纤维一般作为增强材料和热固性树脂按一定比例混合制备复合材料。玻璃纤维主要有以下特点:

(1)抗拉伸、弯曲和冲击性能好,断裂伸长率小,缺陷少。由于玻璃纤维的直径小，克服了普通玻璃的脆性并富有弹性。

(2) 导热系数低且绝热性能优良。

(3) 不易燃烧、具有优良的耐腐蚀性。

(4) 电绝缘性好，具有良好的高频介电性能。

(5) 尺寸稳定性好，吸水性小。

(6) 易加工，可以根据要求制作出各种纤维制品。

(7) 由玻璃液拉丝而成，可以透过光线。

(8) 可以与各类树脂混合使用，成型后的产品性能较优。

(9) 价格较低。

在 VARTM 成型工艺中，各个区域的温度差异性是衡量复合材料性能的重要因素。如果复合材料各个区域的成型温度相差太大，会导致产品完全固化所需的时间差异较大。若复合材料固化不同步，会产生较大的内应力，从而影响复合材料质量。随着玻璃纤维制品应用日趋广泛，分析固化过程中温度场的变化，采用有限元法和有限差分法模拟不同部位的温度变化情况，并改进工艺实现温度场的均匀性，对提高复合材料成型质量具有重要意义。

杨正林等[1]通过试验与模拟相结合的方法分析了热力学参数对固化温度的影响，同时考虑边界条件、温度、升温速度和层合板厚度对模拟结果和试验结果的影响。左德峰等[2]研究了复合材料层合板厚度和不同升温速度对固化温度分布的影响规律，构建相关数学模型，对成型温度进行仿真并取得了良好效果。谢怀勤等[3]采用模压成型工艺对玻璃钢材料成型温度场和固化度场进行模拟，基于热传导理论和固化动力学方程，利用有限元法和有限差分法建立温度场的数学模型和物理模型，试验结果和模拟结果吻合较好，证实了模型可靠性和工艺有效性。谭华等[4]采用有限元软件 CURESMIC 模拟和计算任意时间段复合材料固化温度变化情况，实现了工艺优化并提高了产品性能。孙晶等[5]基于热传导和固化动力学理论，分析了 U 形辅助材料对大型热压罐中复合材料层合板固化温度的影响，通过辅助材料对复合材料层合板进行不同程度升温，缩短成型周期并提高固化质量，得到温度和固化度分布情况，较好地预测了后续试验中温度的变化。通过研究 T700/双马 QY8911 体系在 U 形模具中温度分布和热量传递方式，发现 U 形板在面中心和不同厚度方向存在复杂温度梯度，外部边界条件、模具材料和复合材料的导热系数对温度的传递有较大影响，为进一步分析复合材料层合板成型过程温度分布规律奠定了基础。张铖等[6]改变以往只针对简单的外部条件和复合材料厚度方向的数值模拟，提出了模具、辅助材料和热压罐内空气对流情况，考虑复合材料的结构和材料体系对复合材料固化温度场进行精化模拟。傅承阳等[7]采用热压罐工艺并改善辅助结构以及采用较低升温速度提高复合材料层合板温度场的均匀性，针对温度较低的区域添加加热装置减小固化过程中的温度差使固化一致性提高，通过试验对比证明此方法有一定的可行性。陈淑仙等[8]采用修补片提高树脂基复合材料的质量和性能，同时采用有限元法探究修补片在成型时温度场和固化度场的耦合关系，分析修补片的厚度、形状以及升温速度对成型制品质量和性能的影响，研究结果表明，升温速度越快、修补片厚度越大则成型过程所需周期越短。王俊敏等[9]提出以固化度场的均匀性降低热固性树脂固化过程的温度差，根据固化工艺曲线合理确定升温、保温和降温过程提高固化度的均匀性，并且便于工程实现。

Guo等[10]采用差式扫描量热仪对配制好的树脂样品进行非等温固化，得到不同升温速度下的热流曲线，然后对热流曲线进行求导，计算出不同时刻的固化度和反应速度，同时利用 Kissinger 方程和 Crane 方程求解动力学三因子，最后得出固化动力学方程。并通过编程将此方程改写成有限元软件的热源，根据热传导规律，分析不同厚度复合材料层合板固化时的温度变化情况。任明法等[11]采用纤维缠绕工艺将一定量的热固性树脂和纤维包覆在金属表面测试复合材料的固化温度和热应力的分布情况，通过数值分析研究该工艺下树脂固化放热和热应力分布，并且根据固化工艺提出了数值模拟与固化结果相结合的方法改进固化工艺。赵婧等[12]采用有限单元法分析了复合材料固化过程中比热容、导热系数和密度等参数对温度场的影响。研究结果表明，比热容、导热系数和密度等参数越准确，模拟和试验的差异能够降到最低。邵坤等[13]基于传热学方程采用有限元软件 ABAQUS 对复合材料工装结构在成型过程中温度的变化进行数值模拟，分析了升温速度和复合材料层合板厚度对复合材料内部温度分布规律的影响。李金国等[14]以团絮状聚酯模塑料为研究对象，采用系统热源误差分析法，准确获取温度相差的最大区域，并通过改善加热系统提高模拟和试验精度，实施三个数据段的加热和多通道 PID 技术控制了温度场的平衡，使材料和模拟各个部位的温度分布情况得到较好的改善。

热固性树脂固化是一个相当复杂的过程，固化过程中产生的热量导致复合材料不同部位的温度存在差异。试验能够直观地表达和测出复合材料各位置的温度变化情况，但是在试验过程中不可预见的因素较多，比如外界温度变化，空气对流及湿度情况、模具材料的热传导系数等，难以保证试验的重复性。相比于试验，模拟能够保证外部边界条件的统一性，重复性较好，并且通过数值模拟可以优化试验工艺，保证复合材料制品的性能。

VARTM 成型工艺和固化温度场的研究方法、固化工艺和材料有所不同，但是基本上都基于有限元软件进行模拟分析，其次采用工艺平台进行试验研究，同时采用热电偶监测各个区域的温度分布情况，并且考虑边界条件的差异、纤维增强复合材料层合板厚度、相关参数(密度、比热容和热传导系数等)以及辅助材料结构对成型温度和固化度的影响。

Loos 等[15]采用一维模型分析了石墨加强环氧树脂基复合材料层合板固化过

程，同时研究了固化度、热固性树脂流动速度、真空压力、环境温度、升温速度和孔隙率等的关系以及对复合材料层合板成型的影响，当复合材料层合板的尺寸超过 1.27mm 时，复合材料层合板成型时温度变化差异较大，各个区域的温度均匀性较差。Kays[16]以表面积较大的复合材料层合板为研究对象，采用一维模型模拟固化温度场，考虑不同几何形状对温度的影响，研究结果表明，采用不同的固化制度所获得材料性能和质量有较大差别，同时分析了材料内部损伤和微裂纹与固化制度的关系。Ciriscioli 等[17]采用厚度为 3.56mm 的复合材料层合板进行模拟和试验，使用较低的升温速度能够将复合材料层合板成型温度控制在一定范围内，明显提高成型质量。White 等[18]指出热固性树脂的固化度直接受应力释放的影响，研究发现当温度下降速度为 2.5℃/min 时应力释放大，复合材料层合板的温度场和固化度场的匀称性较好，成型后应力小。Kim 等[19]采用有限元法和固化动力学方程模拟厚度分别为 15mm 和 30mm 复合材料层合板的温度分布情况，根据不同位置的温度和固化度，在固化工艺曲线中添加升温和降温步骤，使复合材料层合板的温度分布比较均匀。Shokrieh 等[20]基于一维瞬态模拟，分析了复合材料层合板的基本参数(热传导系数、比热容以及密度)和模具结构对固化度和温度的影响。

　　Twardowski 等[21]针对厚度大于 5cm 的复合材料层合板采用数值分析和试验相结合的方法，研究复合材料层合板的黏度、温度场和固化度对材料成型的影响，研究结果表明，最初的固化度变化速度对复合材料层合板最终成型温度的影响较小，并且复合材料层合板的成型温度、黏度和固化度随复合材料层合板的压实度差异而发生改变。Yi 等[22]基于热传导模型和固化动力学方程，获得了复合材料固化温度变化规律。Park 等[23]研究了较厚圆柱体成型时的温度变化情况，得到了圆柱体不同厚度区域成型时的温度变化规律。Hoon 等[24]采用有限元法和固化动力学方程模拟复合材料成型时的温度和固化度，并考虑外界条件和辅助材料对成型温度的影响，分析成型时的热应力、温度及固化度分布情况。Antonucci 等[25]采用 RTM 工艺进行树脂充填，当充填完成时改变模具的温度，凝胶前保证树脂均匀固化，通过降低树脂在成型时的温度降低较大成型温度梯度，取得良好效果。Pantelelis 等[26]研究了不同结构设计对复合材料温度的影响，并采用一维模型模拟复合材料成型时温度变化，根据复合材料成型工艺曲线和固化度以及温度差变化，对工艺和模型参数进行优化从而提高固化热应力和质量。Sun 等[27]采用一维模型模拟复合材料层合板成型时温度变化，利用函数的正交性质对具有三层结构的复合材料层合板进行热分析。Sorrentino 等[28]在密封条件下研究了厚度较大的复合材料的固化过程，根据复合材料的结构和几何形状以及尺寸所引起的复合材料内部和表面固化度的不均匀性，对工艺进行优化，使温度和固化度的匀称性和成型质量得到显著提高。

3.2 热固性树脂固化温度场的数学模型

树脂基纤维增强复合材料室温固化反应中复合材料层合板各个区域的温度受外界温度、空气对流、辅助材料、模具材料、换热系数和本身固化放热的影响。为获得具有良好性能的纤维增强复合材料层合板，必须深入了解其内部温度的变化规律和固化时的放热情况，因此，合理分析并建立热固性树脂基纤维增强复合材料层合板温度场的相关模型是十分有必要的。复合材料层合板成型时树脂进行固化放热，需要将树脂固化产生的热量作为热源，再经过热传导，求解出复合材料层合板固化放热情况。因此，要准确获得复合材料层合板各个区域在不同时间段的温度分布情况，就必须充分分析外界各种参数的变化，同时考虑复合材料层合板内部的热传导、界面处的换热、辅助材料以及树脂的固化放热。此外，为了使固化过程中的数学模型更简单，假设玻璃纤维、环氧树脂基体和模具材料的密度、比热容和热传导系数等参数不随时间和温度的变化而改变。

1. 基本概念

热传导在微观学上可以理解为分子之间的运动所形成的能量转移。热传导中热量的传递是一个复杂的动态过程，根据时间和温度的变化规律，主要分为稳态过程和非稳态过程两大类。一般情况下，稳态传热表示物体各区域的温度随位置不同而发生改变，且不随时间的转移而发生改变。反之，物体各区域的温度随时间变化而发生改变称为非稳态传热。热传导在传热学上有宏观规律和微观规律之分，物体之间存在一定的温度差异时，为了使能量达到平衡，分子间会做杂乱无章的运动，各区域发生能量的转移。当物体的温度较高时，分子的能量较大。当物体的温度较低时，分子的能量较小。

2. 热传导方程

热传导方程是物体各区域的温度随时间变化而发生改变的规律，由能量守恒定律和傅里叶热传导定律推导而成。假设截取某一物体任意光滑密封的区域 Γ，则该区域所形成的截面为 Ω，基于能量守恒定律，在此区域内各位置点的温度由时间段 t_1 的温度 $T(x,y,z,t_1)$ 转变为该位置某一时间段 t_2 的温度 $T(x,y,z,t_2)$ 所吸收或者放出的热量，相当于 t_1 到 t_2 这段时间内通过曲面 Γ 的热量和热源提供（或吸收）的热量的代数和。杨自春[29]考虑和分析三维热传导方程和简单的层合理论，推导出层合结构瞬态温度场，并建立了简单有效的有限元模型，能够较好地解决层合结构的传热问题。同时，杨自春[30]基于一维结构的复合材料层合板进行传热分析，充分考虑线性和非线性传热对其的干扰，构建了一维层合结构的有限元方程及其层合理论。

热固性树脂基复合材料各区域的温度分布基本上由升温速度、复合材料参数、模具表面换热速度和固化反应过程中生成的热量决定。因此，分析纤维增强复合材料层合板不同区域的温度变化规律就是考虑非线性热传导问题，以及内部一定量树脂交联反应产生的热量问题。本节主要分析热固性树脂充填后，复合材料层合板不同时间段和不同区域的温度变化情况。将复合材料层合板视为固体，忽略树脂流动和空气对流引起的热量传递，并假设复合材料层合板各区域的温度相同（25℃），在温度场的模拟中只考虑环氧树脂的固化放热和热传导对复合材料层合板的影响。复合材料层合板在热固性树脂固化放热和热传导的作用下，各区域的温度变化为瞬态传热过程。基于含热源项的傅里叶热传导方程，可以得到复合材料层合板的瞬态热传导方程。

$$\frac{\partial}{\partial x}\left(K_{xx}\frac{\partial T}{\partial x}\right)+\frac{\partial}{\partial y}\left(K_{yy}\frac{\partial T}{\partial y}\right)+\frac{\partial}{\partial z}\left(K_{zz}\frac{\partial T}{\partial z}\right)+q=\rho C_{\mathrm{p}}\frac{\partial T}{\partial t} \quad (3.1)$$

式中，C_{p} 为复合材料的比热容，J/(kg·K)；K_{xx}、K_{yy} 和 K_{zz} 分别为复合材料 x、y、z 方向的热导率，W/(m·K)；q 为树脂成型过程产生的热量，J；T 为绝对温度，K；t 为固化反应时间，s；ρ 为复合材料的密度，g/cm³。

复合材料参数值可根据经验公式（混合定律）进行计算。混合定律的公式为

$$\rho_{\mathrm{c}} = f\rho_{\mathrm{f}} + (1-f)\rho_{\mathrm{r}} \quad (3.2)$$

$$C_{\mathrm{p}} = \frac{f\rho_{\mathrm{f}}c_{\mathrm{f}} + (1-f)\rho_{\mathrm{r}}c_{\mathrm{r}}}{p_{\mathrm{c}}} \quad (3.3)$$

$$k_{\mathrm{c}} = \frac{k_{\mathrm{f}}k_{\mathrm{r}}\rho_{\mathrm{c}}}{f\rho_{\mathrm{f}}k_{\mathrm{f}} + (1-f)\rho_{\mathrm{r}}k_{\mathrm{r}}} \quad (3.4)$$

式中，C_{p} 为复合材料的比热容，J/(kg·K)；c_{f} 为纤维的比热容，J/(kg·K)；c_{r} 为树脂的比热容，J/(kg·K)；k_{c} 为复合材料热传导率，W/(m·K)；k_{f} 为纤维的热传导率，W/(m·K)；k_{r} 为树脂的热传导率，W/(m·K)；ρ_{c} 为复合材料的密度，g/cm³；ρ_{f} 为纤维的密度，g/cm³；ρ_{r} 为树脂的密度，g/cm³。

放热热源 q 值在复合材料成型过程中并不是恒定不变的，其大小主要取决于混合材料反应速度、成型时产生的热量、树脂的体积以及混合物的密度。计算公式为

$$q = \rho_{\mathrm{r}}(1-V_{\mathrm{f}})H_{\mathrm{r}}\frac{\mathrm{d}a}{\mathrm{d}t} \quad (3.5)$$

式中，a 为热固性树脂的固化度，%；$\dfrac{\mathrm{d}a}{\mathrm{d}t}$ 为热固性树脂固化反应速度，mol/(L·s)；

H_r为热固性树脂完全固化时单位质量树脂产生的热量，J；q 为热固性树脂固化过程中产生的总热量，J；ρ_r 为热固性树脂密度，g/cm³；V_f 为纤维体积分数，%。

3.2.1 热固性树脂固化动力学理论研究

纤维增强复合材料成型过程十分复杂，内部各区域的温度、固化度和反应速度随外界温度以及材料的参数（密度、比热容、热传导系数等）时刻发生改变，最终影响复合材料成型质量和物理性能。为了较好地反映复合材料层合板的成型行为及其特征，分析复合材料在交联反应过程中的化学变化，就必须充分了解热固性树脂固化动力学理论以及相关参数。

1. 试验部分

在环氧树脂基复合材料固化成型过程中环氧树脂和固化剂基体发生交联反应，生成结构比较复杂的网状材料，并放出一定热量。环氧树脂的固化度、固化反应速度、固化温度和成型时间等是固化过程中的重要参数，直接影响复合材料的性能。为了准确获得环氧树脂基复合材料层合板在固化过程中各区域的温度变化规律，需要确定环氧树脂的固化反应动力学参数。环氧树脂基复合材料层合板制备材料包括 R688 型环氧树脂和 H3268 型固化剂，试验设备包括 DSC-200F3 测试分析仪等。

1）制备样品

取一定量的 R688 型环氧树脂液体，倒入一次性纸杯中，使用电子分析天平称量 100g 环氧树脂，再向纸杯中加入 20gH3268 型固化剂（环氧树脂与固化剂质量之比为 5:1），然后再用玻璃棒搅拌 5min，使环氧树脂和固化剂充分混合备用。

2）取样

用镊子夹住铝皿和盖子放入电子天平中，盖上玻璃门进行校零，再取出铝皿和盖子，用胶头滴管吸入一定量环氧树脂和固化剂混合物，滴到铝皿上（一滴即可），盖上盖子，用卷边压制器冲压即可。装样时要求尽可能使样品均匀、密实地分布在样品皿中，以提高传热效率，降低热阻。同时，为了使试验测试更准确，各样品的质量应该相等。不同升温速度下取样质量如表 3.1 所示。

表 3.1 不同升温速度下取样质量

升温速度/(℃/min)	取样质量/mg
5	19.92
10	19.84
15	24.00
20	24.69

3) 测试

打开气体(氮气)保护,启动 DSC 测试分析仪使其稳定运行。用镊子夹住装有环氧树脂和固化剂混合物的铝皿,放入到 DSC 测试分析仪样品室中,运行 DSC 测试分析仪监控程序,设定不同的升温速度(升温速度分别为 5℃/min、10℃/min、15℃/min 和 20℃/min)开始测试,同时在电脑上监测热流变化曲线。

2. DSC 试验结果与讨论

通过 DSC 测试分析仪对配置好的样品进行非等温固化。不同升温速度下的热流曲线如图 3.2 所示。

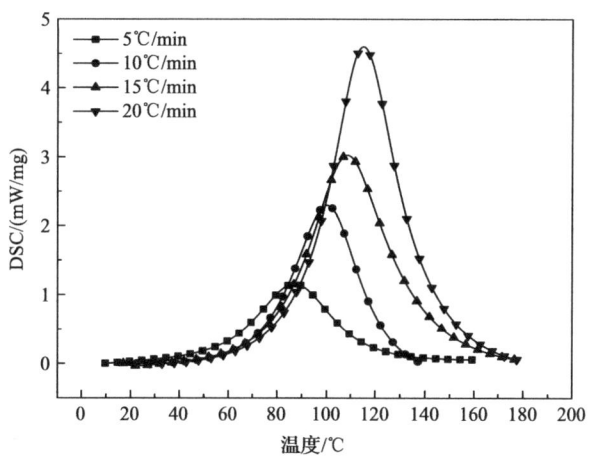

图 3.2 不同升温速度下的热流曲线

基于图 3.2 得到 DSC 热流曲线参数如表 3.2 所示。可以看出,随着升温速度增大,热流曲线明显向后移动,并且放热峰值有较大的提高,固化反应的起始温度、峰值温度和终止温度也相应地随之升高,固化反应达到最高点的时间明显变短。根据放热曲线推算出外推起始温度,该温度能够较好地体现环氧树脂在成型时的先后次序。然而随着升温速度的快速升高,反应到达一定程度后,放热量也呈现明显的下降,表明升温速度越快,反应时间越短,完成固化程度越低。

表 3.2 DSC 热流曲线参数

升温速度/(℃/min)	T_i /℃	T_p /℃	T_f /℃	T_e /℃	Q /(J/g)
5	39.30	86.93	135.50	59	465.70
10	45.21	100.56	153.85	70	449.36
15	55.90	108.49	158.30	80	442.30
20	64.60	115.08	166.30	89	459.80

注:T_i 为固化反应的起始温度;T_p 为固化反应放热峰的峰值温度;T_f 为固化反应的终止温度;T_e 为外推起始温度;Q 为整个固化过程的放热量。

四种升温速度下环氧树脂的固化度分布曲线如图 3.3 所示。不同升温速度的固化度曲线有明显差异，且升温速度越快，固化度曲线向后移动越明显。升温速度在5~20℃/min 范围内所获得的固化度曲线能够较好描述环氧树脂的固化过程。

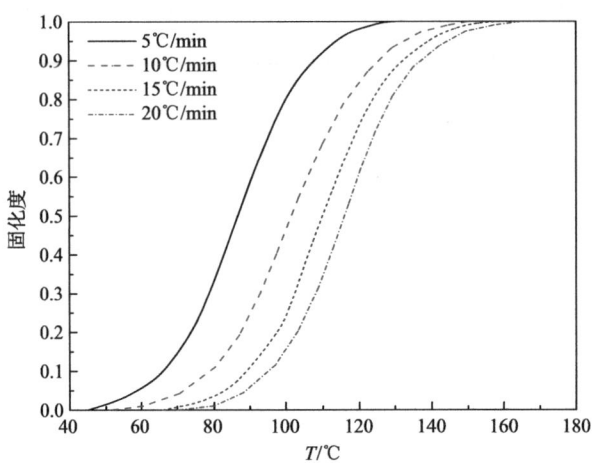

图 3.3　四种升温速度下环氧树脂的固化度分布曲线

3. 固化动力学理论

热固性树脂的固化动力学模型是树脂基纤维增强复合材料制造工艺过程中的一个重要子模型。树脂成型时反应的剧烈程度取决于内热源的数值大小，是表征成型后树脂基纤维增强复合材料综合性能的重要指标[31]。

在热固性树脂固化过程中内热源 q 并不是恒定不变的，其数值大小与固化反应速度有关，为了准确获取内热源 q 的瞬时值，必须求解固化动力学方程，从而确定不同时间段的固化反应速度 $\dfrac{\mathrm{d}a}{\mathrm{d}t}$。

一般情况下，大多数唯象模型方程为

$$\frac{\mathrm{d}a}{\mathrm{d}t}=k(T)f(a) \tag{3.6}$$

式中，$\dfrac{\mathrm{d}a}{\mathrm{d}t}$ 为固化速度（固化度）；$f(a)$ 为固化机理函数，一般由 DSC 试验数据获得；$k(T)$ 为固化反应速度，是温度的函数。

由阿伦尼乌斯方程模拟平衡常数-温度的关系，得到一个较为常用的关系式

$$k(T)=A\exp\left(\frac{-E}{RT}\right) \tag{3.7}$$

式中，A 为指前因子；E 为表观活化能，kJ/mol；R 为气体摩尔常数，为 8.314J/(mol·K)；T 为热力学温度，K。

将式(3.7)代入式(3.6)得到固化动力学方程，即

$$\frac{\mathrm{d}a}{\mathrm{d}t} = A\exp\left(\frac{-E}{RT}\right)f(a) \tag{3.8}$$

通过式(3.8)可知求解固化动力学方程的目的是描述该方程中的动力学三因子，即指前因子、表观活化能和反应级数。$f(a)$ 为动力学模式函数，表示热固性树脂反应速度与固化度 a 之间的函数关系，代表反应机理，直接决定热流曲线的形状。

本节着重介绍了树脂基复合材料动力学模型的选取和计算方法，采用简单实用的 n 级反应模型，并达到了预期效果。试验采用多重速度扫描的非等温法，多重速度扫描法是在不同升温速度下监测树脂固化产生的热量，获得相应的热流曲线，再进行动力学分析的方法，又称为等转化率法，用此方法可在不涉及动力学模式函数的前提下获得可靠的活化能值和指前因子。

描述固化动力学模型最简单的 n 级反应模型为

$$f(a) = (1-a)^n \tag{3.9}$$

将式(3.9)代入式(3.8)，可得

$$\frac{\mathrm{d}a}{\mathrm{d}t} = A\exp\left(\frac{-E}{RT}\right)(1-a)^n \tag{3.10}$$

要获得固化动力学方程就必须求得动力学三因子。一般情况下可以采用 Kissinger 法[32]和 Crane 法[33]对不同升温速度下的 DSC 热流曲线进行分析求得动力学三因子。

处理后的 Kissinger 方程为[32]

$$\ln\frac{\beta}{T_\mathrm{P}^2} = \ln\left(\frac{AR}{E_\mathrm{a}}\right) - \frac{E_\mathrm{a}}{RT_\mathrm{P}} \tag{3.11}$$

由 $\ln\frac{\beta}{T^2}$ 与 $\frac{1}{T_\mathrm{P}}$ 所拟合直线的斜率求得 E 从而求出指前因子 A。

Crane 方程为[33]

$$\frac{\mathrm{d}(\ln\beta)}{\mathrm{d}\left(\frac{1}{T_\mathrm{p}}\right)} = -\left(\frac{E_\mathrm{a}}{nR} + 2T_\mathrm{p}\right) \tag{3.12}$$

式中，T_p 为热流曲线的峰顶温度，℃；β 为升温速度，℃/min。

因为 $\dfrac{E_a}{nR} \gg 2T_p$，所以 $2T_p$ 可以忽略不计，改进的 Crane 方程为

$$\frac{\mathrm{d}(\ln \beta)}{\mathrm{d}\left(\dfrac{1}{T_p}\right)} = \frac{-E}{nR} \tag{3.13}$$

将式(3.13)求得的 E 代入改进的 Crane 方程，对 $\ln \beta$ 和 $\dfrac{1}{T}$ 进行线性拟合所得直线的斜率为 $\dfrac{-E}{nR}$，E 和 R 均已知，从而求出 n。

根据固化动力学理论对 $\ln \dfrac{\beta}{T_p^2}$ 与 $\dfrac{1}{T_p}$ 进行线性拟合，如图 3.4 所示，对 $\ln \beta$ 与 $\dfrac{1}{T_p}$ 进行线性拟合，如图 3.5 所示。

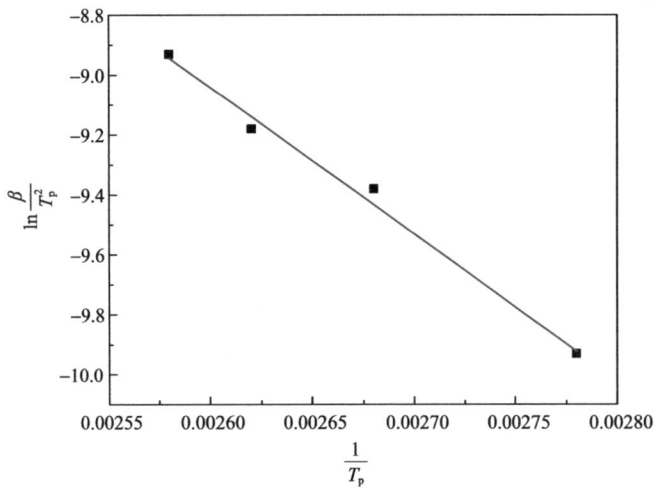

图 3.4　$\ln \dfrac{\beta}{T_p^2}$ 与 $\dfrac{1}{T_p}$ 的线性拟合曲线

由图 3.4 可以看出，拟合直线斜率为–3431.9，斜率 $k = -\dfrac{E}{R}$，活化能值为 E = 28530kJ/mol，指前因子 $A = 2.84 \times 10^8 S^{-1}$。

由图 3.5 可以得出拟合直线斜率为–3921.2665，反应级数 $n = 0.89$。

采用 Kissinger 方程和 Crane 方程求得的固化动力学参数如表 3.3 所示。

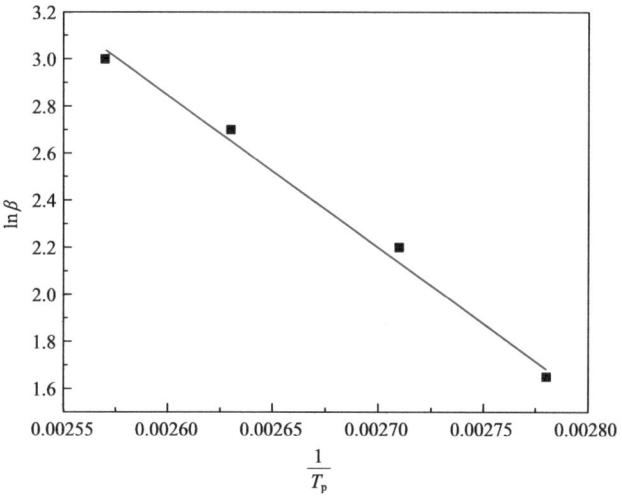

图 3.5　$\ln\beta$ 与 $\dfrac{1}{T_p}$ 的线性拟合曲线

表 3.3　固化动力学参数

$E/(\text{kJ/mol})$	A/s^{-1}	n	H/kJ
28530	2.84×10^8	0.89	454.3

根据 n 级反应模型和固化动力学参数，求得固化动力学方程为

$$\frac{\mathrm{d}a}{\mathrm{d}t}=2.84\times10^8\exp\left(-\frac{28530}{8.314T}\right)(1-a)^{0.89} \tag{3.14}$$

3.2.2　初始条件

环氧树脂固化过程是一种热化学变化，发生交联反应时往往伴随热量的产生，温度越高，反应越剧烈，凝胶和成型所需要的时间越短。但是温度过高会导致复合材料层合板交联反应不匀称且各个区域温度差异过大，导致复合材料层合板的综合性能下降。环氧树脂可以在低温、室温、中温和高温下进行成型，为节约能源和成本，室温和中温固化比较普遍。本节根据 R688 型环氧树脂的固化特点，在室温下进行固化试验。

在室温下进行环氧树脂固化反应会受到外界因素变化的影响，而采用有限元软件进行模拟时，实际的边界条件因素也不可能全部考虑周全，导致试验和模拟结果存在一定的差异。因此，在模拟时需要忽略部分初始条件对结果的影响。

(1)在一次性纸杯中配制环氧树脂和固化剂混合物时，环氧树脂和固化剂的质量比可能存在误差，在充填前须忽略部分混合物已发生固化反应。

(2) 采用 VARTM 成型工艺进行充填时，会有部分混合物残留在树脂收集器和真空管中，导致测量混合物的体积存在偏差。

(3) 忽略混合物在流动过程中产生的部分热量，以及外界温度和空气对流对试验结果的影响。

(4) 充填完成后，须假设复合材料层合板内部各个位置的初始温度相同。

(5) 不考虑复合材料层合板内孔隙的影响。

初始条件：$T=T_0$，$a=a_0=0$，$t=0$（T_0 为模具的初始温度；a 为固化度；t 为固化反应时间）。复合材料层合板固化成型在室温下进行，因此，整个复合材料层合板表面和内部的温度均为 25℃，即：$T_表=T_0=25℃$。

3.2.3 模拟方法

采用 C 语言编写固化动力学方程源项，通过 UDF 编译后被嵌入数据库与模型连接，并设置相关参数和边界条件模拟复合材料层合板固化过程温度场的分布情况。最后将试验结果和模拟结果进行对比，验证模型的正确性。

复合材料层合板在室温下进行固化成型反应，模具和辅助材料不参与固化反应，因此在有限元模拟中将复合材料层合板设置为热源，将模具和辅助材料设置为边界条件。通过不同升温速度下的 DSC 试验，得到不同升温速度下的热流曲线，同时采用 Kissinger 方程和 Crane 方程计算动力学三因子，最后求解出固化动力学方程。

为提高复合材料层合板固化成型质量，固化过程的变量应满足如下要求：

(1) 复合材料层合板各个时间段的温度分布比较均匀（温度差在一定温度范围内），避免某处因固化反应过快导致温度剧烈变化。

(2) 不同时刻和不同位置的固化度分布比较均匀，并且操作完成时复合材料层合板各区域均完全固化。

(3) 尽可能减少固化时间，提高固化速度。

3.3 VARTM 成型有限元温度场模拟

3.3.1 物理模型的建立

1. 几何模型

本节采用 VARTM 成型工艺制备玻璃纤维/环氧树脂复合材料层合板，在模具中间平铺 12 层玻璃纤维，然后在空气压力差的作用下吸入一定量的环氧树脂混合物。复合材料层合板尺寸为 200mm×100mm×5mm。复合材料层合板的几何模型如图 3.6 所示。

图 3.6 复合材料层合板的几何模型

2. 网格划分

数值模拟中网格划分质量直接影响求解精度。在网格划分之前，首先要考虑需要什么样的网格，以及哪些部位必须得到精确结果。网格划分需要遵循以下基本原则：

(1) 网格数量。问题求解速度与网格数量密切相关，如果模型比较复杂或要得到精确结果，网格数量必须增加。在本次热分析中，材料内部的温度梯度相差不大，不需要划分大量网格。

(2) 网格疏密。网格疏密程度会对求解精度和效率产生一定影响。对于模型的重要部位或者该区域要获得精确结果，应该选择较密的网格。

(3) 单元阶次。对于要求不同的模型应选取不同的阶次，如形状不规则的复杂模型应该选择高阶单元提高计算精度。

(4) 网格质量。网格质量的好坏直接影响计算精度，如果网格质量太差，数值模拟可能会发生中止。

(5) 位移的协调性。主要指单元上的力和力矩能够通过节点相邻的单元。

(6) 网格布局。网格布局的好坏也会影响计算时间和步骤。对称模型可以选取一侧进行模拟分析，能够有效地减少计算工作量。

(7) 节点和单元编号。节点和单元编号影响计算时间和存储量大小，合理的节点和单元编号能够提高计算精度。

复合材料层合板有限元网格划分如图 3.7 所示。

3.3.2 参数设定

VARTM 成型工艺以钢化玻璃板作为模具，尺寸为 2000mm×1000mm×5mm，上表面和侧面与空气接触。模具和空气性能参数如表 3.4 所示。

以 R688 型环氧树脂和 H3268 型固化剂混合物作为基体，以玻璃纤维为增强材料制备复合材料层合板，其尺寸为 200mm×100mm×5mm。玻璃纤维作为增强

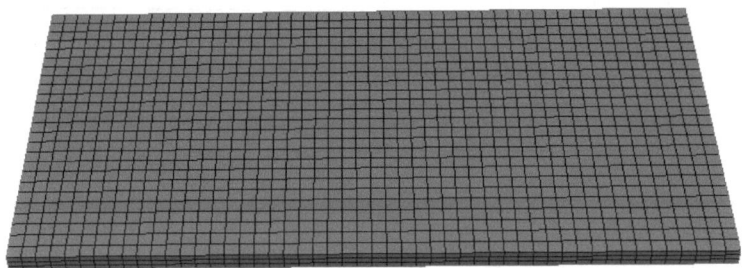

图 3.7　复合材料层合板有限元网格划分

表 3.4　模具和空气性能参数

材料	密度/(kg/m³)	比热容/[J/(kg·K)]	导热系数/[W/(m·K)]
钢化玻璃	2500	790	1.1
空气	1.225	1006.43	0.0242

材料对环氧树脂固化反应不起催化作用,因此玻璃纤维的各项参数恒定。环氧树脂和固化剂以 5:1 的质量比例混合发生固化反应,树脂基体的部分参数可能会在固化过程中改变,导致复合材料层合板性能发生变化。通常情况下可以采用混合定律求解复合材料层合板参数。玻璃纤维和环氧树脂混合物的性能参数如表 3.5 所示。

表 3.5　玻璃纤维和环氧树脂混合物的性能参数

材料	含量/%	密度/(kg/m³)	比热容/[J/(kg·K)]	导热系数/[W/(m·K)]
玻璃纤维	64.16	2600	1460	0.19
环氧树脂混合物	35.84	1140	1000	0.27

根据式(3.2)~式(3.5),计算得到复合材料层合板的相关参数。

复合材料层合板的密度为

$$\rho_c = f\rho_f + (1-f)\rho_r = 0.6416 \times 2600 + 0.3584 \times 1140 = 2076.7\,(\text{g/cm}^3)$$

复合材料层合板比热容为

$$c_p = \frac{f\rho_f c_f + (1-f)\rho_r c_r}{\rho_c} = \frac{0.6416 \times 2600 \times 1460 + 0.3584 \times 1140 \times 1000}{2076.7} = 1321.32\,[\text{J/(kg·K)}]$$

复合材料层合板的导热系数为

$$k_c = \frac{k_f k_r \rho_c}{f\rho_f k_f + (1-f)\rho_r k_r} = \frac{0.19 \times 0.27 \times 2076.7}{0.6416 \times 2600 \times 0.19 + 0.3584 \times 1140 \times 0.27} = 0.25\,[\text{W/(m·K)}]$$

因此，复合材料层合板的固化总热量方程为

$$q = \rho_r (1-V_f) H_r \frac{da}{dt}$$

$$= 1140 \times 0.3584 \times 454300 \times 2.84 \times 10^8 \exp\left(-\frac{28530}{8.314T}\right)(1-a)^{0.89}$$

$$= 1.86 \times 10^8 \times 2.84 \times 10^8 \exp\left(-\frac{28530}{8.314T}\right)(1-a)^{0.89} (\text{J})$$

复合材料层合板性能参数如表 3.6 所示。

表 3.6 复合材料层合板性能参数

密度/(kg/m³)	比热容/[J/(kg·K)]	导热系数/[W/(m·K)]
2076.7	1321.32	0.25

UDF 复合材料的参数设置如图 3.8 所示。

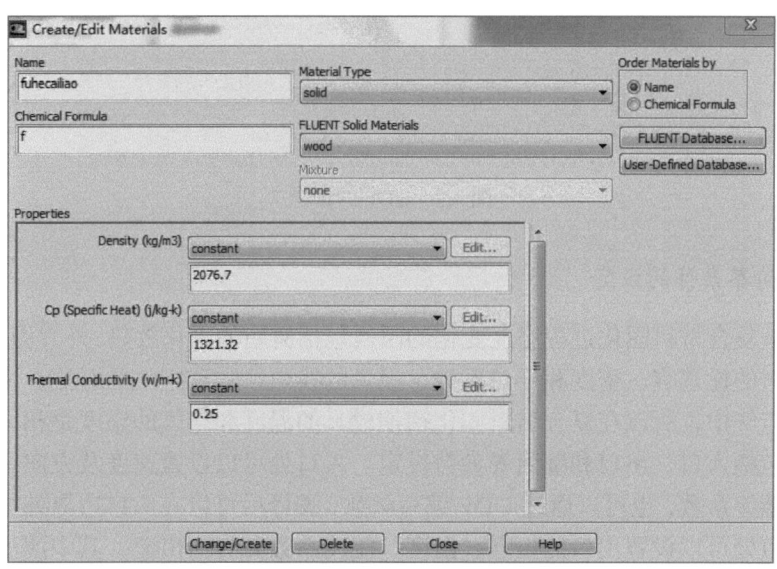

图 3.8 UDF 复合材料的参数设置

3.3.3 UDF 编译和边界条件

1. UDF 的编译

由于环氧树脂在固化过程中会产生一定热量，必须在软件中激活能量方程并通过 C 语言编写能量方程的源项，再通过 UDF 接口与模型连接，最后进行温度场数值模拟。由于复合材料层合板在固化过程中不发生流动，将复合材料层合板设定为固体，然后在软件的固体区域加载能量方程的源项，实现复合材料层合板的固化求解。

UDF 编译的基本方法如下：

(1) 打开软件，点击 Define→User Defined→Functions→Compiled。

(2) 在 Compiled UDF 里，点击 Add Source Codes，找到源程序，点击加入。

(3) 点击 Build，再点击 Load 即可。

UDF 的编译如图 3.9 所示。

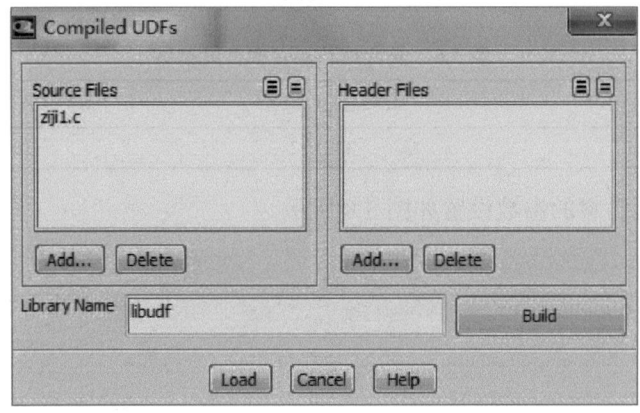

图 3.9　UDF 的编译

2. 边界条件的设定

影响复合材料固化过程温度变化的因素包括树脂的固化放热，外界温度变化，复合材料的比热容、密度和导热系数，模具的换热系数和空气的对流。由于模具暴露在空气中，所以在复合材料固化初期模具的温度和空气的温度是相同的。边界条件包括入口、出口和壁面等参数设定。入口处可以设置速度及方向、温度、压力和湍流系数，也可以通过 UDF 编写函数，编译后可以在入口边界处加载该函数。出口处可以设置出口的压强、温度、湍流系数和自由出流，其中湍流系数可以根据公式计算。在复合材料固化过程中，环氧树脂不发生流动，在模拟过程中将复合材料层合板视为固体，所以复合材料层合板的入口和出口都设置为壁面边界条件。复合材料层合板的四周和上表面与空气接触，厚度设置为零，壁面的换热系数为 1.5W/(m^2·K)，温度为 298.15K，并且空气不产生热量，所以壁面的热生成率为零。下表面与钢化玻璃板接触，厚度为 5mm，壁面的换热系数为 3W/(m^2·K)，温度为 298.15K，并且玻璃不产生热量，所以壁面的热生成率为零。上表面和四周的参数设置如图 3.10 所示，下表面的参数设置如图 3.11 所示。

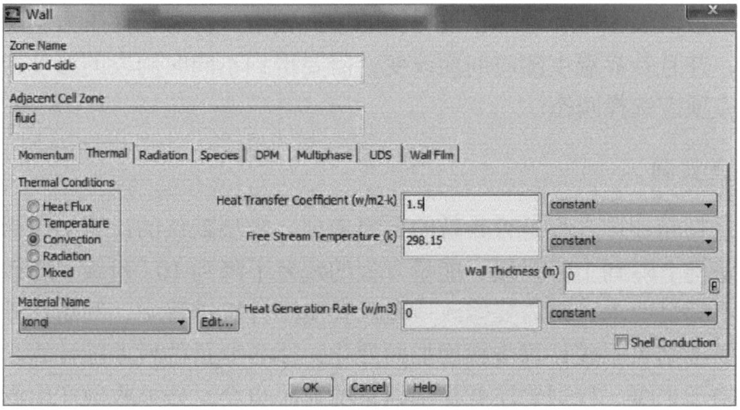

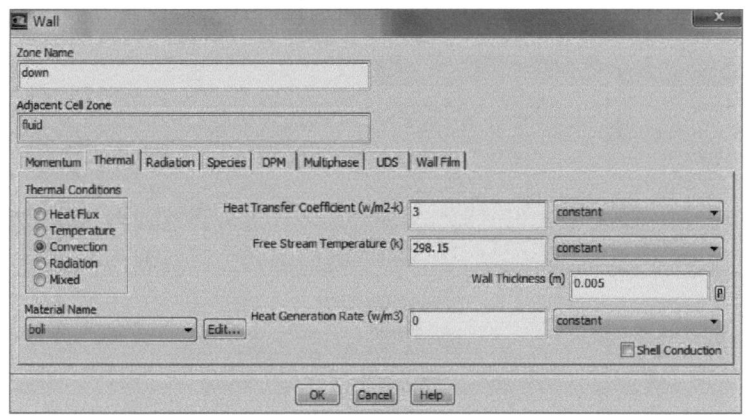

图 3.10 上表面和四周的参数设置

图 3.11 下表面的参数设置

3.3.4 求解设置

1. 求解器

低速和不可压缩的流体一般使用压力基求解器,而密度基求解器主要针对高速和可压缩的流体。

(1) 压力基求解器。用户可以根据需求选择相应的求解方程(能量方程、动量方程以及湍流方程等),一般适用于低速不可压缩流动问题。在压力基求解器中包含 VOF 模型、PDF 模型、辐射模型和热传模型等。

(2) 密度基求解器。高速流动下或者精密网格下的流动问题一般采用密度基求解器,主要分为显式和隐式,在线性耦合方程方面两者的差异比较明显。相对于显式求解器,隐式求解器具有更好的稳定性,因其耦合了流动方程和能量方程,收敛速度较快。

在本次数值模拟中，外界空气对流的速度较小，所以选择压力基隐式求解器进行求解，并且外界温度随时间而改变，需要得到不同时间段的温度变化情况，则时间对应项应选择瞬态。

2. 残差监测

残差是判断计算过程是否收敛的重要依据。模型默认的计算结束标准是所有变量的残差均下降到 10^{-3} 量级，能量方程的残差下降到 10^{-6} 量级。若残差已经收敛而结果不满足要求，则需要修改残差。在实际计算过程中，判断残差收敛的标准是：①模拟结果不随计算步骤增加而变化；②各变量的残差随计算步增加而降低，最后趋于平缓。特别要注意松弛因子的大小也会对残差收敛产生影响。若松弛因子太大，会使计算结果不稳定，导致残差曲线发散；若松弛因子太小，各参数每步的计算结果变化不大，导致计算时间延长。残差监控设置如图 3.12 所示。

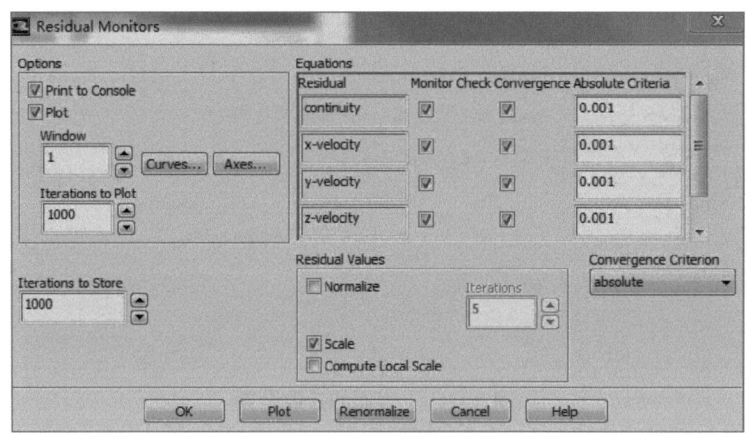

图 3.12 残差监控设置

3. 迭代步

本次模拟主要观察复合材料层合板在不同时间段的温度变化情况，所以在模拟过程中要进行非稳态计算。进行非稳态计算时，如果时间步长设置太小，则计算时间太长；如果时间步长设置太大，会出现全局柯朗数飙升过大而模拟中止。因此，时间步长的设定对模拟结果十分重要。时间步长与柯朗数息息相关，柯朗数可以保持求解的稳定性和收敛性。通常情况下，柯朗数的设定应从小到大逐步变化，使收敛速度加快，但求解的稳定性随之下降。计算时根据残差曲线收敛情况，找出合理的柯朗数，对缩短计算时间和提高稳定性是有必要的。本次模拟设置时间步长为 1s，每次时间步内的最大迭代步为 500，随着残差曲线的降低，时间步长也可以相应改变。迭代步的设置如图 3.13 所示。

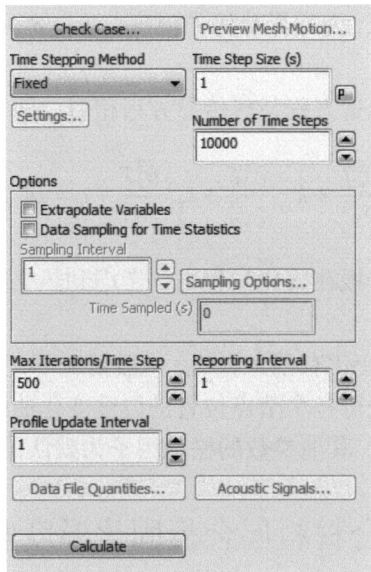

图 3.13　迭代步的设置

3.3.5　其他设定

(1) 环氧树脂和固化剂混合物在模具中充填完成时,开始记录和采集复合材料层合板各个部位的温度变化情况。将复合材料层合板设置为固体,复合材料固化过程中产生的热量只经过热传导传到其他部位,不考虑树脂流动产生的热量对温度的影响。

(2) 复合材料在固化成型过程中,考虑热传导、热对流甚至热辐射对温度变化的影响,满足能量方程,即

$$\frac{\partial(\rho E)}{\partial t} + \nabla\left[u(\rho E + p)\right] = \nabla\left[k_{\text{eff}}\nabla T - \sum_{j=1}^{n} h_j J_j + (\tau_{\text{eff}} u)\right] + S_h \quad (3.15)$$

式中,E 为总能量(动能、势能和内能)热传导部分;S_h 为固化反应内热源或用户自定义热源;$\nabla k_{\text{eff}} \nabla T$ 为扩散能部分;$\nabla \tau_{\text{eff}} u$ 为黏性发热部分。

然而,复合材料层合板在固化反应中,热量既可以是复合材料层合板与外界空气之间的热对流,也可以是复合材料层合板与模具之间的热传导,因此为混合传热。其传热学计算公式为

$$q = h_f\left(T_w - T_f\right) + q_{\text{rad}} = h_{\text{ext}}\left(T_{\text{ext}} - T_w\right) + \varepsilon_{\text{ext}}\delta\left(T_\infty^4 - T_w^4\right) \quad (3.16)$$

式中,h_{ext} 为外界热交换系数,W/(m²·K);T_w 为模具的表面温度,K;T_∞ 为复合

材料热源的温度，K；T_{ext} 为外界热源的温度，K；δ 为斯特藩-玻尔兹曼常数，$5.67\times10^{-8}\text{W}/(\text{m}^2\cdot\text{K}^4)$。

复合材料层合板的能量方程与热传导方程相似，即

$$k_{xx}\frac{\partial^2 T}{\partial x^2}+k_{yy}\frac{\partial^2 T}{\partial y^2}+k_{zz}\frac{\partial^2 T}{\partial z^2}+q=\rho C_p\frac{\partial T}{\partial t} \tag{3.17}$$

因此，复合材料层合板在固化过程中，考虑到热交换和温度变化，进行模拟时需要激活能量方程。

(3) 松弛因子对温度变化有很大影响，一般情况下，松弛因子应根据模拟实际情况进行设定。为准确获得各个节点位置的温度变化曲线并提高计算精度，将能量的松弛因子设置为 0.8，其他参数的松弛因子为默认值。

3.4 复合材料层合板固化温度监测试验

热固性树脂基复合材料层合板成型过程中内部温度变化比较复杂，可能会产生较大的温度梯度。各区域的温度变化差异可能导致复合材料层合板固化周期不统一，从而形成较大的热应力，这是复合材料层合板力学性能降低、损伤甚至失效的根本原因。因此，控制复合材料层合板固化过程中的温度，对于提高材料的性能、质量和疲劳寿命有非常重要的作用。

为了验证复合材料层合板模型的准确性，本节以 R688 型环氧树脂为基体，以玻璃纤维为增强材料，在 VARTM 成型工艺固化过程中进行温度场的测量，通过温度记录仪采集预埋入纤维织物中的热电偶温度，记录复合材料层合板固化过程中不同位置和不同时刻的温度变化曲线。

3.4.1 试验材料与试验设备

试验材料如表 3.7 所示。试验设备如表 3.8 所示。

表 3.7 试验材料

试验材料	型号
环氧树脂	R688
双轴向(0°/90°)纤维织物	LT600
固化剂	H3268
导流网	VI160
脱模布	PP-85WB

续表

试验材料	型号
真空袋膜	Vacuum film 400Y
密封胶带	PXS300Y
真空树脂管	TB-1012
螺旋管	SW-1012
脱模蜡	FK333

表 3.8 试验设备

试验设备	型号
树脂收集器	SJQ-10
真空泵	X-25
真空检漏仪	VPE-2
真空调压阀	IRV20
止流钳	D318A
玻璃棒	30cm
胶头滴管	10mL
电子称	BT25S
一次性纸杯	500mL
温度记录仪	LR6116A

3.4.2 试验步骤

试验具体流程如下：

(1)使用酒精或丙酮清除钢化玻璃板表面的灰尘和水分等杂质,防止其对试验结果产生干扰,并在干净的钢化玻璃板指定表面位置每隔几分钟涂一层脱模蜡,涂 5~7 次。

(2)将裁剪好的玻璃纤维织物按照一定方向平铺在钢化玻璃板上,铺层高度为 5mm,并将热电偶探针分别放置在铺层上预设的各个检测点部位。复合材料层合板中间层热电偶检测点位置如图 3.14 所示。

(3)为了防止漏气对试验结果产生干扰,在平铺的玻璃纤维织物四周适当位置贴上一定长度的密封胶带并压实,如图 3.15 所示。

(4)将一层脱模布铺放在玻璃纤维织物表面,并且脱模布要完全覆盖玻璃纤维织物,同时用导流网包住螺旋管,铺放在脱模布上,如图 3.16 所示。为了便于树

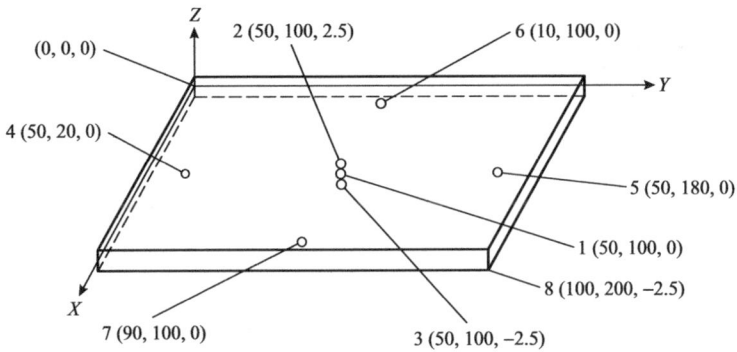

图 3.14　复合材料层合板中间层热电偶检测点位置

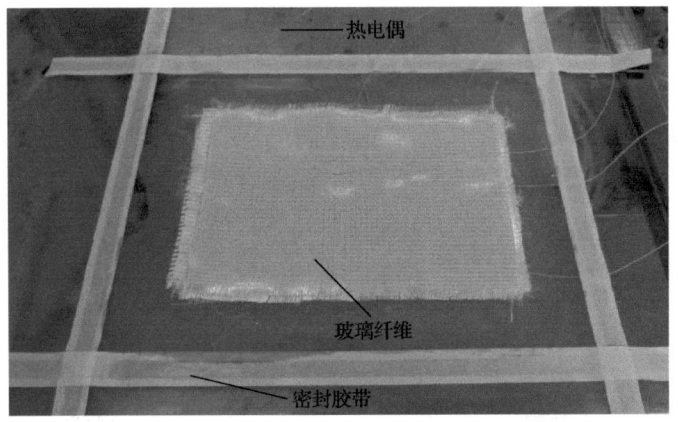

图 3.15　粘贴密封胶带

图 3.16　铺放脱模布和导流网

脂混合物在一定时间内完全充填浸润玻璃纤维织物，导流网面积必须接近玻璃纤维织物面积的四分之三。

(5)在包有导流网的螺旋管另一端连接真空树脂管，真空树脂管的端部连接待注入的树脂和固化剂混合物。抽气口处螺旋管包着几层脱模布并且连接真空树脂管，真空树脂管另一端连接树脂收集器，然后将树脂收集器连接真空泵，最后再使用真空袋膜密封整个模腔。

(6)使用止流钳夹住吸入树脂和固化剂混合物的真空管(为防止漏气，将该真空管用密封胶堵住)，另一个止流钳夹住抽空气真空管保证装置密封。

(7)打开电源，利用真空泵将模腔空气抽完，使真空检漏仪上的指针转到最大位置处，再断开电源。观察真空检漏仪上的指针是否始终保持在最大位置5~10min。若真空检漏仪上的指针发生转动，则必须检查装置气密性，如图3.17所示。如果在漏气的情况下，将树脂和固化剂混合物充填到玻璃纤维织物中，复合材料层合板的性能会显著降低。

图3.17 检查装置气密性

(8)待装置完全密封后，在一次性纸杯中配制R688型环氧树脂和H3268型固化剂混合物，质量比例为5:1，再使用玻璃棒搅拌均匀。

(9)将混合物放置几分钟直到气泡完全消失，再使用剪刀将用密封胶堵住的真空树脂管一端剪掉一小段，将真空树脂管放入树脂和固化剂混合物中，打开真空泵，同时取走夹在两端真空树脂管上的止流钳。在空气压力差的作用下，树脂和固化剂混合物被吸注到玻璃纤维织物中进行充填浸润，充填完成后关闭真空泵，再使用止流钳夹住两端真空管，保证装置气密性，如图3.18所示。

(10)打开温度记录仪，记录和保存不同时间段复合材料层合板不同位置的固化温度，如图3.19所示。

(11)待温度记录仪显示屏上的温度数值或曲线整体趋势都向下移动时，表明固化反应基本结束，保存试验数据，再关闭温度记录仪。

图 3.18　注入环氧树脂和固化剂混合物

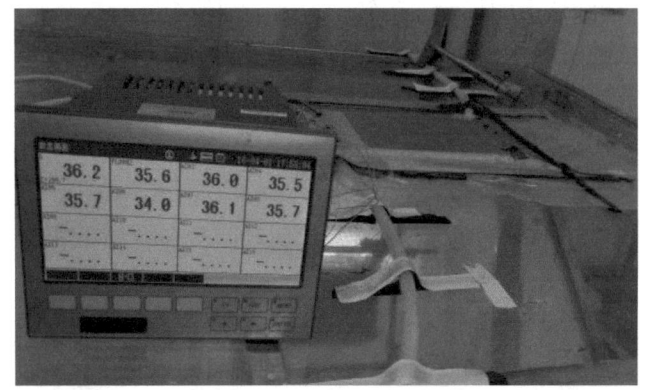

图 3.19　不同时间段复合材料层合板不同位置的固化温度

(12) 复合材料层合板完全固化后，拆除试验装置。

3.5　模拟和试验结果分析

基于热传导和固化动力学理论，采取有限元法进行复合材料层合板固化成型模型创建，编制计算程序，模拟复合材料层合板固化过程不同时刻的固化放热和温度分布情况。同时将模拟结果和试验结果进行对比，验证模型的可靠性。

3.5.1　模拟结果与分析

1. 复合材料层合板不同时间段的温度分布云图

模拟复合材料层合板固化过程中温度场的变化规律，得到不同时间段的温度分布云图。由于模型是对称的，为了更好地观察复合材料层合板内部的温度变化，将模型沿中间层切开。典型时刻的温度分布云图如图 3.20 所示。

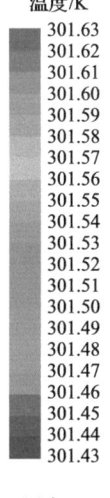
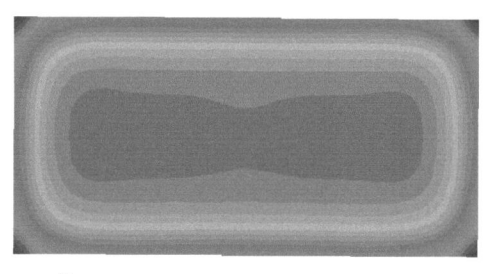

(a) t=1800s时温度分布图

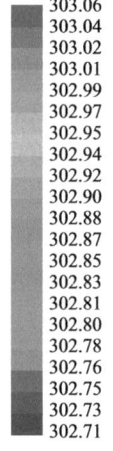
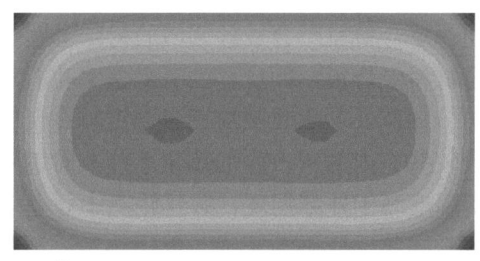

(b) t=4200s时温度分布图

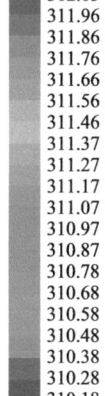
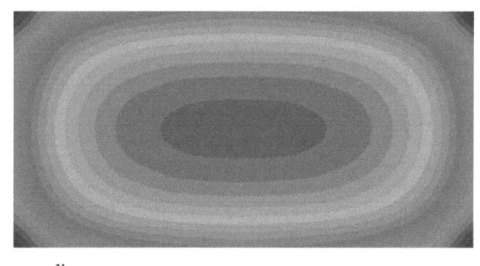

(c) t=9916s时温度分布图

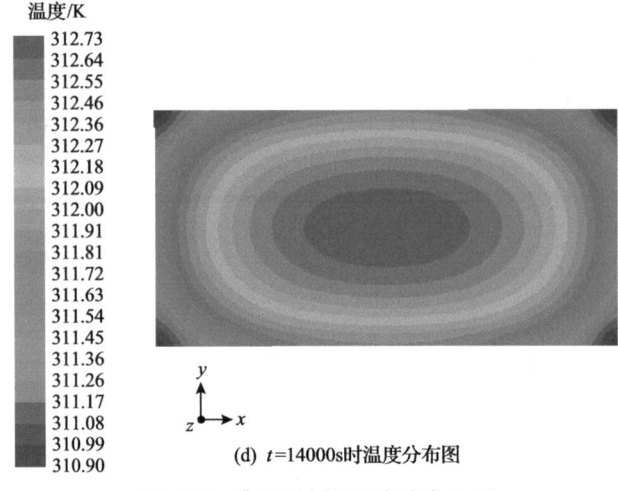

(d) $t=14000$s时温度分布图

图 3.20　典型时刻的温度分布云图

复合材料层合板在常温(25℃)下进行固化，模拟中设置的边界条件初始温度为 298.15K，所以模具和复合材料层合板表面及内部各区域的初始温度为 25℃。在固化反应初期，复合材料层合板各区域的树脂未大量反应释放热量，由图 3.21 可以看出，复合材料层合板不同位置的升温速率相差不大。随着固化反应进行，在大约 4200s 时，树脂开始大量反应而且温度越高反应越快。由于复合材料层合板的热传导系数较低，内部所产生的热量不能及时散发出去，内部的温度越来越高，因此，内部温度高于外部温度，并且距离中心点越远的位置温度越低[34]。随着复合材料层合板固化反应逐渐完成，放出热量逐渐减少，导致后期温度变化较小。温度变化的快慢间接反映了固化反应程度，由此可以判断树脂基复合材料层

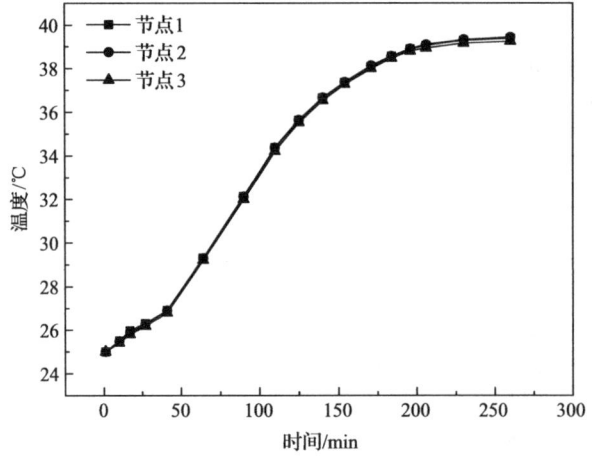

图 3.21　复合材料层合板典型中心点的温度变化曲线(Z方向)

合板固化最快的部位为中心处，边缘处固化时间相对于中心处较长。

2. 复合材料层合板不同位置点的温度变化情况

复合材料层合板典型中心点的温度变化曲线(Z方向)如图3.21所示。可以看出，在固化反应初期，三个位置的温度变化曲线几乎重合，表明三个位置的固化反应同时进行。当固化到一定时间，节点2位置的温度变化曲线超过节点1处，而节点3处的温度曲线位于节点1处和节点2处之下。这是因为复合材料层合板上表面与空气接触而下表面与玻璃板接触，三个位置固化反应几乎同时进行，并且玻璃板的换热系数大于空气的换热系数，因此节点3处受到热阻的影响温度一直位于节点1处和节点2处之下。当固化到一定阶段，中间层的环氧树脂因温度升高开始大量反应导致热量不能及时传递出去，导致节点1处的温度高于节点2处。总之，三个节点处的温度变化趋势基本一致，且三条曲线比较接近。

t=1800s 时复合材料层合板中心部位的温度变化云图(纵向截取)如图3.22所示。可以看出，中间层各区域的温度相差较小，表明复合材料层合板在固化过程中高度方向上的温度变化比较均匀，不存在较大的温度差。由于复合材料层合板的厚度比较薄(5mm)，壁面的对流换热系数相差不大，导致垂直方向上的温度相差不大。

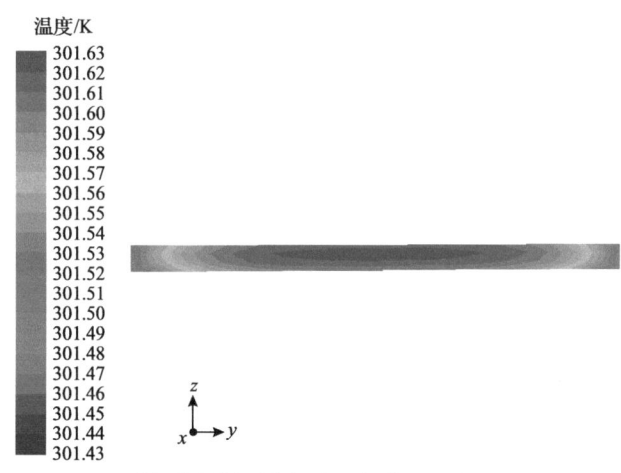

图3.22　t=1800s 时复合材料层合板中心部位的温度变化云图(纵向截取)

由于节点4与节点5、6与7这些典型位置点是对称的，这些位置点的温度变化曲线在模拟时完全一致，故模拟只要选取其中一个位置点即可。复合材料层合板中间层典型位置点温度变化曲线如图3.23所示。三个位置点的温度变化曲线十分接近，并且距离中心点越远的位置温度越低。在固化反应初始阶段，由于环氧树脂混合物刚充填到玻璃纤维层中，这些位置点的树脂没有大量发生固化反应，导致前期温度曲线上升比较平缓。随着交联反应时间的增加，各位置点的温度不断上升。由于环氧树脂在常温下进行固化反应，交联反应几乎同时进行，所以前期的温度上升几乎同步。但是随着反应的进行，复合材料层合板的中间层所产生的热量不能及时散发出去，最终导致内部温度明显高于外部温度，并且距离中心点越远的位置温度上升速率越小。当温度升高到一定阶段时，固化度和温度场转变为强耦合关系，温度越高固化反应越快。

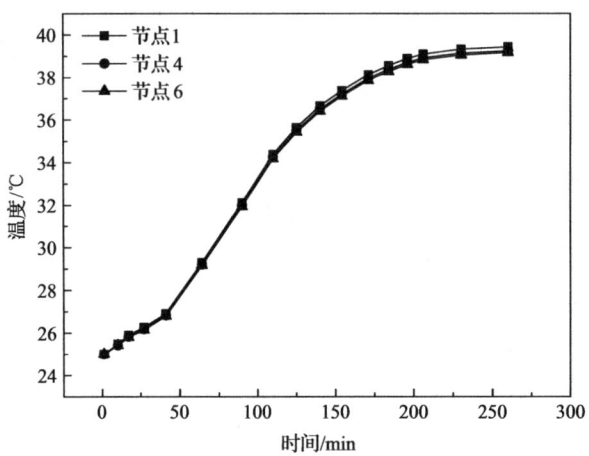

图 3.23　复合材料层合板中间层典型位置点温度变化曲线

3. 复合材料层合板温度相差最大位置温度变化情况

根据复合材料层合板的温度分布云图可知，复合材料层合板的温度相差最大部位为复合材料层合板的中心点和边缘四个角的位置。复合材料层合板温度相差最大位置的温度变化曲线如图 3.24 所示。

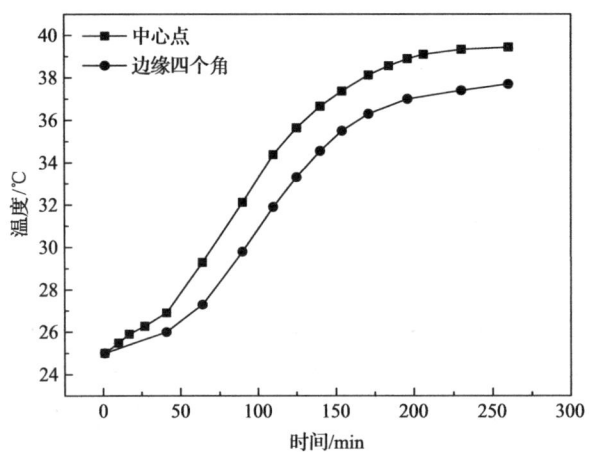

图 3.24　复合材料层合板温度相差最大位置的温度变化曲线

由图 3.24 可以看出，中心点的温度曲线相对于边缘四个角上升较快，随着交联反应时间的延长，两个位置的温度差越来越大，大约在 190min（固化反应最剧烈的时间段）温度差达到峰值（相差 2.4℃）。随后，固化反应的温差越来越小，在约 230min 时交联固化反应基本结束，两个位置的温度变化曲线基本保持平行。由于热阻的影响，使得复合材料层合板内部存在一定的温度差，从而在树脂基复合材料层合板固化反应中出现温度梯度，复合材料层合板下表面边缘散热较快，而中间部位所产生的热量不容易散发出去。

3.5.2 试验结果与分析

为验证上述模型的准确性，本次试验选择与模拟相同的 8 个位置，并埋入热电偶探针。采用温度记录仪监测特定位置的温度变化情况，再将试验曲线和模拟曲线进行对比分析。

1. 复合材料层合板不同位置点的温度变化情况

复合材料层合板典型中心点温度变化曲线（Z 方向）如图 3.25 所示。复合材料层合板中间层典型位置点温度变化曲线如图 3.26 所示。复合材料层合板温度相差最大位置的温度变化曲线如图 3.27 所示。

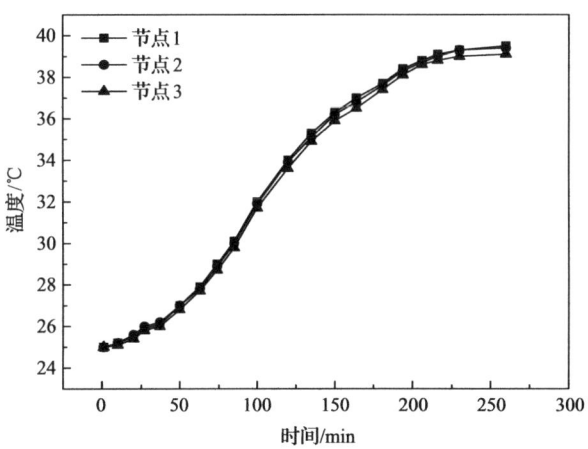

图 3.25 复合材料层合板典型中心点温度变化曲线（Z 方向）

环氧树脂基复合材料层合板固化过程中各个位置点的温度变化曲线大体一致，且温度相差最大位置的温度变化曲线也比较接近，特别是在高度方向上中心点位置处的温度变化曲线几乎重合，表明在高度方向上不存在较大的温度差。在复合材料层合板中心层处，典型位置的温度曲线分布比较相近，所以在平面方向上的温度也比较均匀；通过对比最高点和最低点的温度变化曲线可知，这两个

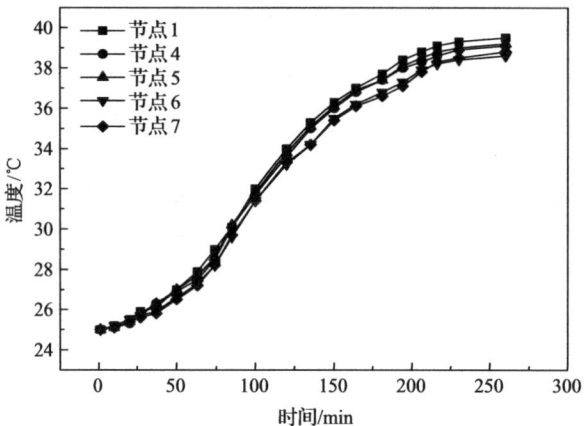

图 3.26 复合材料层合板中间层典型位置点温度变化曲线

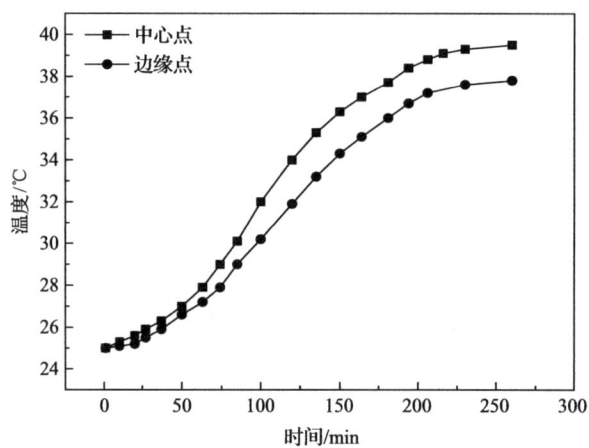

图 3.27 复合材料层合板温度相差最大位置的温度变化曲线

位置的温度相差较大为 2.3℃，表明在复合材料层合板内部各个位置的温度比较均匀。综上所述，试验过程中复合材料层合板上温度场的均匀性较好。

2. 试验与模拟的对比情况

选取模拟和试验温度最高点和温度最低点变化情况进行对比。这两个位置点的温度变化情况基本能够反映整个复合材料层合板的温度均匀性变化。试验温度与模拟温度变化曲线对比如图 3.28 所示。可以看出，试验和模拟的最高点与最低点的温度变化曲线基本吻合，但是其固化曲线有一定误差。这些误差是由试验过程外界因素的变化导致的。一方面由于热固性树脂固化成型是一种放热反应，温度相应随之升高，导致热传导率和比热容等热物性参数随温度升高而改变，而在模拟过程中，这些参数是恒定不变的。其次，在试验过程中，外界的气候因素也可能对结果产生一定影响,复合材料层合板表面的空气流动会导致表面的换热系数发生改变。另一方面,环氧树脂和玻璃纤维参数不一致,而本试验采用混合定律求得复合材料层合板的相关参数(如密度、比热容和热传导系数),该方法可能并不能精确地表示复合材料层合板的参数,且没有考虑到固化剂的相关参数。从整体上看,试验和模拟的温度变化曲线吻合较好,验证了模型的准确性。

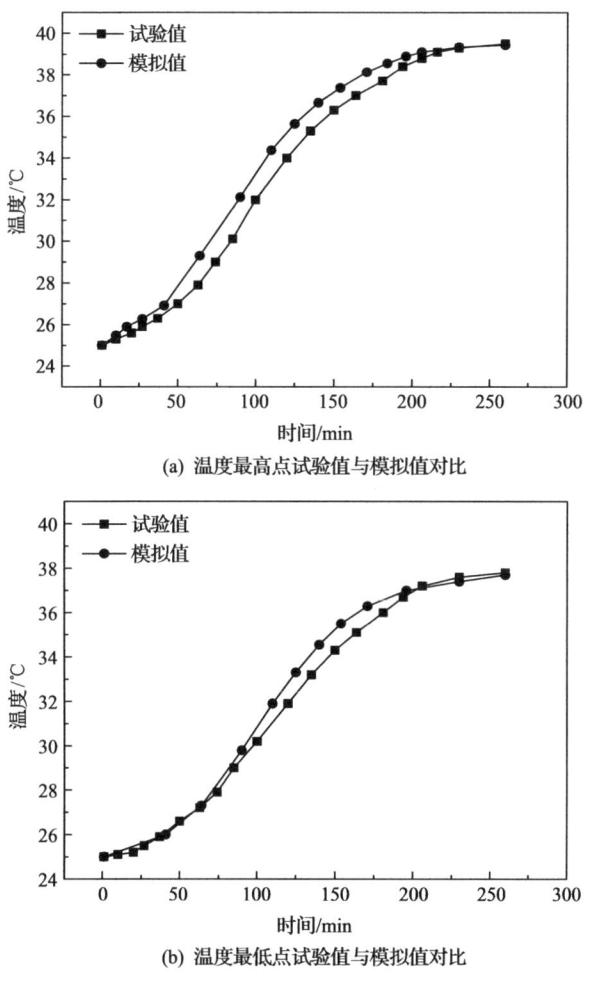

图 3.28 试验温度与模拟温度变化曲线对比

参 考 文 献

[1] 杨正林,陈浩然. 层合板在固化全过程中瞬态温度场及固化度的有限元分析. 玻璃钢/复合材料, 1997, (3): 3-7.

[2] 左德峰,朱金福. 树脂基复合材料固化过程中温度场的数值模拟. 南京航空航天大学学报,

1999, 31(6): 701-705.

[3] 谢怀勤, 刘文博, 方双全. SMC 模压过程非稳态温度场数值模拟. 哈尔滨工业大学学报, 2003, 35(2): 249-252.

[4] 谭华, 晏石林. 热固性树脂基复合材料固化过程的三维数值模拟. 复合材料学报, 2004, 21(6): 167-172.

[5] 孙晶, 李艳霞, 顾轶卓, 等. U 形层板热压罐成型温度场三维数值模拟//第 16 届全国复合材料学术年会, 长沙, 2010.

[6] 张铖, 张博明, 王永, 等. 复合材料结构固化温度场精化模拟. 材料开发与应用, 2010, 25(3): 41-46.

[7] 傅承阳, 李迎光, 李楠垭, 等. 飞机复合材料制件热压罐成型温度场均匀性优化方法. 材料科学与工程学报, 2013, 31(2): 273-276, 304.

[8] 陈淑仙, 王渊涛, 杨文锋, 等. 树脂基复合材料修补片固化过程中的温度场. 西南交通大学学报, 2014, 49(5): 869-874.

[9] 王俊敏, 郑志镇, 陈荣创, 等. 树脂基复合材料固化过程固化度场和温度场的均匀性优化. 工程塑料应用, 2015, 41(4): 55-61.

[10] Guo Z S, Du S Y, Zhang B M. Temperature distribution of thick thermoset composites. Modelling and Simulation in Materials Science and Engineering, 2004, 12(3): 443-452.

[11] 任明法, 王荣国, 陈浩然. 具有金属内衬复合材料纤维缠绕容器固化过程的数值模拟. 复合材料学报, 2005, 22(4): 118-124.

[12] 赵婧, 李敏, 李艳霞, 等. 复合材料厚制件固化过程温度分布影响因素的模拟分析//大型飞机关键技术高层论坛暨中国航空学会 2007 年学术年会, 深圳, 2007.

[13] 邵坤, 陈文亮, 徐艳虎. 复合材料固化过程中工装温度场的有限元分析. 中国制造业信息化, 2009, 38(4): 27-29, 34.

[14] 李金国, 蒋宁, 高增梁, 等. 反应成型模具耦合温度场数值模拟与试验研究. 机械工程学报, 2014, 50(8): 73-80.

[15] Loos A C, Springer G S. Curing of epoxy matrix composites. Journal of Composite Materials, 1983, 17(2): 135-169.

[16] Kays A O. Exploratory development on processing science of thick section composites. Air Force Materials Laboratory Report, AFWL-TR-85-4090, Dayton, OH, 1985.

[17] Ciriscioli P R, Wang Q, Springer G S. Autoclave curing-comparisons of model and test results. Journal of Composite Materials, 1992, 26(1): 90-102.

[18] White S R, Hahn H T. Cure cycle optimization for the reduction of processing-induced residual stresses in composite materials. Journal of Composite Materials, 1993, 27(14): 1352-1378.

[19] Kim J S, Lee D G. Development of an autoclave cure cycle with cooling and reheating steps for thick thermoset composite laminates. Journal of Composite Materials, 1997, 31(22): 2264-

2282.

[20] Shokrieh M M, Aghdami A M. A dynamic transient model to simulate the time dependent pultrusion process of glass/polyester composites. Applied Composite Materials, 2011, 18(6): 585-601.

[21] Twardowski T E, Lin S E, Geil P H. Curing in thick composite laminates: experiment and simulation. Journal of composite materials, 1993, 27(3): 216-250.

[22] Yi S, Hilton H H, Ahmad M F. A finite element approach for cure simulation of thermosetting matrix composites. Computers & Structures, 1997, 64(1-4): 383-388.

[23] Park H C, Lee S W. Cure simulation of thick composite structures using the finite element method. Journal of Composite Materials, 2001, 35(3): 188-201.

[24] Hoon J, Lee D G. Cure cycle for thick glass/epoxy composite laminates. Journal of Composite Materials, 2002, 36(1): 19-45.

[25] Antonucci V, Giordano M, Hsiao K T, et al. A methodology to reduce thermal gradients due to the exothermic reactions in composites processing. International Journal of Heat and Mass Transfer, 2002, 45(8): 1675-1684.

[26] Pantelelis N, Vrouvakis T, Spentzas K. Cure cycle design for composite materials using computer simulation and optimisation tools. Forschung im Ingenieurwesen, 2003, 67(6): 254-262.

[27] Sun Y, Wichman I S. On transient heat conduction in a one-dimensional composite slab. International Journal of Heat and Mass Transfer, 2004, 47(6-7): 1555-1559.

[28] Sorrentino L, Tersigni L. A method for cure process design of thick composite components manufactured by closed die technology. Applied Composite Materials, 2012, 19(1): 31-45.

[29] 杨自春, 黄玉盈. 复合材料新的热层合理论及其有限元方法研究. 海军工程学院学报, 1995, (3): 29-34.

[30] 杨自春. 复合材料层合结构的非线性传热分析. 海军工程大学学报, 2000, (5): 9-13.

[31] 张宝华, 叶俊丹, 陈斌, 等. 固化温度对环氧树脂固化物性能的影响. 塑料工业, 2009, (9): 64-66.

[32] Kissinger H E. Reaction kinetics in differential thermal analysis. Analytical Chemistry, 1957, 29(11): 1702-1706.

[33] Crane L W, Dynes P J, Kaelble D H. Analysis of curing kinetics in polymer composites. Journal of Polymer Science, 1974, 12(8): 473-475.

[34] 赖家美, 余松标, 邹如荣, 等. VARTM 工艺树脂固化过程温度场的模拟与实验. 塑料工业, 2016, 44(4): 43-46, 63.

第4章 VARTM成型工艺玻璃纤维增强不饱和聚酯复合材料层合板的制备与性能研究

4.1 真空辅助树脂传递模塑试验

4.1.1 VARTM成型工艺试验材料与试验设备

VARTM成型工艺试验使用LT600双轴向(0°/90°)纤维织物、TH110-350R乙烯基双酚A改性不饱和聚酯和KP-100型固化剂制备复合材料层合板,其他辅助材料如表3.7所示。试验设备如表3.8所示。LT600双轴向(0°/90°)纤维织物的面密度为640g/m², 具有双向强度和良好的稳定性结构。TH110-350R乙烯基双酚A改性不饱和聚酯具有低黏度、低反应放热温度、高机械强度、施工性能好、耐水性能好等特点。TH110-350R树脂主要技术指标如表4.1所示。

表4.1 TH110-350R树脂主要技术指标

测试项目	技术指标	测试方法
黏度(25℃)	80~120cP①	JIS-K-6901
密度(25℃)	1.15~1.20g/cm³	JIS-K-7112
凝胶时间(25℃)	45~55min(1.0%KP-100) 30~40min(1.5%KP-100) 25~35min(2.0%KP-100)	JIS-K-6901

① $1cP=10^{-3} Pa \cdot s$。

4.1.2 VARTM成型工艺试验过程

VARTM成型工艺示意图如图4.1所示。VARTM成型工艺步骤如图4.2所示。VARTM成型工艺试验具体流程如图4.3所示。

在VARTM成型工艺试验过程中,应注意以下两个方面:

(1)导流网不能将纤维织物全部覆盖,应该预留一块区域,防止树脂上下层流动速度差过大导致树脂不能很好地将增强纤维浸润。在纤维织物的两端,螺旋管和纤维应隔开一段距离(40mm左右);在注胶时由于压力减小,气体溶解度降低,溶解在树脂中的气体会挥发出来,滞留在螺旋管附近,容易产生气泡等缺陷。

第4章　VARTM成型工艺玻璃纤维增强不饱和聚酯复合材料层合板的制备与性能研究

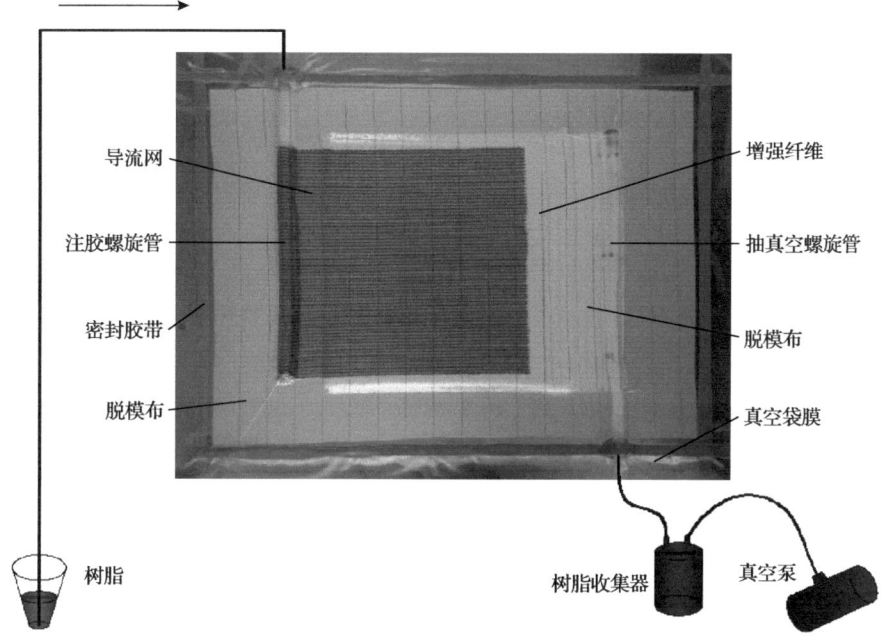

图 4.1　VARTM 成型工艺示意图

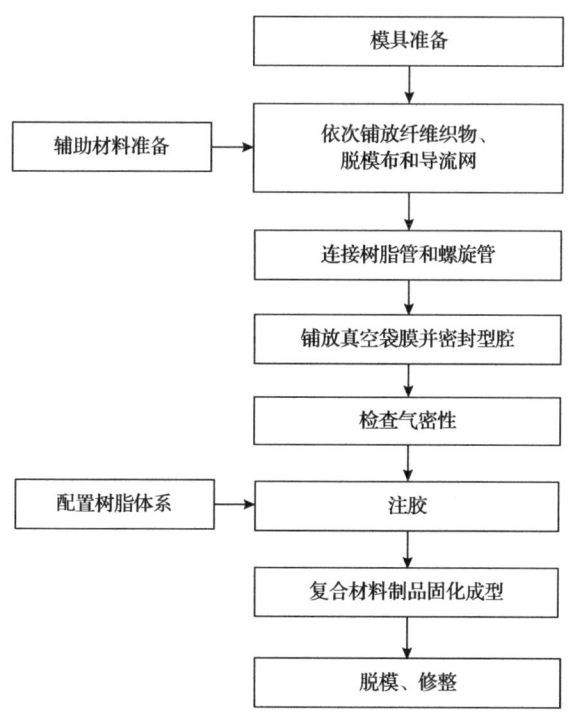

图 4.2　VARTM 成型工艺步骤

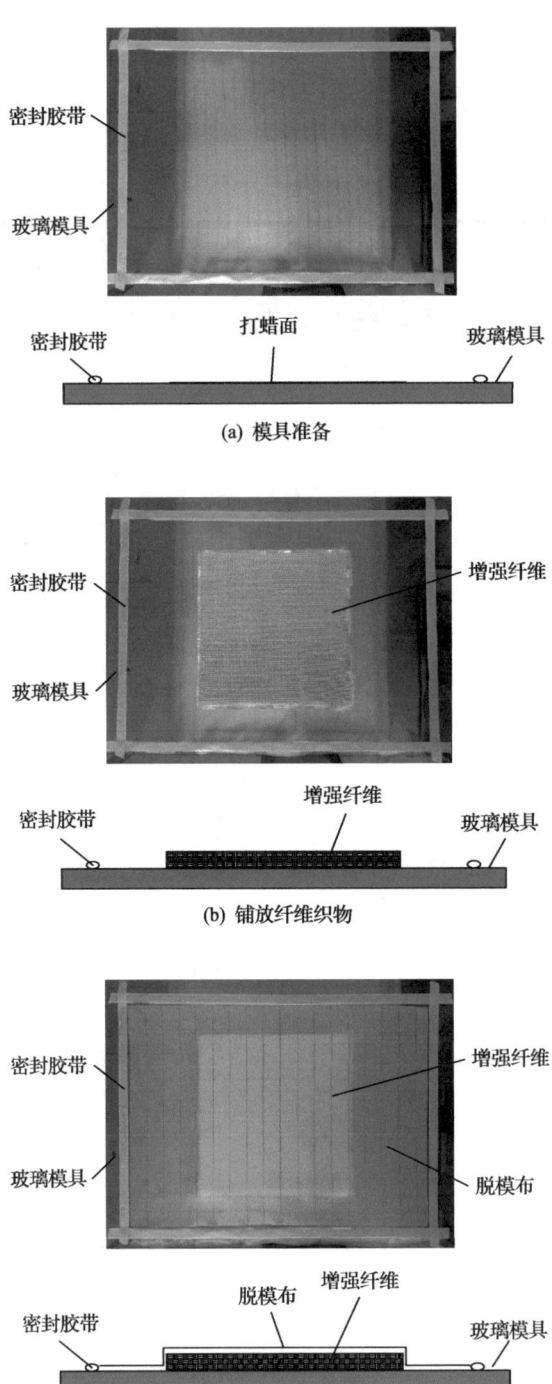

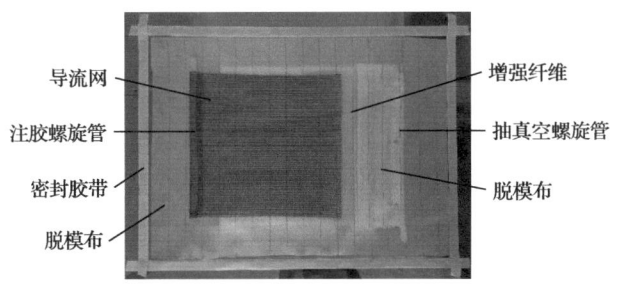

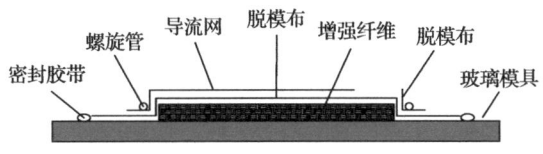

(d) 铺放导流网及螺旋管

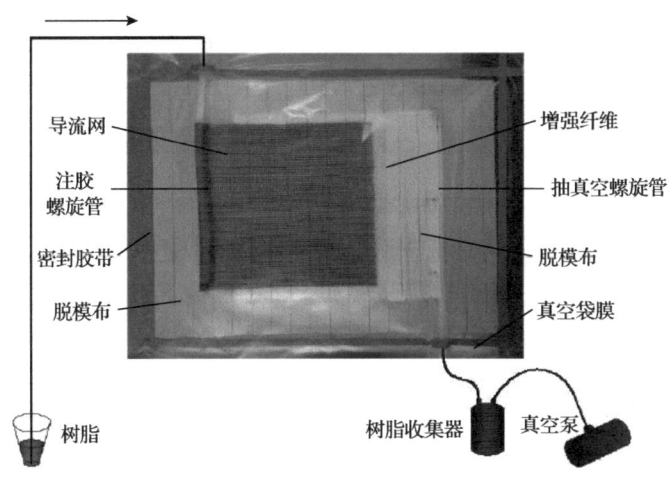

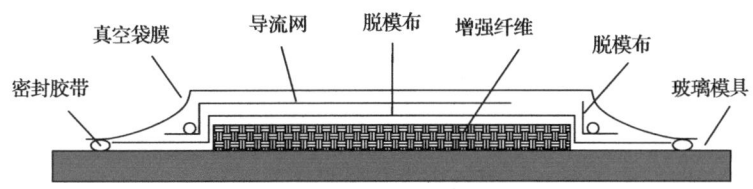

(e) 连接树脂管并铺放真空袋膜

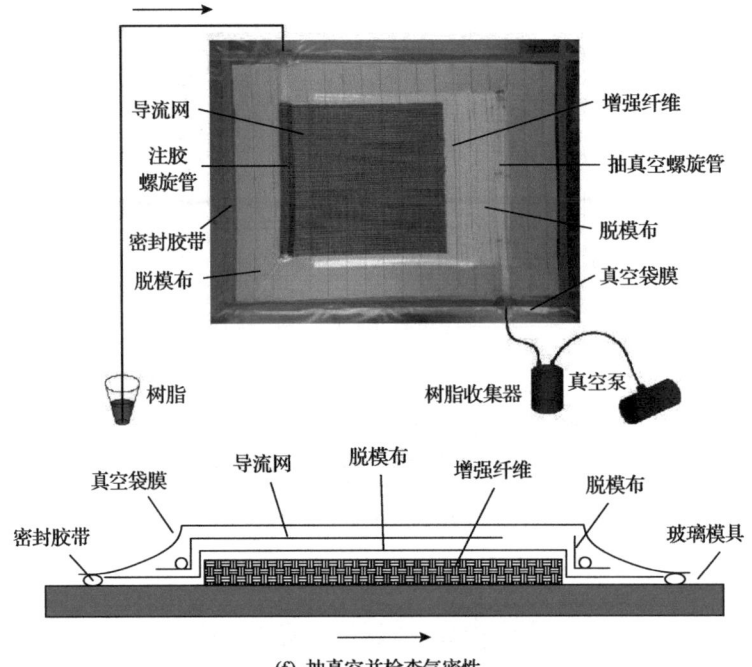

图 4.3 VARTM 成型工艺试验具体流程

(2) 本试验使用的乙烯基树脂属于不饱和聚酯树脂,固化分为三个阶段:凝胶、定型和熟化。树脂首先从黏流态转变成半固体凝胶态,然后转变成具有一定硬度和固定形状的玻璃态,此时可以从模具上将制件取下来;最后放进 80℃的烘箱中熟化 24h,整个固化过程完成。

4.2 测 试 方 法

4.2.1 VARTM 成型工艺用乙烯基树脂凝胶测试

试验所用树脂为 TH110-350R 乙烯基双酚 A 改性不饱和聚酯,为保证树脂在充填流动过程中黏度变化小,且有合理的凝胶时间,需要进行树脂凝胶试验,包括动态黏度特性试验和等温黏度特性试验,分析乙烯基树脂体系黏度与温度的关系以及黏度与时间的关系,具体测试及分析见 2.2.2 节。

4.2.2 纤维体积分数和孔隙率测试

利用搭建的 VARTM 试验平台制备复合材料层合板,按照《纤维增强塑料性能试验方法总则》(GB/T 1446—2005)[1]、《纤维增强塑料密度和相对密度试验方法》

(GB/T 1463—2005)[2]、《玻璃纤维增强塑料树脂含量试验方法》(GB/T 2577—2005)[3]及 Standard Test Methods for Void Content of Reinforced Plastic (ASTM D2734-23)[4]，测试复合材料层合板的密度、树脂含量、纤维体积分数和孔隙率。

1. 测试设备

测试设备包括：电子分析天平，感量 0.0001g；游标卡尺，精度 0.01mm；热处理电阻炉，温度可调，300~700℃；坩埚，直径为 72mm，高度为 20mm；干燥器。

2. 密度测试

试样尺寸为 40mm×40mm×厚度，试样纤维层数分别为 3、6、9 和 12，厚度分别约为 1.64mm、3.18mm、4.86mm 和 6.27mm。测试前将试样在实验室标准环境下放置 24h；在空气中称试样的质量(m)，精确到 0.001g。

在试样的每个特征方向上取三点测量试样的长度、宽度和高度，精确到 0.01mm，取平均值，并得到试样的体积(V)。

试样的密度为

$$\rho_c = \frac{m}{V} \times 10^{-3} \tag{4.1}$$

式中，m 为试样的质量，g；V 为试样的体积，cm^3；ρ_c 为试样在 t℃时的密度，g/cm^3。

3. 树脂含量、纤维体积分数测试

密度测试之后，在(625±20)℃的电阻炉里将坩埚加热 10~20min，冷却至室温得到坩埚的质量 m_1。将试样放置在坩埚里，称量坩埚和试样的总质量 m_2。

将盛有试样的坩埚放入电阻炉中，升温至 350~400℃；恒温 30min，再升温至 625℃，保持恒温一段时间，直到所有的碳都分解为止。

最后将带有残余物的坩埚从电阻炉中取出，冷却至室温后再称量坩埚和残余物的总质量 m_3。

树脂含量为

$$M_r = \frac{m_2 - m_3}{m_2 - m_1} \times 100 \tag{4.2}$$

式中，M_r 为树脂含量，%；m_1 为坩埚质量，mg；m_2 为坩埚和试样总质量，mg；m_3 为灼烧后坩埚和残余物的总质量，mg。

纤维体积分数为

$$V_{\mathrm{g}} = \frac{m_3 - m_1}{m_2 - m_1} \frac{\rho_{\mathrm{c}}}{\rho_{\mathrm{g}}} \times 100 = \frac{M_{\mathrm{g}} \rho_{\mathrm{c}}}{\rho_{\mathrm{f}}} \times 100 \tag{4.3}$$

式中，M_{g} 为玻璃纤维质量含量，%，且 $M_{\mathrm{r}} + M_{\mathrm{g}} = 1$；$V_{\mathrm{g}}$ 为玻璃纤维体积分数，%；ρ_{c} 为复合材料层合板试样密度，g/cm³；ρ_{g} 为玻璃纤维密度，g/cm³。

4. 孔隙率测试

孔隙率计算公式为

$$V = 100 - \rho_{\mathrm{c}} \left(\frac{M_{\mathrm{r}}}{\rho_{\mathrm{r}}} + \frac{M_{\mathrm{g}}}{\rho_{\mathrm{g}}} \right) \tag{4.4}$$

式中，M_{g} 为玻璃纤维质量含量，%；M_{r} 为树脂含量，%；V 为孔隙率，%；ρ_{c} 为复合材料层合板试样密度，g/cm³；ρ_{g} 为玻璃纤维密度，g/cm³；ρ_{r} 为树脂密度，g/cm³。

4.2.3 拉伸性能测试

1. 拉伸试样制备

按照《纤维增强塑料性能试验方法总则》(GB/T 1446—2005)[1]及《纤维增强塑料拉伸性能试验方法》(GB/T 1447—2005)[5]进行拉伸性能测试。拉伸试样尺寸如图4.4所示。

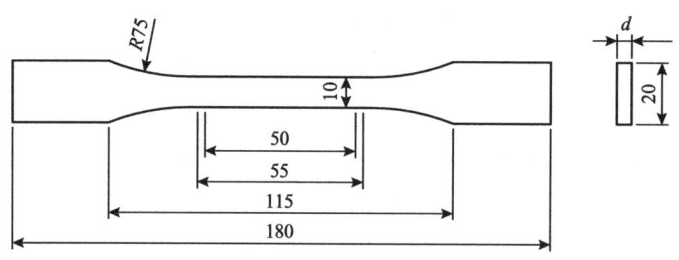

图 4.4　拉伸试样尺寸(单位：mm)

2. 拉伸试验过程

采用 RGM4030 电子试验机进行拉伸试验。将满足要求的试样编号，测量并记录试样工作段任意三个位置的厚度和宽度，取平均值。夹持试样，使试样保持竖直；然后在试样的工作段安装 YYU-25/50 电子引伸计，用于测量标距范围内试样的变形量。加载速度为 2mm/min。试样拉断后导出试验数据。

3. 结果计算

拉伸强度为

$$\sigma_\mathrm{t} = \frac{F}{bd} \tag{4.5}$$

式中，b 为试样宽度，mm；d 为试样厚度，mm；F 为峰值载荷，N；σ_t 为拉伸强度，MPa。

拉伸弹性模量为

$$E_\mathrm{t} = \frac{L_0 \Delta F}{bd \Delta L} \tag{4.6}$$

式中，E_t 为拉伸弹性模量，MPa；L_0 为测量的标距，mm；ΔF 为载荷-位移曲线上初始直线段的载荷增量，N；ΔL 为标距范围内与载荷增量 ΔF 对应的变形增量，mm。

4.2.4 弯曲性能测试

1. 弯曲试验标准和原理

按照《纤维增强塑料性能试验方法总则》(GB/T 1446—2005)[1]和《纤维增强塑料弯曲性能试验方法》(GB/T 1449—2005)[6]进行弯曲性能测试。

采用无约束支撑，在三点弯曲试样上匀速稳定加载，直至试样弯曲破坏，或者达到一定的挠度值，在这个过程中，根据施加的载荷和试样的挠度等参数，得到弯曲强度、弯曲弹性模量等数据，并绘制相应的弯曲应力-挠度曲线。

2. 弯曲试样制备

弯曲试样尺寸如图 4.5 所示，其中 d 为试样的实际厚度。

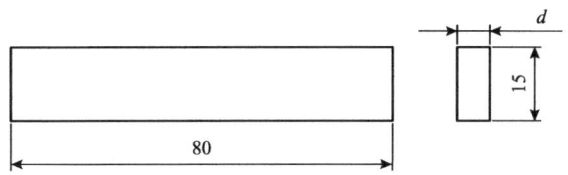

图 4.5 弯曲试样尺寸(单位：mm)

3. 弯曲试验过程

采用 RGM4030 电子试验机进行弯曲试验。将待测试样进行编号，测量并记录试样工作段任意三个位置的厚度尺寸和宽度尺寸,取平均值。跨距 L 按照试样的厚度换算得到:$L=(16\pm1)d$,$L=48\text{mm}$。

加载速度为 2mm/min。将跨距调节至 48mm,精确至 0.5mm,然后调节上压头的位置,确保位于支座中间,检查整个系统并确保工作状态正常。试样破坏后停止试验,导出试验数据。

4. 结果计算

弯曲强度为

$$\sigma_f = \frac{3FL}{2bd^2} \tag{4.7}$$

式中,b 为试样宽度,mm;d 为试样厚度,mm;F 为峰值载荷,N;L 为跨距,mm;σ_f 为弯曲强度,MPa。

弯曲弹性模量为

$$E_f = \frac{L^3 \Delta F}{4bd^3 \Delta L} \tag{4.8}$$

式中,E_f 为弯曲弹性模量,MPa;L 为跨距,mm;ΔF 为载荷-挠度曲线上初始直线段的载荷增量,N;ΔL 为与载荷增量 ΔF 对应的跨距中点处的挠度增量,mm。

4.2.5 冲击性能测试

1. 冲击试验标准和原理

冲击试验通常用于确定材料构件在承受外力作用或者冲撞时的可靠性和安全性,一般可以分为落球式、摆锤式和高速冲击试验等。本试验为摆锤式简支梁式冲击韧性试验,按照《纤维增强塑料简支梁式冲击韧性试验方法》(GB/T 1451—2005)[7]进行。

试验原理为:将试样两端水平放置在支撑物上,由已知能量的摆锤向试样的中间撞击使试样破坏,测量试样破坏时所吸收的能量。材料断裂和摆锤上摆都需要能量,用总能量减去摆锤上摆的能量即可得到材料断裂吸收的能量。

2. 冲击试样制备

冲击试验试样尺寸如图 4.6 所示,其中 d 为试样的实际厚度。

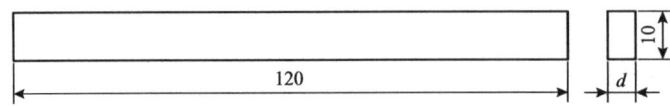

图 4.6　冲击试验试样尺寸(单位:mm)

3. 冲击试验过程

采用 ZBC2000 系列摆锤式冲击试验机进行冲击试验，如图 4.7 所示。冲击试验步骤如下：

(1) 根据冲击能量要求，调整合适的摆锤。

(2) 调零：打开设备电源开关，在不放置试样的情况下，使摆锤进行一次空打。检查刻度盘指针是否指零，若不指零，则调整指针位置，直至空打时指针为零。

(3) 将试样放置在支座上，摆锤下落进行冲击试验，将试样冲断。

(4) 当摆锤停止摆动后，记录冲击能量和破坏形式。

(5) 试验结束，关闭设备电源。

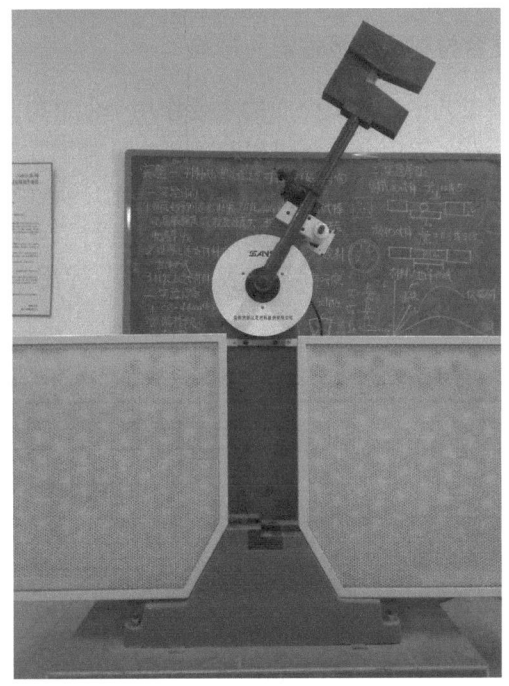

图 4.7 ZBC2000 系列摆锤式冲击试验机

4. 结果计算

冲击韧性为

$$\alpha_k = \frac{A}{bh} \times 10^3 \tag{4.9}$$

式中，A 为试样断裂所需要的功，J；b 为试样宽度，mm；α_k 为冲击韧性，kJ/m²；

h 为试样厚度，mm。

4.3　VARTM 成型工艺参数对玻璃纤维增强不饱和聚酯复合材料层合板性能的影响

在 VARTM 试验中工艺参数比较多，包括导流介质、压实时间、真空压力、纤维取向和类型等，对复合材料层合板性能均会产生一定影响。采用 TH110-350R 双酚 A 改性不饱和聚酯乙烯基树脂为基体材料，玻璃纤维为增强材料，分析导流介质、压实时间、真空压力、纤维层数和纤维织物编织方式等对复合材料层合板性能的影响，获得较优的工艺参数。

4.3.1　导流介质对复合材料层合板性能的影响

在 VARTM 成型工艺中，导流介质的主要作用是促进树脂在纤维增强复合材料中的充填流动。另外，导流介质还可以有效排出纤维增强复合材料中残留的空气，减少制品的孔隙率，提高产品质量。为研究导流介质尺寸对 VARTM 成型工艺中树脂流动行为和复合材料层合板性能的影响，进行了 4 组试验。导流介质尺寸对复合材料层合板性能影响试验方案如表 4.2 所示。导流介质铺放方式如图 4.8 所示。

表 4.2　导流介质尺寸对复合材料层合板性能影响试验方案

组别	导流介质尺寸 $L_m \times W_m$/mm×mm	压实时间 /min	真空表压 /MPa	玻璃纤维		
				尺寸 $L_f \times W_f$/mm×mm	层数	编织方式
1	150×270	15	−0.098	300×300	6	双轴向 (0°/90°)
2	200×270	15	−0.098	300×300	6	双轴向 (0°/90°)
3	250×270	15	−0.098	300×300	6	双轴向 (0°/90°)
4	300×270	15	−0.098	300×300	6	双轴向 (0°/90°)

1. 导流介质对复合材料层合板浸润性能的影响

在 VARTM 成型工艺中使用不同尺寸的高渗透导流介质，分析其对纤维增强复合材料树脂充填所需时间、复合材料制品厚度、密度、树脂含量、纤维体积分数和孔隙率的影响。导流介质尺寸对复合材料层合板浸润性能的影响如表 4.3 所示。

随着导流介质长度的增加，充填完成时间逐渐减小；复合材料层合板的厚度、树脂含量均先增大后减小；而纤维体积分数则先减小后增大；密度呈现整体减小的趋势；孔隙率则越来越大，第 4 组的孔隙率约为前 3 组的 3 倍。

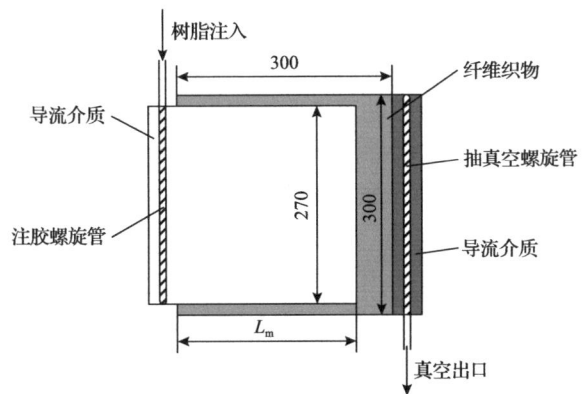

图 4.8 导流介质铺放方式(单位：mm)

表 4.3 导流介质尺寸对复合材料层合板浸润性能的影响

组别	导流介质尺寸 $L_m \times W_m$/mm×mm	充填完成时间/s		厚度 /mm	密度 /(g/cm³)	树脂含量 /%	纤维体积分数/%	孔隙率 /%
		表层	底层					
1	150×270	470	430	3.05	1.87	28.45	52.67	3.01
2	200×270	220	200	3.06	1.80	32.47	47.99	3.18
3	250×270	147	165	3.18	1.78	34.17	46.12	3.19
4	300×270	110	160	2.90	1.79	21.28	55.45	12.74

由表 4.3 可以看出，导流介质对树脂的导流作用非常明显，在纤维增强复合材料层合板尺寸和层数不变的情况下，导流介质长度从 150mm 增加到 300mm 时，充填完成时间由 470s 减少至 160s，导流介质的长度增加 1 倍，对应的充填速度提高了近 2 倍。随着导流介质尺寸的增大，树脂表层与底层充填完成时间均越来越短，并呈现指数降低趋势。不同组别表层和底层充填完成时间如图 4.9 所示。

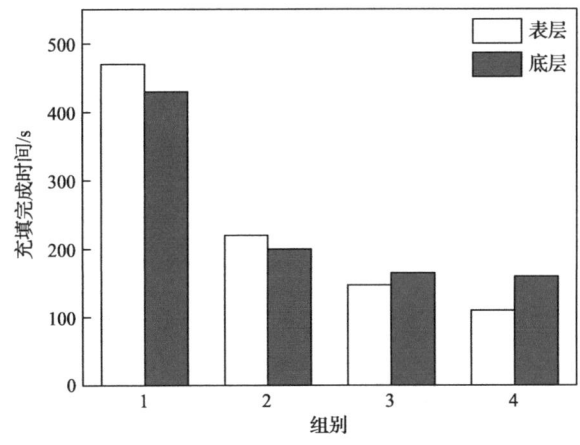

图 4.9 不同组别表层和底层充填完成时间

150mm 导流介质下树脂流动曲线如图 4.10 所示。200mm 导流介质下树脂流动曲线如图 4.11 所示。可以看出，两种尺寸下表层完成充填所需时间均大于底层。在充填开始阶段，树脂在表层流动速度大于底层，这是由于在开始阶段导流介质对树脂在表层的流动起着良好的导流作用。在树脂流动前沿位置达到 225mm 和 275mm 处开始相交，随后树脂在底层流动速度逐渐大于表层，这是由于此时的流动处于没有导流介质辅助的阶段，树脂在纤维增强复合材料层合板中的流动完全依靠真空压力和重力。在重力作用下，树脂首先向下渗透浸润纤维增强复合材料层合板的底层，并在真空压力作用下沿底层继续向前浸润，由于纤维增强复合材料层合板中存在缝隙和流动通道，树脂逐渐向上流动浸润增强材料表层。

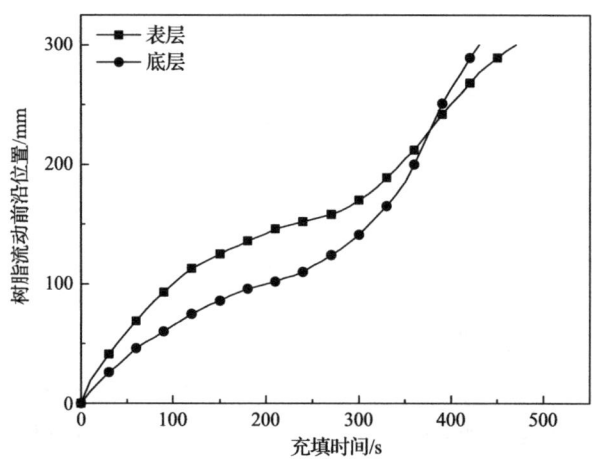

图 4.10　150mm 导流介质下树脂流动曲线

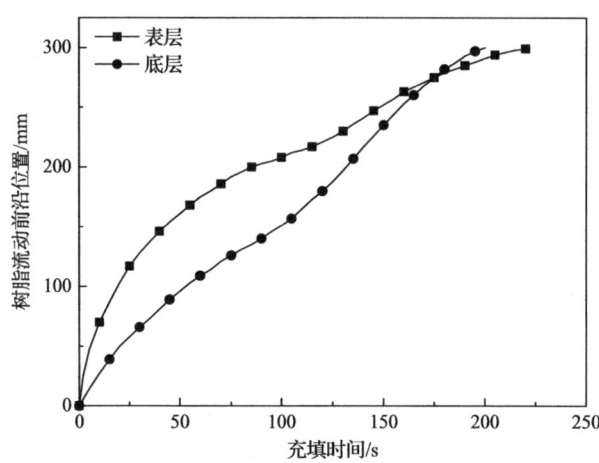

图 4.11　200mm 导流介质下树脂流动曲线

试验结果表明，随着导流介质尺寸增加，树脂充填过程中表层流动与底层流动时间差逐渐减小，时间差由 40s 缩短至 20s。250mm 导流介质下树脂流动曲线如图 4.12 所示。300mm 导流介质下树脂流动曲线如图 4.13 所示。可以看出，两种尺寸下表层流动速度始终大于底层，且表层与底层的差距呈现逐渐增大的趋势，这是由于随着导流介质使用比例增加，导流介质对树脂的导流作用更加显著，使得树脂在表层流动前沿位置始终大于底层流动前沿位置[8]。

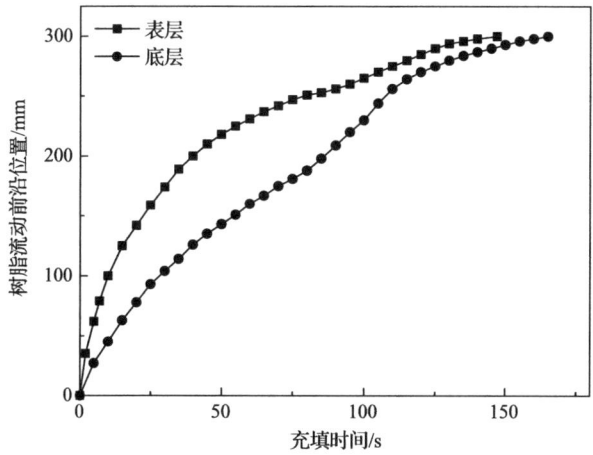

图 4.12　250mm 导流介质下树脂流动曲线

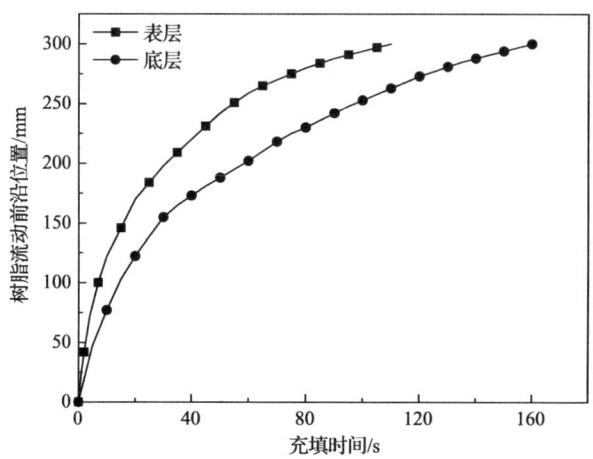

图 4.13　300mm 导流介质下树脂流动曲线

试验结果表明，导流介质尺寸对复合材料制品的纤维体积分数有很大影响，不同组别纤维体积分数如图 4.14 所示。可以看出，随着导流介质尺寸增大，复合材料层合板的纤维体积分数呈现先减小后增大的趋势。在前 3 组中，导流介质长度从 150mm 增加到 250mm，纤维体积分数从 52.67%降低到 46.12%，这是由于导流介质促进了树脂的流动，增加了流动通道，从而导致树脂含量增大，纤维体积分数相应减小。然而第 4 组纤维体积分数比前 3 组都要高，从表 4.3 可以看出，复合材料层合板厚度较小，树脂含量较低，这是因为在注胶过程中树脂流动速度太快，导致树脂对纤维增强复合材料层合板的浸润不充分。

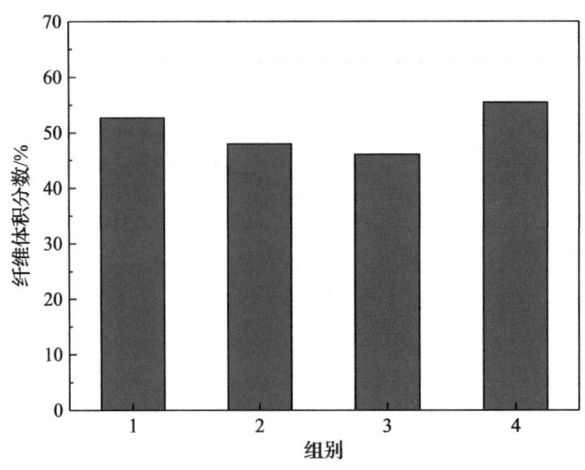

图 4.14　不同组别纤维体积分数

不同导流介质尺寸复合材料层合板纤维体积分数分布的研究表明，导流介质的边界基本为纤维体积分数的分界线。不同导流介质尺寸复合材料层合板的纤维体积分数分布图如图 4.15 所示。

可以看出，四种复合材料层合板均有一个相同的现象，即导流介质覆盖区域与非覆盖区域之间有一条明显的分界线，即以导流介质的尺寸边界线为分界。边界线左边的纤维增强复合材料层合板有导流介质覆盖，此区域的纤维体积分数较小，而边界线右边的区域无导流介质覆盖，纤维体积分数较大。这是由于导流介质覆盖区域有利于树脂流动，提高了树脂含量，使得纤维体积分数较小；而无导流介质覆盖区域，树脂流动缓慢，纤维挤压更密实，使纤维体积分数变大。

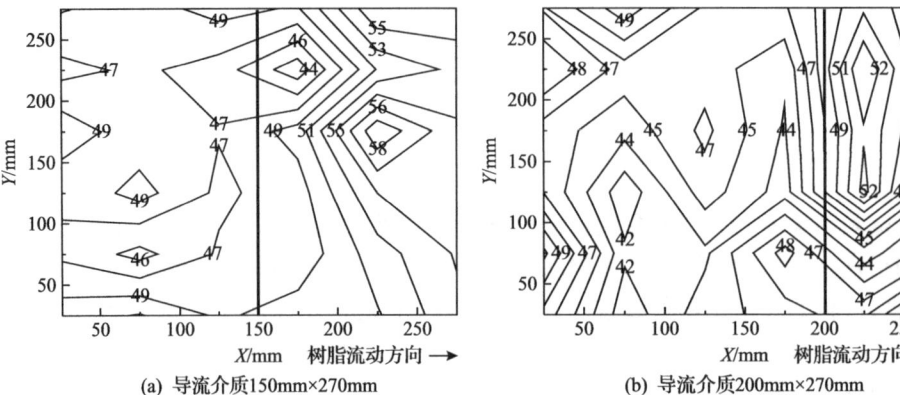

(a) 导流介质150mm×270mm　　　(b) 导流介质200mm×270mm

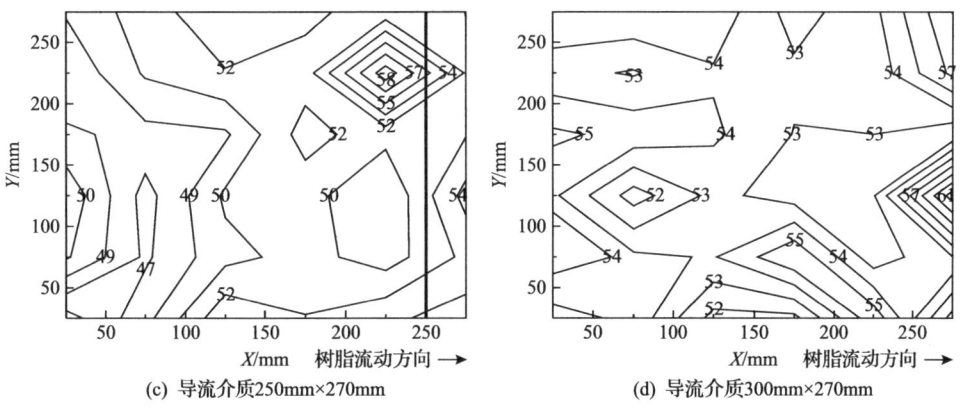

图 4.15 不同导流介质尺寸复合材料层合板的纤维体积分数分布图

纤维增强复合材料制品中一般都含有孔隙，孔隙主要存在于树脂和纤维的界面上，导致树脂和纤维的不良黏结和分层，会严重损害制品性能。当孔隙率增加 5%时，复合材料层合板的层间剪切性能会比无孔隙复合材料层合板下降 20%左右。因此，研究孔隙率的影响因素非常重要。

孔隙形成原因包括两个方面：一是纤维束内部的渗透率比纤维束间及导流介质低得多，树脂首先包围纤维束，将空气裹在纤维束里面形成孔隙；二是树脂与固化剂反应释放气体形成孔隙。

由表 4.3 可以看出，前 3 组孔隙率很小，而第 4 组孔隙率很大，约为前 3 组的 3 倍。导流介质尺寸对复合材料层合板孔隙率的影响如图 4.16 所示。4 种导流介质尺寸所得复合材料层合板如图 4.17 所示。可以看出，前 3 组外观光滑平整，无明显气泡、干斑等缺陷；第 4 组内部有明显孔洞和气泡等缺陷。将复合材料层

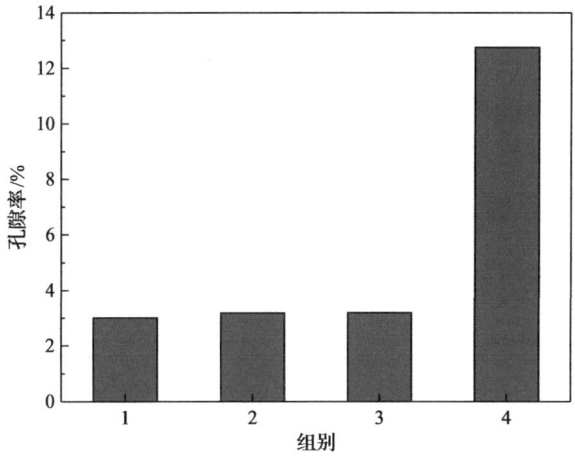

图 4.16 导流介质尺寸对复合材料层合板孔隙率的影响

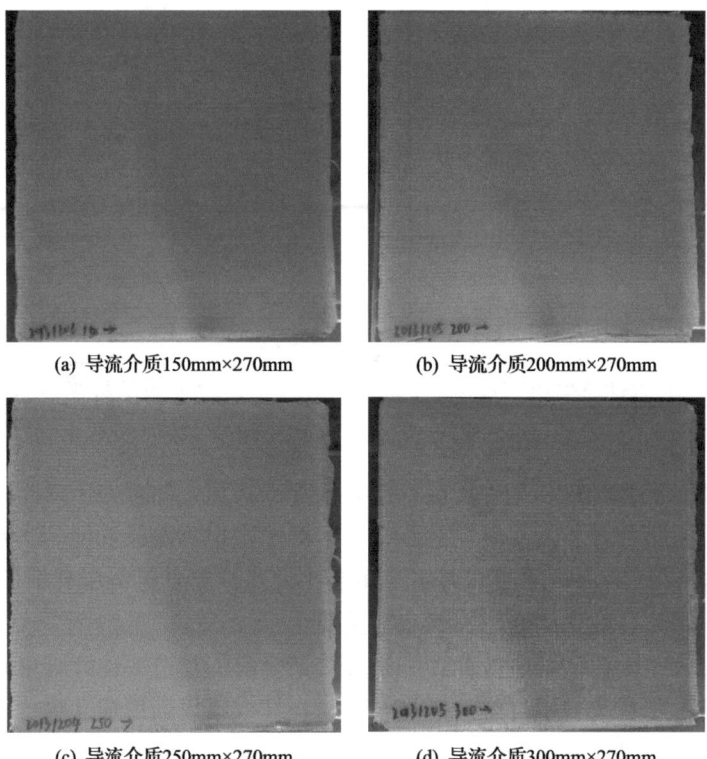

图 4.17　4 种导流介质尺寸所得复合材料层合板

合板放大 50 倍，在 Dino-Lite AD413ZT 手持式数码显微镜下观察，前 3 组气泡含量较少，而第 4 组则比较多，如图 4.18 所示。原因主要在于：首先，由于导流介质尺寸大，树脂在其作用下流动速度过快，导致树脂未能充分浸润增强纤维材料，以致纤维贫胶，并在复合材料层合板中产生孔隙；其次，当树脂流动速度很大时，真空腔室内的压力梯度下降很快，气体的溶解度突然降低，导致溶解在树脂中的气体快速地释放出来，但又未能及时排出，而被包裹在复合材料层合板中。300mm 导流介质复合材料层合板未排出的气泡残留如图 4.19 所示。

(c) 导流介质250mm×270mm　　(d) 导流介质300mm×270mm

图 4.18　放大 50 倍下复合材料层合板

图 4.19　300mm 导流介质复合材料层合板未排出的气泡残留

2. 导流介质对复合材料层合板拉伸性能的影响

导流介质尺寸对复合材料层合板拉伸性能的影响如表 4.4 所示。可以看出，在导流介质宽度相同，其长度分别为 150mm、200mm 和 250mm 时复合材料层合板的拉伸强度呈现小幅下降趋势，拉伸弹性模量变化较小，而当导流介质长度为 300mm 时，拉伸强度为 349.22MPa，与导流介质 150mm 复合材料层合板的拉伸强度相比下降近 20%，其拉伸弹性模量下降幅度也超过 10%。

表 4.4　导流介质尺寸对复合材料层合板拉伸性能的影响

组别	导流介质尺寸 $L_m \times W_m$/mm×mm	试样宽度 /mm	试样厚度 /mm	峰值载荷 /kN	拉伸强度 /MPa	拉伸弹性模量 /GPa
1	150×270	10.23	3.05	13.5	432.96	20.15
2	200×270	10.54	3.06	13.71	424.45	18.48
3	250×270	10.51	3.18	13.63	407.93	18.50
4	300×270	10.37	2.90	10.50	349.22	17.97

分析其原因，一是由于导流介质完全覆盖纤维增强复合材料时树脂流动速度加快，导致树脂未能充分浸润纤维增强复合材料，复合材料层合板中残存的孔隙和干斑较多，进而影响成型质量；二是导流介质尺寸会影响树脂在纤维增强复合材料中的充填流动，进而影响纤维体积分数和树脂含量，根据复合材料的混合定律可知，在已知各组分材料力学性能的情况下，复合材料的力学性能主要取决于各组分材料的体积分数。

$$P_c = \sum_{i=1}^{N} P_i V_i \tag{4.10}$$

式中，P_c 为复合材料的力学性能，MPa；P_i 为各组分材料的力学性能，MPa；V_i 为各组分的体积分数，%。

而在纤维增强复合材料层合板中，玻璃增强纤维的力学性能比基体强，拉伸强度约为基体的 40 倍，拉伸弹性模量约为基体的 20 倍，所以增强纤维起到主要承载作用。因此，复合材料层合板的纵向拉伸性能可以近似地表示为 $\sigma_c = \sigma_f V_f$，即纵向拉伸性能主要由纤维的强度和体积分数决定。因此，在纤维和树脂不变的情况下，要提高复合材料层合板的力学性能，应尽可能提高复合材料层合板的纤维体积分数。不同导流介质尺寸复合材料层合板纤维体积分数与拉伸强度的关系如图 4.20 所示。

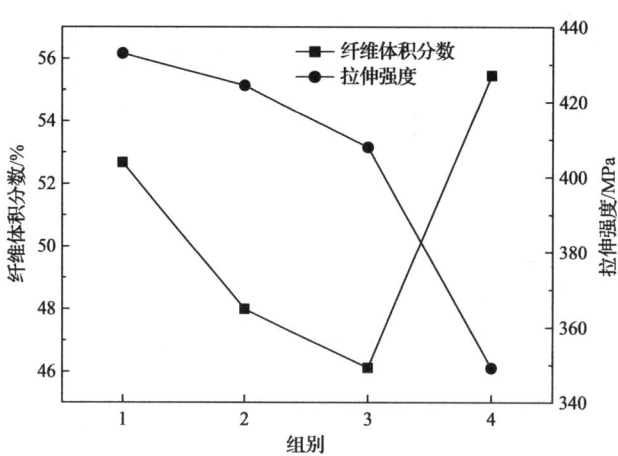

图 4.20 不同导流介质尺寸复合材料层合板纤维体积分数与拉伸强度的关系

可以看出，前 3 组纤维体积分数与拉伸强度呈现良好的一致性，随着纤维体积分数的降低复合材料层合板的拉伸强度降低；然而，第 4 组的纤维体积分数最高，但是拉伸性能最差，这主要是因为复合材料层合板中树脂含量过低，树脂对纤维的浸润和渗透效果很差，以致在复合材料层合板中产生很多孔隙和干斑等缺陷，影响拉伸强度。不同导流介质尺寸复合材料层合板的拉伸应力-位移曲线如图 4.21 所示。可以看出，在导流介质宽度相同的情况下，随着长度从 150mm 增加到 250mm，拉伸强度极限值逐渐下降；当导流介质长度增加到 300mm 时，其拉伸强度极限值与前 3 组相比下降明显。

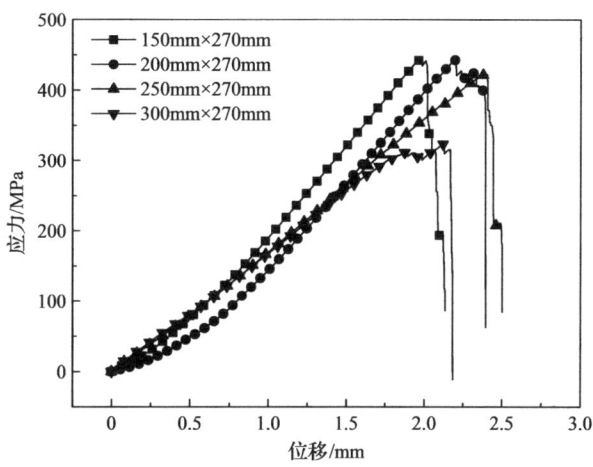

图 4.21　不同导流介质尺寸复合材料层合板的拉伸应力-位移曲线

3. 导流介质对复合材料层合板弯曲性能的影响

复合材料层合板发生弯曲变形时，不仅产生拉压应力，同时还有剪切应力，并且伴有局部挤压应力。正因如此，弯曲强度能够较为全面地体现复合材料层合板的综合性能。导流介质尺寸对复合材料层合板弯曲性能的影响如表 4.5 所示。不同导流介质尺寸复合材料层合板弯曲应力-挠度曲线如图 4.22 所示。可以看出，随着导流介质尺寸增大，复合材料层合板的弯曲强度和弯曲弹性模量均呈现下降趋势，并且导流介质尺寸为 300mm×270mm 时，复合材料层合板的弯曲强度和弯曲弹性模量都有明显下降，其原因与拉伸强度下降的原因相似。

表 4.5　导流介质尺寸对复合材料层合板弯曲性能的影响

组别	导流介质尺寸 $L_m \times W_m$/mm×mm	试样宽度 /mm	试样厚度 /mm	峰值载荷 /N	弯曲强度 /MPa	弯曲弹性模量 /GPa
1	150×270	10.52	3.05	1017.82	507.65	20.57
2	200×270	15.42	3.06	911.82	453.98	19.54
3	250×270	15.50	3.18	927.79	427.11	18.71
4	300×270	15.35	2.90	531.65	296.13	17.76

4. 导流介质对复合材料层合板冲击性能的影响

纤维增强复合材料层合板的冲击性能是其工程应用的重要技术指标，冲击性

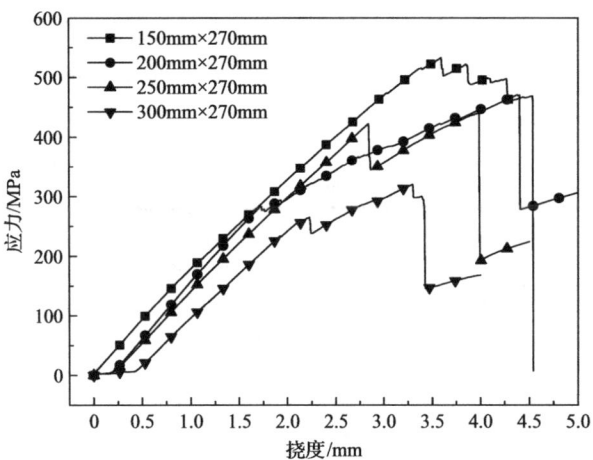

图 4.22　不同导流介质尺寸复合材料层合板弯曲应力-挠度曲线

能主要由基体、纤维和界面三方面综合决定。导流介质尺寸对复合材料层合板冲击性能的影响如表 4.6 所示。可以看出，随着导流介质尺寸增加，复合材料层合板的冲击吸收能增大，冲击韧性增强。这是由于在导流介质尺寸较小的情况下，树脂在纤维增强复合材料中的充填流动速度较慢，树脂能充分浸润纤维织物，孔隙率降低，树脂含量相对较大，反之亦然。对复合材料层合板进行冲击测试时，由于较小尺寸导流介质复合材料层合板质量好，冲击时复合材料层合板的断裂倾向于脆断，冲击吸收能较小。导流介质尺寸较大时由于孔隙的存在，在进行冲击时复合材料层合板呈现分层现象，分层区域越大，吸收的能量越多，冲击吸收能越大，冲击韧性越好。

表 4.6　导流介质尺寸对复合材料层合板冲击性能的影响

组别	导流介质尺寸 $L_m \times W_m$/mm×mm	试样宽度 /mm	试样厚度 /mm	冲击吸收能 /J	冲击韧性 /(kJ/m²)
1	150×270	10.23	3.05	4.90	156.92
2	200×270	10.54	3.06	5.10	158.09
3	250×270	10.51	3.18	5.52	165.27
4	300×270	10.37	2.90	5.71	189.37

4.3.2　压实时间对复合材料层合板性能的影响

在 VARTM 成型工艺中，压实不仅影响树脂的流动，而且直接影响复合材料制品的纤维体积分数和孔隙率。为了研究压实时间对复合材料层合性能的影响，进行了 4 组试验，压实时间分别为 0min、15min、35min 和 60min。双轴向 (0°/90°) 纤维织物尺寸为 300mm×300mm，共 6 层，导流介质尺寸均为 250mm×270mm，真空表压保持在–0.098MPa。压实时间对复合材料层合板性能影响试验方案如表 4.7 所示。

表 4.7 压实时间对复合材料层合板性能影响试验方案

组别	导流介质尺寸 $L_m \times W_m$/mm×mm	压实时间 /min	真空表压 /MPa	玻璃纤维		
				尺寸 $L_f \times W_f$/mm×mm	层数	编织方式
5	250×270	0	–0.098	300×300	6	双轴向 (0°/90°)
6	250×270	15	–0.098	300×300	6	双轴向 (0°/90°)
7	250×270	35	–0.098	300×300	6	双轴向 (0°/90°)
8	250×270	60	–0.098	300×300	6	双轴向 (0°/90°)

1. 压实时间对复合材料层合板浸润性能的影响

不同压实时间对复合材料层合板浸润性能的影响如表 4.8 所示。可以看出，随着压实时间的增加，树脂的充填流动变慢，充填完成时间变长，复合材料层合板的孔隙率依次降低；厚度和树脂含量先增大再减小；密度和纤维体积分数先减小再增大，与厚度和树脂含量变化趋势相反。

表 4.8 不同压实时间对复合材料层合板浸润性能的影响

组别	压实时间 /min	充填完成时间/s	厚度 /mm	密度 /(g/cm³)	树脂含量 /%	纤维体积分数 /%	孔隙率 /%
5	0	120	2.95	1.83	28.85	51.19	4.92
6	15	147	3.18	1.78	34.17	46.12	3.19
7	35	157	3.06	1.80	32.47	47.99	3.17
8	60	164	3.02	1.82	31.73	48.93	2.93

对于 6、7、8 组，压实时间增加，增强纤维被压得更加密实，增强纤维间的气体通道减少，导致树脂流动更加困难，表现为充填完成时间增加，厚度变小，并且树脂含量减少，纤维体积分数增大。纤维被压密实后，其中的气体减少，树脂能够更充分地浸润纤维，导致孔隙率比较小。

对于第 5 组，增强纤维没有完全压实，纤维间的气体通道较多，树脂流动较快，导致树脂没有很好地浸润和渗透纤维束，同样导致纤维相对贫胶；又因气体没有排出，被包裹在其中，在复合材料层合板中产生了较多的孔隙。

2. 压实时间对复合材料层合板拉伸性能的影响

压实时间对复合材料层合板拉伸性能的影响如表 4.9 所示。不同压实时间复合材料层合板的拉伸应力-位移曲线如图 4.23 所示。

表 4.9 压实时间对复合材料层合板拉伸性能的影响

组别	压实时间/min	试样宽度/mm	试样厚度/mm	峰值载荷/kN	拉伸强度/MPa	拉伸弹性模量/GPa
5	0	10.56	2.95	11.63	373.88	17.12
6	15	10.51	3.18	13.63	407.93	18.50
7	35	10.38	3.06	13.25	416.91	18.88
8	60	10.31	3.02	14.82	475.49	20.49

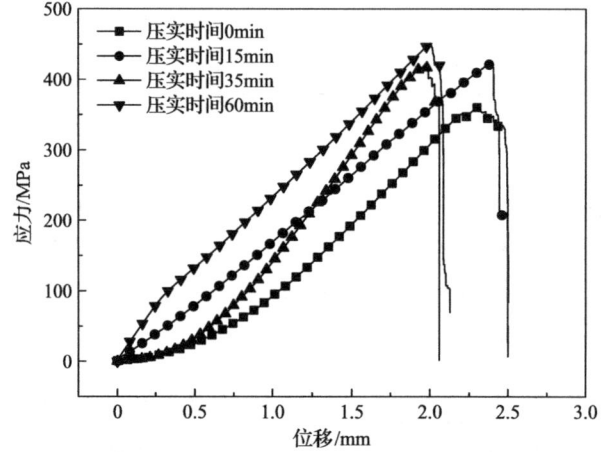

图 4.23 不同压实时间复合材料层合板的拉伸应力-位移曲线

由表 4.9 和图 4.23 可以看出，压实时间为 0min 时，复合材料层合板的拉伸强度和拉伸弹性模量相对于其他三种情况都是最小的，此时复合材料层合板所能承受的峰值载荷相比于其他三种复合材料层合板低 15%左右。压实时间分别为 15min、35min 和 60min 时，测得的拉伸强度从 407.93MPa 增加到 475.49MPa，拉伸强度增幅约为 17%；拉伸弹性模量从 18.50GPa 增加到 20.49GPa，增加幅度约为 10%。因此，在 VARTM 成型工艺中压实时间对复合材料层合板的力学性能影响很大，可以通过适当增加压实时间提高复合材料层合板的拉伸强度和拉伸弹性模量。

3. 压实时间对复合材料层合板弯曲性能的影响

压实时间对复合材料层合板弯曲性能的影响如表 4.10 所示。不同压实时间复合材料层合板的弯曲应力-挠度曲线如图 4.24 所示。可以看出，压实时间对复合材料层合板的弯曲性能影响巨大，其弯曲强度和弯曲弹性模量在未经压实时为 307.46MPa 和 17.64GPa，经过 60min 压实时为 693.53MPa 和 23.56GPa，弯曲强度增幅约为 125%，弯曲弹性模量增幅约为 33%。因此，压实时间对复合材料层合板的弯曲强度和弯曲弹性模量影响均非常明显。

表 4.10 压实时间对复合材料层合板弯曲性能的影响

组别	压实时间/min	试样宽度/mm	试样厚度/mm	峰值载荷/N	弯曲强度/MPa	弯曲弹性模量/GPa
5	0	15.36	2.95	569.35	307.46	17.64
6	15	15.50	3.18	927.79	427.11	18.71
7	35	15.52	3.06	1121.43	554.38	22.51
8	60	15.53	3.02	1364.08	693.53	23.56

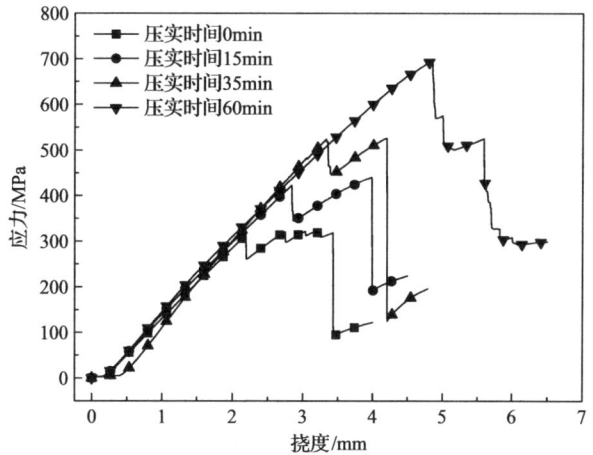

图 4.24 不同压实时间复合材料层合板的弯曲应力-挠度曲线

由图 4.24 可以看出，随着压实时间的增加，复合材料层合板的弯曲断裂逐渐趋于脆性断裂。这是由于压实时间较短时复合材料层合板的综合性能较差，其断裂呈现明显的分层破坏。压实时间较长时，得到的复合材料层合板更加致密，树脂与纤维界面黏结良好，发生破坏时需要的力更大，一旦力达到复合材料层合板的破坏强度极限时，复合材料层合板发生断裂而且呈现脆断趋势。

4. 压实时间对复合材料层合板冲击性能的影响

压实时间对复合材料层合板冲击性能的影响如表 4.11 所示。可以看出，随着压实时间的增加，复合材料层合板的厚度呈现先增大后减小趋势。这是由于压实时间越长密闭模腔中纤维增强复合材料内的气体排出越干净，纤维增强复合材料压缩越密实，最终复合材料层合板的厚度越小。

纤维增强复合材料层合板的冲击吸收能和冲击韧性均随着压实时间的增加而降低，这是由于随着压实时间的增加复合材料层合板中的孔隙和干斑等缺陷减少，

表 4.11 压实时间对复合材料层合板冲击性能的影响

组别	压实时间/min	试样宽度/mm	试样厚度/mm	冲击吸收能/J	冲击韧性/(kJ/m²)
5	0	10.56	2.95	5.60	180.07
6	15	10.51	3.18	5.52	165.27
7	35	10.38	3.06	5.25	164.92
8	60	10.31	3.02	4.50	144.43

同时树脂含量有所降低,而纤维体积分数增加。冲击性能表征复合材料层合板冲击破坏时所吸收能量的多少,压实时间较短时复合材料层合板致密性较低,缺陷较多,受到冲击时容易产生大范围分层,因而会吸收大量能量,表现出良好的冲击韧性。当压实时间增加时,复合材料层合板中的孔隙等缺陷较少,复合材料层合板更加致密,而且厚度更小,受到冲击时更多表现为脆断,冲击韧性较差。

4.3.3 真空压力对复合材料层合板性能的影响

VARTM 成型工艺中真空压力是一个重要的工艺参数,为了研究真空压力对复合材料层合板性能的影响,进行了 4 组试验,真空表压分别为 –0.068MPa、–0.078MPa、–0.088MPa 和 –0.098MPa。双轴向(0°/90°)纤维织物尺寸为 300mm×300mm,共 6 层,导流介质尺寸均为 250mm×270mm,压实时间均为 15min。真空压力对复合材料层合板性能影响试验方案如表 4.12 所示。

表 4.12 真空压力对复合材料层合板性能影响试验方案

组别	导流介质尺寸 $L_m×W_m$/mm×mm	压实时间/min	真空表压/MPa	玻璃纤维		
				尺寸 $L_f×W_f$/mm×mm	层数	编织方式
9	250×270	15	–0.068	300×300	6	双轴向(0°/90°)
10	250×270	15	–0.078	300×300	6	双轴向(0°/90°)
11	250×270	15	–0.088	300×300	6	双轴向(0°/90°)
12	250×270	15	–0.098	300×300	6	双轴向(0°/90°)

1. 真空压力对复合材料层合板浸润性能的影响

真空压力对复合材料层合板浸润性能的影响如表 4.13 所示。可以看出,随着真空压力增大,树脂充填完成时间减少,复合材料层合板的厚度逐渐减小,密度逐渐增大,树脂含量和孔隙率降低,纤维体积分数则增大。这是由于当真空压力增大时,树脂流动的驱动力和充填速度随之增大。另外,当真空压力增大时,纤维增强复合材料更加密实,复合材料层合板厚度减小,树脂含量降低,纤维体积分数增大，而玻璃纤维的密度大于树脂密度，所以随着真空压力增大，复合材料层合板的密度增大，纤维增强复合材料被压实后，气体残存更少，孔隙率降低。

表4.13 真空压力对复合材料层合板浸润性能的影响

组别	真空表压 /MPa	充填完成 时间/s	厚度 /mm	密度 /(g/cm³)	树脂含量 /%	纤维体积分数 /%	孔隙率 /%
9	−0.068	210	3.24	1.71	35.98	43.23	5.35
10	−0.078	177	3.23	1.72	35.78	43.62	4.98
11	−0.088	156	3.20	1.77	34.77	45.43	3.32
12	−0.098	147	3.18	1.78	34.17	46.12	3.19

2. 真空压力对复合材料层合板拉伸性能的影响

真空压力对复合材料层合板拉伸性能的影响如表4.14所示。不同真空压力复合材料层合板的拉伸应力-位移曲线如图4.25所示。可以看出，随着真空压力增大，复合材料层合板的厚度呈现小幅降低的趋势，峰值载荷和拉伸弹性模量有所增大，拉伸强度则从真空表压为−0.068MPa时的303.79MPa增加到真空表压为−0.098MPa

表4.14 真空压力对复合材料层合板拉伸性能的影响

组别	真空表压 /MPa	试样宽度 /mm	试样厚度 /mm	峰值载荷 /kN	拉伸强度 /MPa	拉伸弹性模量 /GPa
9	−0.068	10.40	3.24	10.23	303.79	17.01
10	−0.078	10.50	3.23	12.85	378.64	18.10
11	−0.088	10.48	3.20	12.85	382.89	18.83
12	−0.098	10.51	3.18	13.63	407.93	18.50

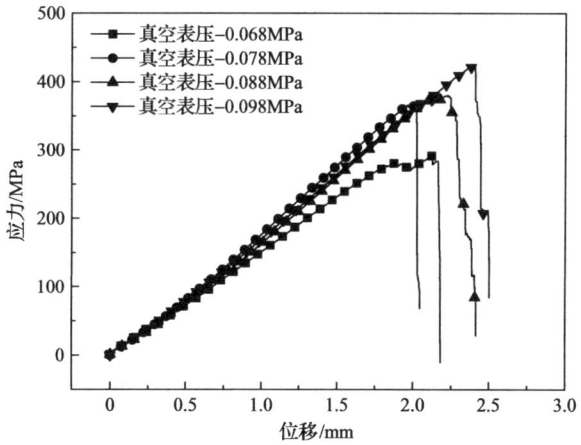

图4.25 不同真空压力复合材料层合板的拉伸应力-位移曲线

时的 407.93MPa,增幅达到 34%以上。因此,真空压力对复合材料层合板的拉伸性能影响显著。在 VARTM 成型工艺中真空压力最终会影响到复合材料层合板的厚度,随着真空压力增大,复合材料层合板厚度减小,在相同纤维增强复合材料铺层情况下厚度减小意味着纤维体积分数增大,在其他条件相同的情况下,纤维增强复合材料层合板的拉伸性能主要由纤维体积分数体现,纤维体积分数越高,代表其拉伸强度越大。

3. 真空压力对复合材料层合板弯曲性能的影响

真空压力对复合材料层合板弯曲性能的影响如表 4.15 所示。不同真空压力复合材料层合板的弯曲应力-挠度曲线如图 4.26 所示。可以看出,随着真空压力增大,复合材料层合板的弯曲强度和弯曲弹性模量均呈现逐渐增大的趋势,这与真空压力对复合材料层合板拉伸性能的影响相似。

表 4.15 真空压力对复合材料层合板弯曲性能的影响

组别	真空表压/MPa	试样宽度/mm	试样厚度/mm	峰值载荷/N	弯曲强度/MPa	弯曲弹性模量/GPa
9	−0.068	15.35	3.24	746.12	334.14	16.31
10	−0.078	15.33	3.23	781.30	351.65	16.87
11	−0.088	15.43	3.20	804.93	366.12	17.86
12	−0.098	15.50	3.18	927.79	427.11	18.71

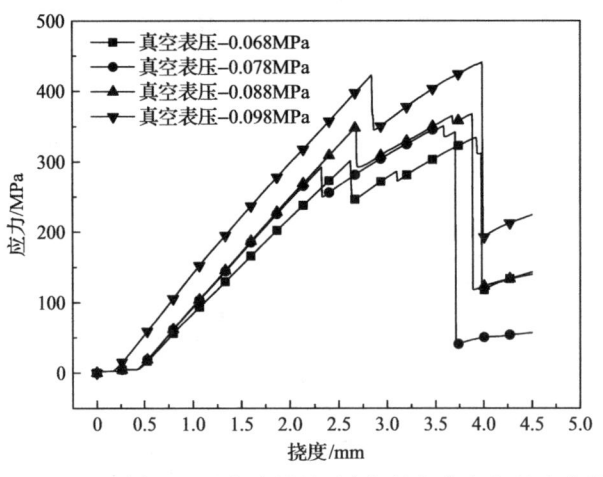

图 4.26 不同真空压力复合材料层合板的弯曲应力-挠度曲线

在较低真空压力下对复合材料层合板进行弯曲性能测试时,表现为逐层弯曲开裂,在真空表压为−0.068MPa 时,其弯曲应力-挠度曲线出现多次折弯,表明复合材料层合板在弯曲破坏时逐层开裂。随着真空压力逐渐增大,其弯曲应力-挠度曲线中的折弯区域有所减少，真空表压为–0.098MPa时，其弯曲应力-挠度曲线中只有两个明显的折弯区域，说明此时的材料发生脆性弯曲断裂破坏。这是由于在VARTM成型工艺中，随着真空压力增加，复合材料层合板的孔隙率降低，纤维体积分数增加，发生弯曲破坏时呈现脆性破坏，真空压力较低时的复合材料层合板发生弯曲破坏时，孔隙和干斑等缺陷的存在导致树脂和纤维的界面黏结不良，产生分层断裂破坏。

4. 真空压力对复合材料层合板冲击性能的影响

真空压力对复合材料层合板冲击性能的影响如表4.16所示。可以看出，真空压力对复合材料层合板的冲击性能影响很大，这与压实时间对复合材料层合板冲击性能的影响相似。随着真空压力增大，复合材料层合板的冲击吸收能和冲击韧性都有所降低，分别从6.80J和202.07kJ/m^{2}下降到5.52J和165.27kJ/m^2，降幅达到18%。这是由于随着真空压力增大，复合材料层合板的孔隙率减小，冲击破坏呈现脆断倾向，复合材料层合板的分层破坏区域较少，冲击吸收能较低，表现出较差的冲击韧性。真空压力较低时的冲击破坏正好相反，出现较大区域的分层破坏，吸收了大量能量，对应的冲击韧性较强。

表4.16 真空压力对复合材料层合板冲击性能的影响

组别	真空表压 /MPa	试样宽度 /mm	试样厚度 /mm	冲击吸收能 /J	冲击韧性 /(kJ/m^2)
9	–0.068	10.40	3.24	6.80	202.07
10	–0.078	10.50	3.23	6.44	189.61
11	–0.088	10.48	3.20	6.01	179.08
12	–0.098	10.51	3.18	5.52	165.27

4.3.4 纤维层数对复合材料层合板性能的影响

为了研究VARTM成型工艺中纤维层数对复合材料层合板性能的影响，开展四组试验，纤维层数分别为3层、6层、9层和12层，增强纤维材料尺寸均为300mm×300mm，导流介质尺寸均为250mm×270mm，压实时间均为15min，真空表压保持在–0.098MPa。纤维层数对复合材料层合板性能影响试验方案如表4.17所示。

1. 纤维层数对复合材料层合板浸润性能的影响

纤维层数对复合材料层合板浸润性能的影响如表4.18所示。可以看出，随着纤维层数增加，复合材料层合板的厚度、密度和纤维体积分数都呈现增大趋势，而树脂含量和孔隙率则呈现下降趋势。这是由于随着纤维层数增加，复合材料层合板的厚度增大，纤维层数越多则纤维体积分数越大，树脂含量相应降低，树脂

表 4.17　纤维层数对复合材料层合板性能影响试验方案

组别	导流介质尺寸 $L_m \times W_m$/mm×mm	压实时间 /min	真空表压 /MPa	纤维织物 尺寸 $L_f \times W_f$/mm×mm	层数	编织方式
13	250×270	15	−0.098	300×300	3	双轴向 (0°/90°)
14	250×270	15	−0.098	300×300	6	双轴向 (0°/90°)
15	250×270	15	−0.098	300×300	9	双轴向 (0°/90°)
16	250×270	15	−0.098	300×300	12	双轴向 (0°/90°)

表 4.18　纤维层数对复合材料层合板浸润性能的影响

组别	纤维层数	充填完成时间/s	厚度/mm	密度/(g/cm³)	树脂含量/%	纤维体积分数/%	孔隙率/%
13	3	121	1.65	1.75	35.22	44.70	3.86
14	6	177	3.18	1.78	34.17	46.12	3.19
15	9	217	4.86	1.82	31.85	48.77	2.99
16	12	238	6.28	1.85	30.30	50.66	2.73

的密度仅比水的密度略大，远小于玻璃纤维密度，因此，复合材料层合板的密度随纤维体积分数的增大和树脂含量的降低而增大。

在纤维层数较多的情况下树脂充填完成时间较长，树脂对纤维增强复合材料的充填浸润更加充分，表现在所制备的复合材料层合板的孔隙率随纤维层数增加逐渐降低，复合材料层合板的孔隙率从 3 层时的 3.86%降低到 12 层时的 2.73%，下降幅度达到约 30%。因此，提高纤维层数可有效提高复合材料层合板的纤维体积分数和降低孔隙率。

2. 纤维层数对复合材料层合板拉伸性能的影响

纤维层数对复合材料层合板拉伸性能的影响如表 4.19 所示，不同纤维层数复合材料层合板的拉伸应力-位移曲线如图 4.27 所示。可以看出，随着纤维层数增加，复合材料层合板的拉伸性能逐渐提高。纤维层数为 3 层时复合材料层合板的拉伸

表 4.19　纤维层数对复合材料层合板拉伸性能的影响

组别	纤维层数	试样宽度/mm	试样厚度/mm	峰值载荷/kN	拉伸强度/MPa	拉伸弹性模量/GPa
13	3	10.49	1.64	6.78	393.16	18.05
14	6	10.51	3.18	13.63	407.93	18.50
15	9	10.49	4.86	21.55	422.77	19.31
16	12	10.50	6.27	28.50	433.10	20.83

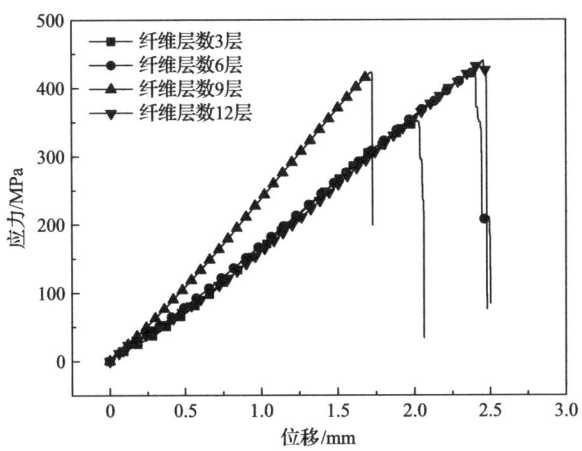

图 4.27 不同纤维层数复合材料层合板的拉伸应力-位移曲线

强度和拉伸弹性模量分别为 393.16MPa 和 18.05GPa,而纤维层数为 12 层时其拉伸强度和拉伸弹性模量增加到 433.10MPa 和 20.83GPa,拉伸强度提高约 10.2%,拉伸弹性模量提高约 15%。随着纤维层数增加,复合材料层合板的纤维体积分数增大,孔隙率有所降低,拉伸性能有所提高。

3. 纤维层数对复合材料层合板弯曲性能的影响

纤维层数对复合材料层合板弯曲性能的影响如表 4.20 所示。不同纤维层数复合材料层合板的弯曲应力-挠度曲线如图 4.28 所示。可以看出,纤维层数对复合材料层合板的弯曲性能影响较大。随着纤维层数增加,复合材料层合板的峰值载荷、弯曲强度和弯曲弹性模量均大幅提高。峰值载荷由纤维层数为 3 层时的 416.51N 增加到纤维层数为 12 层时的 2541.01N,纤维层数增加 3 倍而峰值载荷增加 5.1 倍;弯曲强度由纤维层数为 3 层时的 405.33MPa 增加到纤维层数为 12 层时的 629.74MPa,增幅约为 55%;弯曲弹性模量由纤维层数为 3 层时的 16.75GPa 增加到纤维层数为 12 层时的 22.17GPa,增幅约为 32%。这是由于随着纤维增层数增加,复合材料层合板的纤维体积分数大幅增加,使复合材料层合板的弯曲性能得到提高,这与纤维层数对复合材料层合板的拉伸强度和拉伸弹性模量的影响情况相似。

表 4.20 纤维层数对复合材料层合板弯曲性能的影响

组别	纤维层数	试样宽度/mm	试样厚度/mm	峰值载荷/N	弯曲强度/MPa	弯曲弹性模量/GPa
13	3	15.27	1.62	416.51	405.33	16.75
14	6	15.50	3.18	927.79	427.11	18.71
15	9	15.48	4.74	1491.33	488.69	19.45
16	12	15.49	6.24	2541.01	629.74	22.17

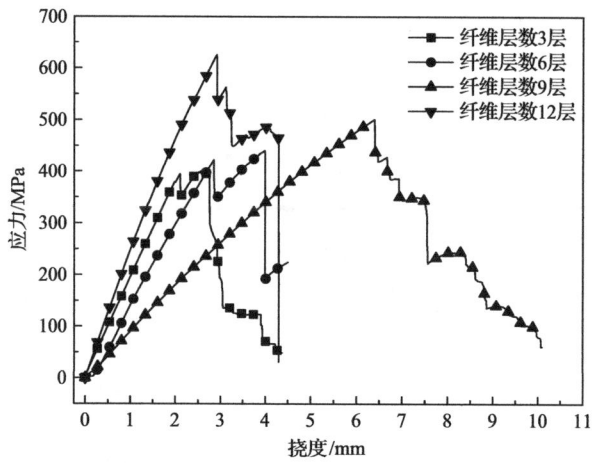

图 4.28 不同纤维层数复合材料层合板的弯曲应力-挠度曲线

4. 纤维层数对复合材料层合板冲击性能的影响

纤维层数对复合材料层合板冲击性能的影响如表 4.21 所示。可以看出，随着纤维层数的增加，复合材料层合板的冲击吸收能有所提高，由纤维层数为 3 层时的 3.38J 增加到纤维层数为 12 层时的 10.16J，增幅约为 200%；但冲击韧性有所降低，由纤维层数为 3 层时的 195.87kJ/m^2 降低到纤维层数为 12 层时的 154.37kJ/m^2，降幅约为 21%。这是由于随着复合材料层合板纤维层数的增加，纤维体积分数增大，孔隙率降低，所需的冲击吸收能也就增大，冲击破坏更多表现为脆断，不会出现大面积的分层开裂现象，而冲击韧性表征单位面积上吸收的能量，则冲击韧性随纤维层数增加而降低[9,10]。

表 4.21 纤维层数对复合材料层合板冲击性能的影响

组别	纤维层数	试样宽度 /mm	试样厚度 /mm	冲击吸收能 /J	冲击韧性 /(kJ/m^2)
13	3	10.49	1.64	3.38	195.87
14	6	10.51	3.18	5.52	165.27
15	9	10.49	4.86	8.18	160.40
16	12	10.50	6.27	10.16	154.37

4.3.5 纤维织物编织方式对复合材料层合板性能的影响

制备三种纤维织物(单轴向(0°)纤维织物、双轴向(±45°)纤维织物和双轴向(0°/90°)纤维织物)复合材料层合板，分析纤维织物编织方式对复合材料层合板浸润性能、拉伸性能、弯曲性能和冲击性能的影响。纤维织物编织方式对复合材料层合板性能影响试验方案如表 4.22 所示。

表 4.22 纤维织物编织方式对复合材料层合板性能影响试验方案

组别	导流介质尺寸 $L_m×W_m$/mm×mm	压实时间 /min	真空表压 /MPa	纤维织物 尺寸 $L_f×W_f$/mm×mm	层数	编织方式
17	250×270	15	−0.098	300×300	6	单轴向(0°)
18	250×270	15	−0.098	300×300	6	双轴向(±45°)
19	250×270	15	−0.098	300×300	6	双轴向(0°/90°)

1. 纤维织物编织方式对复合材料层合板浸润性能的影响

纤维织物编织方式对复合材料层合板浸润性能的影响如表 4.23 所示。可以看出,树脂在单轴向(0°)纤维织物中的充填流动速度最快,在双轴向(±45°)纤维织物中的充填流动速度最慢。单轴向纤维织物复合材料层合板的孔隙率最大,双轴向(±45°)纤维织物最小,双轴向(0°/90°)纤维织物居中,这主要是由于树脂充填流动速度快,会导致纤维增强复合材料不能被充分浸润,复合材料层合板的孔隙率较高[11]。

表 4.23 纤维织物编织方式对复合材料层合板浸润性能的影响

组别	纤维织物 编织方式	充填完成 时间/s	厚度 /mm	密度 /(g/cm³)	树脂含量 /%	纤维体积 分数/%	孔隙率 /%
17	单轴向(0°)	145	2.90	1.85	28.41	52.09	4.16
18	双轴向(±45°)	189	2.76	1.84	30.22	50.60	3.02
19	双轴向(0°/90°)	177	3.18	1.78	34.17	46.12	3.19

复合材料层合板的纤维体积分数受纤维织物编织方式的影响不明显,但纤维体积分数和树脂含量总体呈现互补关系,即纤维体积分数越大,其对应的树脂含量越小。纤维织物编织方式对复合材料层合板的厚度和密度的影响比较复杂,没有明显规律,这是由于不同编织方式纤维织物本身的厚度和孔隙率也有所变化,导致复合材料层合板的厚度和密度没有明显的规律性。

2. 纤维织物编织方式对复合材料层合板拉伸性能的影响

纤维织物编织方式对复合材料层合板拉伸性能的影响如表 4.24 所示。不同纤维织物编织方式复合材料层合板的拉伸应力-位移曲线如图 4.29 所示。可以看出,纤维织物编织方式对复合材料层合板的拉伸性能影响很大。单轴向(0°)纤维织物复合材料层合板的峰值载荷为 14.54kN,其拉伸强度和拉伸弹性模量分别为 495.44MPa 和 40.11GPa,远大于双轴向(±45°)纤维织物复合材料层合板,双轴向

(0°/90°)纤维织物复合材料层合板的拉伸性能居中。这主要是由于单轴向(0°)纤维织物的纤维平行于拉伸方向,其峰值载荷、拉伸强度和拉伸弹性模量取决于纤维的强度,因此,单轴向(0°)纤维织物复合材料层合板拉伸强度极大;而双轴向(±45°)纤维织物和双轴向(0°/90°)纤维织物中的纤维都与拉伸方向成一定角度或只有部分纤维平行于拉伸方向,因此,其峰值载荷、拉伸强度和拉伸弹性模量都远小于单轴向(0°)纤维织物。

表 4.24 纤维织物编织方式对复合材料层合板拉伸性能的影响

组别	纤维织物编织方式	试样宽度/mm	试样厚度/mm	峰值载荷/kN	拉伸强度/MPa	拉伸弹性模量/GPa
17	单轴向(0°)	10.30	2.85	14.54	495.44	40.11
18	双轴向(±45°)	10.48	2.77	1.90	65.44	13.36
19	双轴向(0°/90°)	10.51	3.18	13.63	407.93	18.50

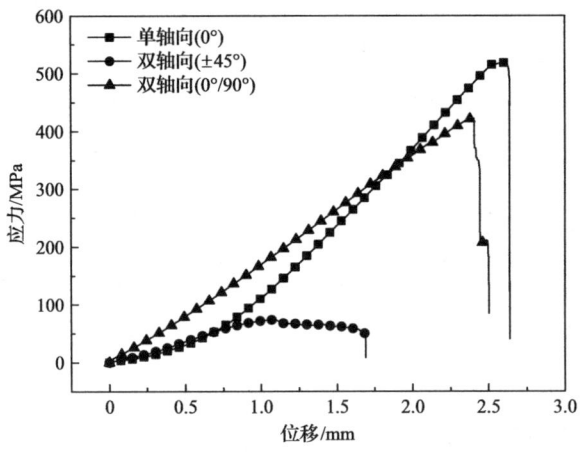

图 4.29 不同纤维织物编织方式复合材料层合板的拉伸应力-位移曲线

3. 纤维织物编织方式对复合材料层合板弯曲性能的影响

纤维织物编织方式对复合材料层合板弯曲性能的影响如表 4.25 所示。不同纤维织物编织方式复合材料层合板的弯曲应力-挠度曲线如图 4.30 所示。可以看出,纤维织物编织方式对复合材料层合板弯曲性能的影响与对拉伸性能的影响相似,单轴向(0°)纤维织物所承受的峰值载荷、弯曲强度和弯曲弹性模量最大,双轴向(0°/90°)纤维织物的弯曲性能次之,双轴向(±45°)纤维织物的弯曲性能最差。

4. 纤维织物编织方式对复合材料层合板冲击性能的影响

纤维织物编织方式对复合材料层合板冲击性能的影响如表 4.26 所示。可以看

表 4.25　纤维织物编织方式对复合材料层合板弯曲性能的影响

组别	纤维织物编织方式	试样宽度/mm	试样厚度/mm	峰值载荷/N	弯曲强度/MPa	弯曲弹性模量/GPa
17	单轴向(0°)	15.49	2.85	2011.45	1151.36	34.84
18	双轴向(±45°)	15.49	2.74	389.96	240.95	9.62
19	双轴向(0°/90°)	15.50	3.18	927.79	427.11	18.71

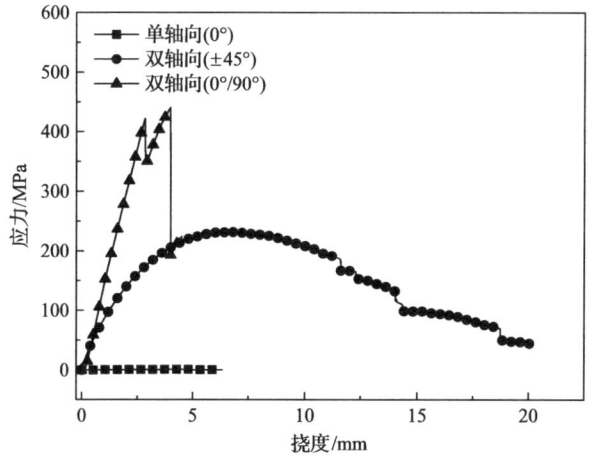

图 4.30　不同纤维织物编织方式复合材料层合板的弯曲应力-挠度曲线

表 4.26　纤维织物编织方式对复合材料层合板冲击性能的影响

组别	纤维织物编织方式	试样宽度/mm	试样厚度/mm	冲击吸收能/J	冲击韧性/(kJ/m^2)
17	单轴向(0°)	10.30	2.85	6.97	233.61
18	双轴向(±45°)	10.48	2.77	4.57	162.45
19	双轴向(0°/90°)	10.51	3.18	5.52	165.27

出,单轴向(0°)纤维织物复合材料层合板的冲击吸收能较高且冲击韧性较好,双轴向(±45°)纤维织物和双轴向(0°/90°)纤维织物复合材料层合板的冲击性能接近,但均比单轴向(0°)纤维织物复合材料层合板的冲击性能差。这主要是由于单轴向(0°)纤维织物中纤维方向均与冲击力的方向垂直,而双轴向(±45°)纤维织物和双轴向(0°/90°)纤维织物中的纤维大多和冲击方向成一定夹角或只有部分纤维和冲击方向垂直,复合材料层合板的冲击韧性较差。因此,可以通过适当设计和改变纤维织物编织方式来增强复合材料层合板的冲击性能。

参 考 文 献

[1] 中华人民共和国国家质量监督检验检疫总局, 中国国家标准化管理委员会. 纤维增强塑料性能试验方法总则(GB/T 1446—2005). 北京: 中国标准出版社, 2005.

[2] 中华人民共和国国家质量监督检验检疫总局, 中国国家标准化管理委员会. 纤维增强塑料密度和相对密度试验方法(GB/T 1463—2005). 北京: 中国标准出版社, 2005.

[3] 中华人民共和国国家质量监督检验检疫总局, 中国国家标准化管理委员会. 玻璃纤维增强塑料树脂含量试验方法(GB/T 2577—2005). 北京: 中国标准出版社, 2005.

[4] American Society for Testing and Materials. Standard Test Methods for Void Content of Reinforced Plastic(ASTM D2734-23). 2023.

[5] 中华人民共和国国家质量监督检验检疫总局, 中国国家标准化管理委员会. 纤维增强塑料拉伸性能试验方法(GB/T 1447—2005). 北京: 中国标准出版社, 2005.

[6] 中华人民共和国国家质量监督检验检疫总局, 中国国家标准化管理委员会. 纤维增强塑料弯曲性能试验方法(GB/T 1449—2005). 北京: 中国标准出版社, 2005.

[7] 中华人民共和国国家质量监督检验检疫总局, 中国国家标准化管理委员会. 纤维增强塑料简支梁式冲击韧性试验方法(GB/T 1451—2005). 北京: 中国标准出版社, 2005.

[8] 赖家美, 陈显明, 王德盼, 等. 导流介质对VARTM复合材料纤维分布及空隙率的影响. 工程塑料应用, 2014, 42(5): 42-46.

[9] 黄志超, 汪伟, 赖家美, 等. 碳纤维树脂基复合板料的铺层方式对低速冲击性能的影响. 塑料工业, 2021, 49(2): 104-107, 160.

[10] 黄志超, 骆强, 赖家美, 等. 环氧树脂/玻璃纤维/碳纤维混杂复合板低速冲击及损伤检测. 中国塑料, 2021, 35(6): 46-52.

[11] 赖家美, 鄢冬冬, 刘榆华, 等. VARTM工艺铺层取向对复合材料力学性能的影响. 工程塑料应用, 2015, 43(1): 43-47.

第5章　VARTM 成型工艺缝合泡沫夹芯结构复合材料层合板树脂充填分析

缝合泡沫夹芯结构复合材料层合板是由增强纤维板和泡沫芯板经过一定的缝合方式制成预成型体后，再由复合材料成型技术制备而成的先进复合材料，缝合泡沫夹芯结构复合材料如图 5.1 所示[1]。与普通纤维增强复合材料相比，泡沫芯板的加入可以在保证复合材料制品弯曲刚度的同时较大幅度地减轻制品的质量。缝合技术的应用可以显著地提高泡沫夹芯结构复合材料的抗冲击性能和界面性能，缝线能够阻止脱胶和分层，从而提高了泡沫夹芯结构复合材料的层间强度以及损伤容限[2,3]。

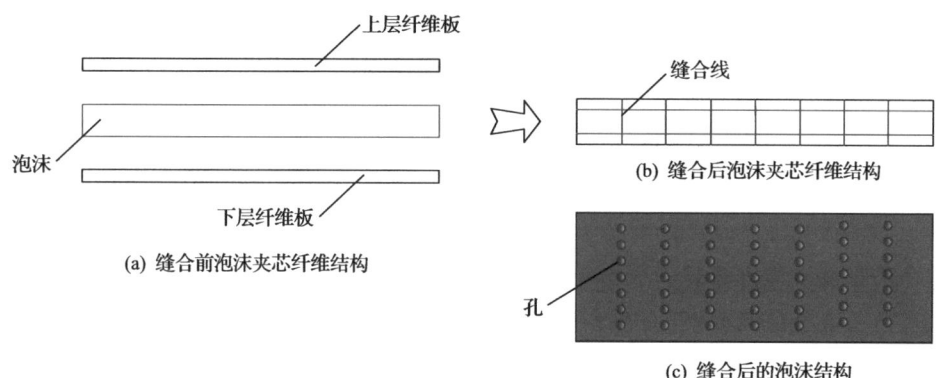

图 5.1　缝合泡沫夹芯结构复合材料[1]

缝合泡沫夹芯结构复合材料具有轻质、高比强度、高比模量以及优良的抗冲击、抗振动、隔热、隔音等特性，目前已广泛应用于航空航天、船舶以及汽车等领域。其中，在航空领域的应用尤其广泛，如空客 A320 机型的整流罩，空客 A380 机型的舱门、副翼，麦道 MD-11 机型襟翼的子翼及机身压力框等均采用了泡沫夹芯结构。

VARTM 成型工艺具有模具成本低，环保性好，生产效率高，制品外形可控且尺寸精度高，可生产的构件范围广，可进一步浸润成型带有夹芯结构、加强筋或预埋件的大型构件等优点，而被用于缝合泡沫夹芯结构复合材料成型。进行缝合泡沫夹芯结构预成型体的树脂浸润过程数值模拟，分析缝合参数对树脂在预成型体中流动浸润的影响，并得出最优的缝合参数，对于节省时间和成本以及制备高质量的复合材料制品具有重要意义。

5.1 夹芯结构与缝合复合材料概述

5.1.1 夹芯结构复合材料发展概况

复合材料夹芯结构的组成包括顶层纤维面板、底层纤维面板和中间芯子,如图 5.2 所示。由于芯子与纤维面板紧密接触,载荷可以在面板与芯子之间相互传递。外层面板主要承受弯曲载荷和面内载荷,而剪切载荷则主要由中间的芯子承受。

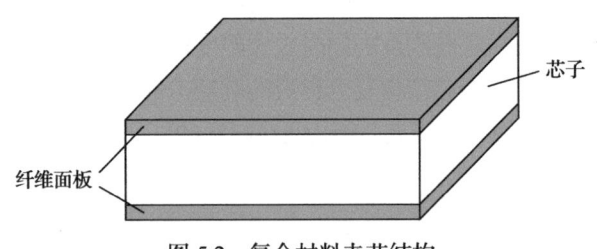

图 5.2 复合材料夹芯结构

1. 夹芯结构复合材料类型

面板作为夹芯结构主要承力部分,相对于芯子材料,面板材料具有高比强度、高比模量和高密度等特点。按照面板结构可以分为单一结构和层合结构,按照材料可以分为金属材料(钛合金等)和非金属材料(碳纤维、玻璃纤维等)。目前非金属层合面板得到了广泛应用。

按照芯子结构形式和材料可以分为蜂窝夹芯结构、泡沫夹芯结构、矩形夹芯结构和梯形板夹芯结构等。其中,蜂窝夹芯结构是目前应用最广泛的夹芯结构。泡沫夹芯结构以泡沫塑料作为芯子,根据硬度不同泡沫可以分为软质泡沫、硬质泡沫和半硬质泡沫。根据树脂基体不同泡沫可以分为聚氨酯(PUR)泡沫、酚醛(PH)泡沫、聚甲基丙烯酰亚胺(PMI)泡沫、聚酯(PET)泡沫、聚乙烯(PE)泡沫、聚氯乙烯(PVC)泡沫、环氧(EP)泡沫和聚苯乙烯(PS)泡沫等。根据形状蜂窝芯子可以分为矩形蜂窝、五角形蜂窝、菱形蜂窝和六边形蜂窝等。根据材料蜂窝可以分为金属蜂窝、聚合物蜂窝、纸蜂窝和陶瓷蜂窝等。

在制备夹芯结构时可以根据面板和芯子材料与结构任意组合出具有特定作用的夹芯结构,如面板可以采用各种复合材料(芳纶纤维、氨纶纤维等)和金属材料(铝合金、钛合金等),芯子可以使用泡沫塑料、蜂窝结构以及各种轻木等。

2. 夹芯结构复合材料制备方法

1)蜂窝夹芯结构制备方法

(1)钎焊法。钎焊法是最常用的蜂窝夹芯结构焊接方法。早期的蜂窝芯由铝箔条压制而成，两个半边蜂窝状经过钎焊连接制成一个完整的蜂窝芯，并且面板与蜂窝芯子的连接也采用钎焊法。采用钎焊法制备蜂窝夹芯结构时，一般以搭接形式进行装配，接头之间控制一定间隙。选用的充填材料的熔点比母体材料熔点低，将温度控制在高于钎料熔点但低于母材熔点范围内，钎料熔化并填满母材接头间的间隙，冷却凝固后钎料与母材相互作用将蜂窝芯子和面板连接。钎焊法工艺较复杂，需严格控制温度范围，制造成本较高，且面板和蜂窝芯子均为金属材料。

(2)胶结法。目前胶结法已经广泛应用在蜂窝夹芯结构的制备中，需要预先制备好蜂窝芯子和面板，并对其表面进行预处理，然后选用适合的胶黏剂(多为胶膜)，在一定的压力和温度条件下，将面板和蜂窝芯子胶结在一起制成蜂窝夹芯结构。胶结法是应用最广泛的蜂窝夹芯结构制备方法。

2)泡沫夹芯结构制备方法

(1)预成型泡沫芯和面板法。首先选择合适的方法分别制备面板和泡沫芯子，充分了解面板和泡沫芯子材料特性并选择胶黏剂，最后使用胶黏剂将面板和泡沫芯子黏结成夹芯结构。这种制备方法适用面广、工艺简单，但是生产效率低、产品质量不稳定。

(2)预成型面板法(整体浇注成型法)。预先制备所需要的面板，随后对面板进行修整，利用面板和相关材料装配出一个夹芯结构模具，将均匀混合的待发泡的泡沫聚合物注入模具中，随后泡沫发泡并充满模具，发泡成型的泡沫与面板相互接触并紧紧黏结在一起得到泡沫夹芯结构。

(3)预成型泡沫芯法。预先制备出泡沫芯子，然后利用泡沫芯子与面板制备夹芯结构，夹芯结构成型同时伴随着面板的固化过程。根据成型工艺该方法可以分为共固化成型工艺和RTM(树脂传递模塑)成型工艺。采用共固化成型工艺制备夹芯结构的具体步骤是：预先制备好所需的泡沫芯子，将预浸好树脂的纤维增强复合材料铺放在泡沫芯子上，纤维面板固化同时与泡沫芯子黏结得到夹芯结构。

(4)浇注成型法。首先预成型纤维增强结构空腔，然后将待发泡的泡沫原料注入空腔内进行充分发泡反应，塑料泡沫逐渐充满整个空腔，待泡沫完全反应后便与纤维增强复合材料形成泡沫夹芯结构。

5.1.2 缝合复合材料概述

缝合技术起源于20世纪70年代末，最初用于取代航天飞机构件上的胶接技术和铆接技术。美国国家航空航天局(NASA)于1988年提出并实施ACT计划

(advanced composites technology program)着力于开发和应用缝合技术，经过十余年研究，NASA 在缝合复合材料的设计/分析/制造方面积累了大量经验，在 1995 年完成了缝合后通过树脂膜渗透工艺成型半翼展机翼壁板的研制，并进行了 200 座飞机半翼展盒段地面试验。

20 世纪 90 年代末期，北京航空制造工程研究所在国内率先开展缝合/RTM 成型工艺纤维增强复合材料三维性能提高及液体模塑成型技术研究，并在复合材料专用树脂体系开发、复合材料成型过程仿真、复杂构件制备和液体模塑成型技术等方面取得突破。该研究所开发了可对液体模塑成型过程进行数值模拟的模拟软件，还自主开发了多种液体模塑成型技术专用且力学性和工艺性优异的树脂。

1. 缝合技术工艺特点

三维增强缝合技术与传统的复合材料制备技术相比具有以下优点：

(1)缝合技术不仅是一种纤维层间增强技术，也是一种有效的连接技术。与其他复合材料连接技术如铆接、胶接相比，缝合后的纤维织物整体性强且不易产生局部应力集中。

(2)缝合工艺中铺层距离、铺层方向及纤维构造可以按照需要进行调整，纤维织物可通过预浸渍经缝合后再固化成型，也可以先经过缝合再树脂浸润后固化成型。

(3)缝合技术可用于构件的局部加强，特别是构件自由边界处的缝合可减小层间垂直应力，从而有效缓解自由边界处的脱层。

(4)缝线的引入使其承受了大部分载荷从而使缝线周围树脂的应力集中减小，复合材料层间强度可以得到显著提升。复合材料中缝线的体积分数占 1%，则其厚度方向上的断裂韧性提高 10 倍。

(5)纤维织物经过缝合后其原有的纤维分布变化较小，通过缝合参数如缝合方式、缝线种类和缝合密度的改变等可得到理想的缝合结构预成型体，从而使构件的应力处于均衡状态。

虽然缝合技术可以显著提高纤维层间强度，有效减少分层，但是缝线的加入会对预成型体纤维造成纤维破损、纤维弯折、纤维错位及缝线扭曲等损伤。缝合过程中缝线拉紧会导致纤维压实，预成型体浸润树脂减少，固化后复合材料制品的纤维体积分数增大。采用液体成型技术制备复合材料时，缝线会对树脂的流动浸润起引导作用，使树脂流动不均匀，在缝合区域容易形成树脂富集区域。树脂固化时由于纤维与缝线的热膨胀系数相差较大会引起热应变，导致缝合处树脂有裂缝瑕疵。

2. 复合材料缝合方式

复合材料缝合方式包括链式缝合和锁式缝合,如图 5.3 所示。链式缝合和锁式缝合工艺性对比如表 5.1 所示。

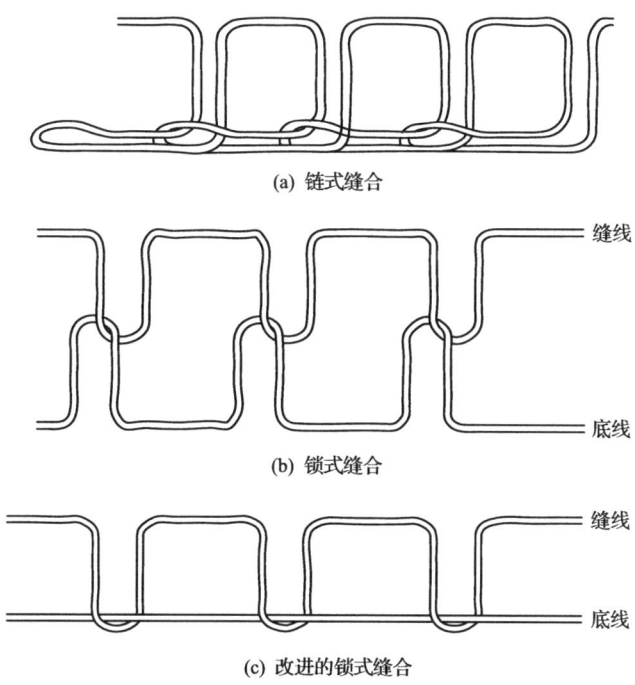

图 5.3 3 种缝合方式示意图[4]

表 5.1 链式缝合和锁式缝合工艺性对比

对比项目	链式缝合	锁式缝合
缝合效率	单线缝合,底线不需要更换,缝合效率高	两线缝合,需更换底线,缝合效率低
缝线张力	不可调	可调
适用的预成型体	①曲面、平面及各种形状复杂的预成型体;②缝合后预成型体不需要修整	①单曲面、平面及曲率半径较小的双曲面预成型体;②缝合后预成型体可能需要修整
对复合材料构件性能的影响程度	相同	相同
固化变形	上下表面缝线不对称,固化后复合材料构件变形较大	上下表面缝线对称,固化后复合材料构件变形较小

链式缝合和锁式缝合都可以用于纤维增强复合材料预成型体的缝合,两种缝合方式各有优缺点。链式缝合的主要缺点在于缝线的张力不可调,预成型体固化

后变形较大，链式缝合比锁式缝合易造成纤维断裂。另外，链式缝合的缝线在预成型体表面经过多次绕曲，大量的线圈集中在预成型体表层，从而造成纤维的严重扭结。锁式缝合的底线和缝线节点在预成型体中间部位，树脂固化后容易使复合材料产生应力集中，影响复合材料的力学性能，因此，必须对锁式缝合进行改良。图 5.3(c)为改进的锁式缝合，这种缝合方式在预成型体表层留有一根直缝线，故不会造成节点，从受力方面来说是最优的选择。

3. 缝合技术在泡沫夹芯结构中的应用

针对复合材料层合板冲击阻抗和冲击韧性低等缺点，对复合材料层合板沿厚度方向进行缝合，所制备的复合材料层合板连接强度远高于未缝合复合材料层合板连接强度，并略高于铆接连接强度。随着缝合技术在复合材料层合板和连接件上的成功应用，缝合技术很快被应用于泡沫夹芯结构的研究中[5-8]。Kim 等[9]研究了缝合对夹芯结构疲劳性能的影响，研究结果表明，缝合能够显著提高夹芯结构的弯曲强度和弯曲刚度，可使弯曲强度提高 50%左右。但由于缝线周围的树脂较脆，在疲劳载荷作用下容易发生破坏，因此缝合并不能提高夹芯结构的疲劳性能。Adams 等[10]提出了缝合泡沫夹芯结构复合材料的概念，用 Kevlar29 缝线对以碳纤维复合材料为面板的泡沫夹芯结构进行垂直缝合和角缝合，再通过 VARTM 成型工艺制备缝合泡沫夹芯结构，如图 5.4 所示。通过弯曲试验、平压试验、泡沫芯子剪切试验、侧压试验、落锤冲击试验和冲击后压缩试验，研究发现缝合有利于提高弯曲强度和刚度、面外拉伸强度、泡沫芯子剪切强度、侧压强度和冲击后的压缩强度。与未缝合泡沫夹芯结构相比，缝合泡沫夹芯结构的弯曲强度提高了74%，平压强度提高了 1559%，侧压强度提高了 58%，剪切强度提高了 463%，冲击后压缩强度提高了 63%，且强度随着缝合密度的增加而提高。缝合能够有效阻止泡沫芯子的塌陷和面芯分层的发生。Potluri 等[11]进行了缝合夹芯结构的准静态压痕试验。对于顶板破坏而言，45°缝合表现出来的性能略好于 90°缝合，但是 90°缝合能够更有效地减少底板脱层；三点弯曲试验表明，45°缝合对提高结构的强度和抗弯刚度更有效。Lascoup 等[12]研究了不同缝合方式（垂直缝合、角缝合）夹芯结构的弯曲、平压和剪切力学性能，并对其失效模式进行了研究。

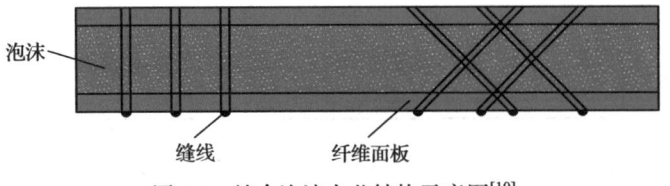

图 5.4　缝合泡沫夹芯结构示意图[10]

5.1.3 VARTM 成型工艺树脂充填数值模拟研究现状

为了获得质量更高的复合材料制品，充分了解 VARTM 成型工艺中树脂在纤维增强预成型体中的流动浸润情况，可以借助于仿真软件进行预成型体中树脂的流动浸润行为的模拟，并与具体的试验相结合得出最优的成型工艺参数。

Song[13]建立了缝合泡沫夹芯结构预成型体模型，并采用 FE/CVM(finite element/control volume method)对 VARTM 成型工艺缝合泡沫夹芯结构预成型体树脂充填进行模拟，并研究不同针距对预成型体树脂充填的影响。Verleye 等[14]采用 PAM-RTM 软件对不同渗透率预成型体的树脂充填进行模拟，发现局部渗透率的改变对 RTM 成型工艺影响较大。李雪芹等[15]采用 PAM-RTM 软件对航空用正弦波形梁典型构件进行了模拟分析，确定了采用 RTM 成型工艺制造航空用正弦波形梁典型构件的最优注射方式。姜茂川等[16]采用 PAM-RTM 软件对帽形泡沫夹芯结构件进行了 VARI 成型工艺模拟分析，根据模拟结果选择合理的注射方式和流道布局，并进行试验验证模拟结果的正确性。魏俊伟等[17]采用 PAM-RTM 软件对泡沫夹芯结构复合材料矩形平板 VARI 成型工艺进行了模拟分析，建立了不同芯材厚度、芯材开槽方式和开槽尺寸的预成型体模型，研究结果表明，芯材厚度变化对树脂充填影响不大并获得了最优的开槽尺寸规格。

5.2 VARTM 成型工艺缝合泡沫夹芯结构复合材料层合板树脂充填试验

缝合使泡沫夹芯结构在垂直于铺层平面的方向得到了增强，可以显著提高泡沫夹芯结构的界面性能和抗冲击性能。本节选用合适的缝合工艺，用缝线将玻璃纤维面板与泡沫芯板缝合成一个整体，制备缝合泡沫夹芯结构预成型体，再通过 VARTM 成型工艺实现对预成型体的树脂充填浸润，制备缝合泡沫夹芯结构复合材料层合板[18]。

5.2.1 试验材料与试验设备

试验材料如表 5.2 所示。试验设备如表 5.3 所示。

表 5.2 试验材料

试验材料	型号/规格
双酚 A 改性不饱和聚酯乙烯基树脂	TH110-350R
过氧化甲乙酮固化剂	KP-100

续表

试验材料	型号/规格
聚氨酯泡沫板	350mm×250mm×10mm
尼龙缝线	$R=0.2$mm
双轴向(0°/90°)纤维织物	LT600
高密度聚乙烯渗透导流网	VI160
脱模布	PP-85WB
脱模蜡	FK333
真空袋膜	400Y
密封胶带	PXS300Y
真空管	TB-1012
螺旋管	SW-1012

表 5.3 试验设备

试验设备	型号/规格
树脂收集器	SJQ-10
真空泵	X-25
真空压力表	YZ-60
超声波测漏仪	LD300
止流钳	D318A
缝针	$R=1$mm
旋转式黏度计	NDJ-1
数码摄像机	HDR.XR200

5.2.2 预成型体的缝制

缝合泡沫夹芯结构预成型体总共三层，从上到下依次为上层纤维面板、泡沫芯板和下层纤维面板。按照 250mm×350mm 尺寸裁剪玻璃纤维织物和泡沫芯板，试验过程中预成型体实际有效充填尺寸为 250mm×300mm，为了减少边界效应对预成型体树脂充填的影响，将玻璃纤维织物和泡沫芯板的长度加长 50mm。将裁剪好的玻璃纤维织物按相同方向铺在泡沫芯板上，上、下层玻璃纤维织物均为 3 层，然后使用缝针和缝线将玻璃纤维织物与泡沫芯板按图 5.5 所示的缝合方式进行缝合，缝合的针距为 10mm，行距为 20mm。缝合后泡沫夹芯结构预成型体如图 5.6 所示。

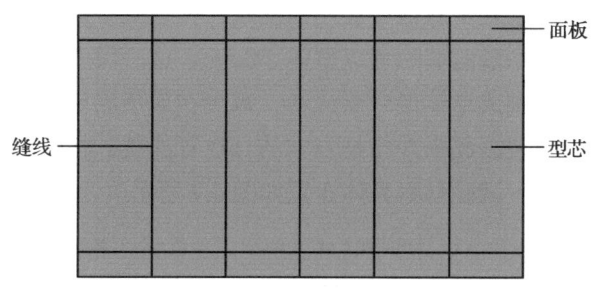

图 5.5　预成型体缝合方式

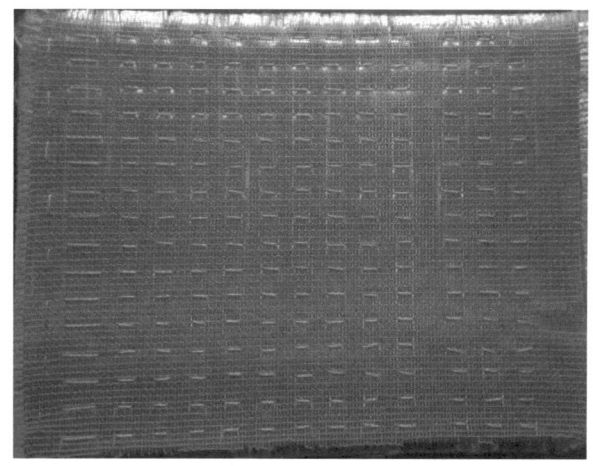

图 5.6　缝合后泡沫夹芯结构预成型体

5.2.3　预成型体 VARTM 成型工艺树脂充填

利用 VARTM 成型工艺将树脂注入缝合后预成型体制备缝合泡沫夹芯结构复合材料层合板，具体步骤见 2.3.2 节。试验过程注意事项如下：

1) 预成型体及导流网铺放

将缝制后泡沫夹芯结构预成型体置于涂抹脱模蜡的区域，在预成型体上铺放一块面积稍大于预成型体的脱模布，并将导流网铺于脱模布之上。采用双层导流网加快树脂在上层纤维面板的流动，导流网距预成型体两侧边距离为 10mm，在靠近抽气管端导流网与预成型体的距离为 20mm。导流网比预成型体要小，主要是为了防止树脂在导流网上流动过快，通过导流网流至预成型体侧面并在侧面流动，导致树脂浸润纤维不均匀，产生孔隙等缺陷。

2)进树脂管及抽气管铺放

取两根长度为 230mm 的螺旋管,分别将螺旋管的一端剪平整并用密封胶带堵住,取其中一根螺旋管置于双层导流网最前端,将螺旋管未堵住的另一端连接进树脂的真空管。导流网最前端距预成型体 50mm,这一段多加的预成型体是为了防止大量树脂直接在预成型体最底层流动,减少在最顶层导流网上的树脂量。另一根螺旋管用脱模布包裹起来并与抽真空的真空管连接,将脱模布的另一端搭接在预成型体底端边缘。试验材料具体布置如图 5.7 所示。

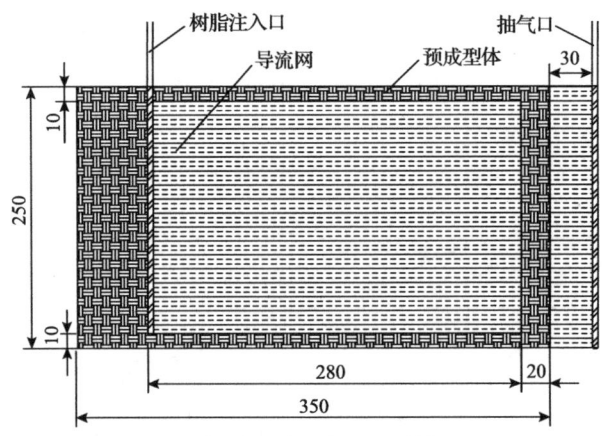

(a) 试验材料具体尺寸及铺放位置(单位:mm)

(b) 预成型体及相关材料铺放示意图

图 5.7 试验材料具体布置

3)树脂配制

取 600g 树脂并按 100:3 的质量比取 18g 固化剂,将树脂与固化剂混合并搅拌均匀,静置 5min 脱泡待用。

预成型体树脂充填如图 5.8 所示。24h 后固化反应完全,拆除试验装置取出复合材料制品并进行标记,如图 5.9 所示。

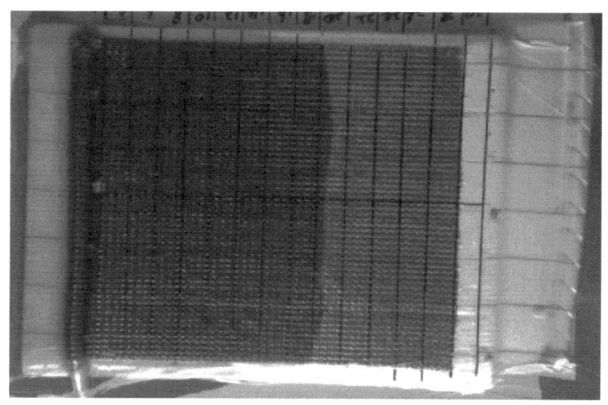

图 5.8　预成型体树脂充填

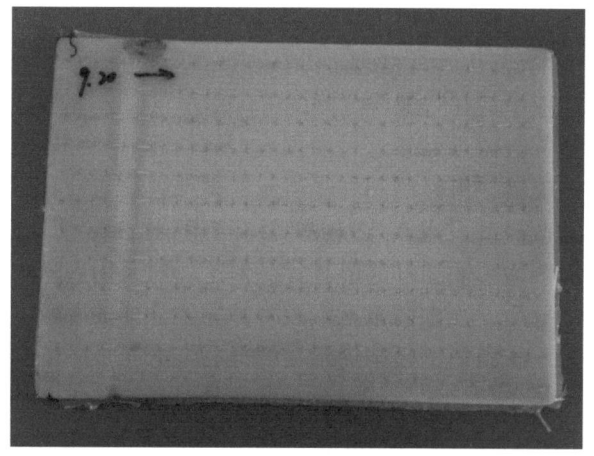

图 5.9　树脂固化后复合材料制品

5.3　VARTM成型工艺缝合泡沫夹芯结构复合材料层合板树脂充填数值模拟

VARTM成型工艺缝合泡沫夹芯结构复合材料层合板制备过程中的树脂流动充填和树脂固化与预成型体结构、树脂黏度、真空度以及环境温度等有关，进行树脂充填影响因素试验研究成本较高。采用数值模拟分析方法能够在较短时间内获得工艺参数对VARTM成型工艺树脂充填的影响规律，有利于合理设定工艺参数并降低生产成本。

根据达西定律可知树脂流动速度受到树脂黏度、树脂压力梯度、预成型体的渗透率和孔隙率的影响，且树脂流动速度与预成型体的渗透率和树脂的压力梯度成正比，与预成型体孔隙率和树脂黏度成反比。建立不同缝合参数的预成型体模型，研究针距、行距、缝针直径、芯板厚度以及纤维面板厚度等缝合参数对 VARTM 成型工艺缝合泡沫夹芯结构复合材料层合板树脂充填的影响，有利于合理设置芯材结构并获得最优缝合参数，为制备性能优良的复合材料制品提供理论依据。

5.3.1 预成型体模型

树脂在预成型体中的流动充填过程主要包括两部分：①首先树脂沿预成型体上面的导流网向前快速流动并浸润上层纤维面板；②同时树脂向下流动，通过泡沫芯板中针孔与缝线之间的缝隙流至下层纤维面板并完成浸润。为了准确模拟预成型体树脂流动浸润过程，预成型体模型应包含如下四部分：①高渗透导流介质（导流网）；②上层纤维面板；③带有缝合针孔的泡沫芯板；④下层纤维面板。

1. 泡沫芯板中沿缝线方向树脂流动模型

树脂沿泡沫芯板中针孔与缝线之间的缝隙由上层纤维面板穿过泡沫芯板流至下层纤维面板，如图 5.10 所示。这种沿预成型体切面上缝线的流动可以看作是树脂由上而下的一维流动，可以用圆杆通道元素模拟缝线与针孔之间的缝隙，这种有限元模型称为通道模型，泡沫芯板中的针孔缝隙由一系列只允许树脂由上层纤维面板流至下层纤维面板的圆杆通道替代。但是，对采用通道模型建立的预成型体模型进行网格划分后，模型网格元素较多，导致计算效率较低，且计算不易收敛。因此，可以采用长条模型模拟树脂在缝合后泡沫芯板中的流动，在长条模型中采用一段二维的长条替代每一行缝合，而不是对泡沫芯板中的每一条缝线单独建模，如图 5.11 所示。由于树脂在泡沫芯板中只沿厚度方向流动，所以只设置每根长条厚度方向上的渗透率，其他方向渗透率为 0。

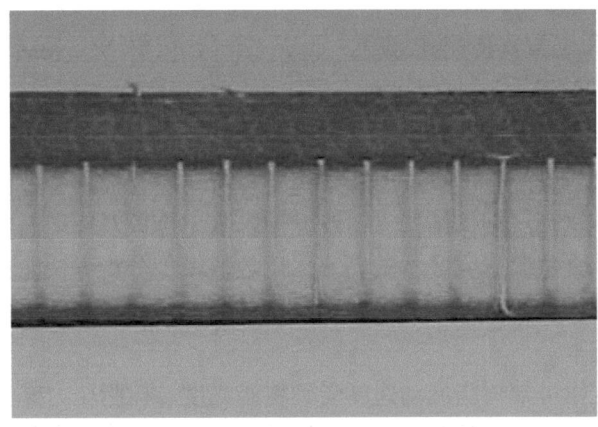

图 5.10　预成型体缝合切面

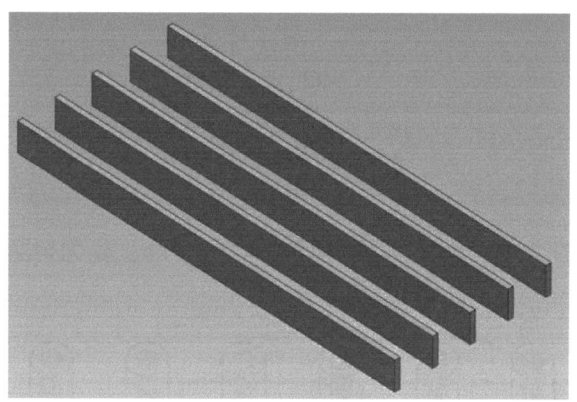

图 5.11 长条模型

2. 长条模型参数计算

试验中泡沫芯板尺寸为 300mm×250mm×10mm，缝针半径为 1mm，则每根长条的长度为 300mm，高度为 10mm，宽度等于缝针直径为 2mm。缝合的针距为 10mm，行距为 20mm，则每根长条含 29 个缝合针孔，整个预成型体模型含 12 根长条。

长条的孔隙率 φ 为针孔与缝线间隙的面积与长条的面积之比，即

$$\varphi = \frac{A_{\text{pores}}}{A_{\text{stripe}}} \tag{5.1}$$

每根长条的孔隙面积由缝针直径、缝线直径及每行缝合的针孔数量确定，即

$$A_{\text{pores}} = n(A_{\text{hole}} - A_{\text{thread}}) \tag{5.2}$$

式中，n 为一根长条中的针孔数量；A_{hole} 为针孔的面积，m^2；A_{stripe} 为长条的面积，m^2；A_{thread} 为缝线的截面积，m^2。

将相关数值代入式(5.1)和式(5.2)，得到长条的孔隙率 $\varphi = 0.146$。

由于很难通过试验测量泡沫芯板中针孔与缝线间隙区域的渗透率，故采用直细管模型计算长条厚度方向的渗透率。直细管模型如图 5.12 所示。直细管模型由一系列平行的直细管单元组成，直细管单元是含有一个同心圆柱的圆孔，如图 5.13 所示，圆孔代表缝合过程中缝针产生的孔洞，直径等于缝针直径，圆柱代表缝线。通过一个直细管单元的树脂流量 Q 可以由 Navier-Stokes 公式计算，即

$$Q = -\overline{S}\frac{1}{\mu}\nabla P \tag{5.3}$$

$$\overline{S} = 2\pi \int_{r_1}^{r_2} \left(\frac{1}{4}r^3 + C_1 r \ln r + C_2 r\right) dr \tag{5.4}$$

$$C_1 = \frac{r_1^2 - r_2^2}{4(\ln r_2 - \ln r_1)} \tag{5.5}$$

$$C_2 = \frac{r_1^2 \ln r_2 - r_2^2 \ln r_1}{4(\ln r_1 - \ln r_2)} \tag{5.6}$$

式中，r_1 为缝线的半径，mm；r_2 为缝针的半径，mm；μ 为树脂黏度，Pa·s；∇P 为压力梯度。

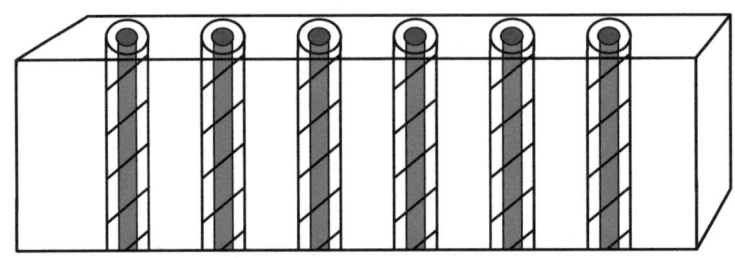

图 5.12　直细管模型

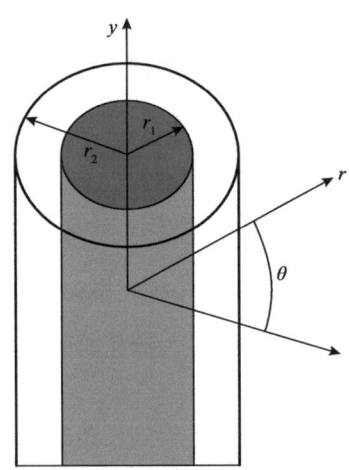

图 5.13　直细管单元

一根长条有 n 个直细管单元，则该长条的单位面积的树脂流量 q 为

$$q = -\frac{n\overline{S}}{A_{\text{stripe}}} \frac{1}{\mu} \frac{\mathrm{d}P}{\mathrm{d}y} \tag{5.7}$$

树脂流量也可以用达西定律表示为

$$q = -\frac{S}{\mu} \frac{\mathrm{d}P}{\mathrm{d}y} \tag{5.8}$$

因此，由式(5.7)和式(5.8)可得长条等效渗透率为

$$S = \frac{n\overline{S}}{A_{\text{stripe}}} \tag{5.9}$$

一根长条中针孔个数 n=29，缝线半径 r_1 =0.2mm，缝针半径 r_2 =1mm，长条的尺寸为 300mm×2mm×10mm，将以上数据代入相应公式可得每根长条的等效渗透率 S =1.969×10^{-8}m^2。

5.3.2 模型建立和网格划分

模型共分为四部分，由上到下依次为导流网、上层纤维面板、长条模型替代的缝合后的泡沫芯板以及下层纤维面板。模型组成部分尺寸如表 5.4 所示。在上、下层纤维面板之间每隔 20mm 建立一根矩形长条，共 12 根代表经过 12 行缝合的泡沫芯板。将所有的实体模型合并成一个整体，保存并输出为.step 格式文件。

表 5.4　模型组成部分尺寸　　　　　　　　（单位：mm×mm×mm）

模型尺寸	上、下层纤维面板尺寸	导流网尺寸	长条模型尺寸
300×250×14	300×250×1.5	280×230×1	300×2×10

进行模型网格划分。先将整个模型切割成导流网、上层纤维面板、长条模型和下层纤维面板，再对上层纤维面板进行切割并划分面网格，为符合模拟要求面网格形状必须为直角三角形，通过面网格依次生成三维实体网格。导流网和纤维面板的单元网格尺寸为 5mm×5mm×0.5mm 和 5mm×2mm×0.5mm，长条模型的单元网格尺寸为 5mm×2mm×1mm。3D 网格划分后的实体模型如图 5.14 所示。模型网格划分后，隐藏 3D 网格并删除 2D 网格，最后保存为.bdf 格式文件。

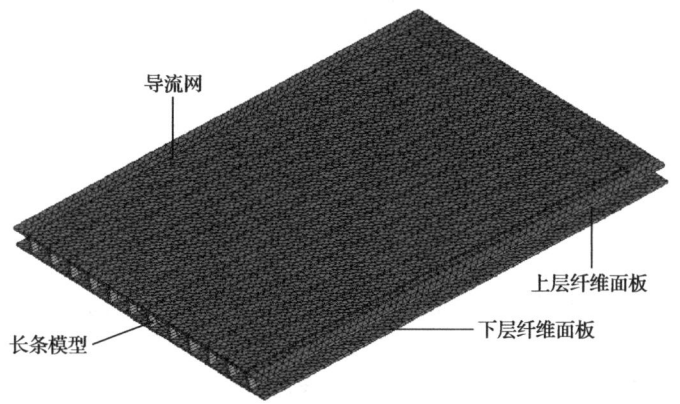

图 5.14　3D 网格划分后的实体模型

5.3.3 模拟计算

将网格划分后的实体模型划分区域，导流网的所有网格单元设定为区域 1，泡沫芯板的所有网格单元设定为区域 0，上层纤维面板和下层纤维面板的所有网格单元设定为区域 2。区域设定完成后，设置抽气口和注胶口，将导流网前端侧面区域面选定为组 1 作为注胶口，将下层纤维面板后端侧面区域面选定为组 2 作为抽气口。模型的抽气口、注胶口和区域的设定如图 5.15 所示。

图 5.15 模型的抽气口、注胶口和区域的设定

随后根据顺序依次设定参数，如图 5.16 所示。首先进行材料属性的设定，包括树脂黏度、导流网渗透率、长条模型渗透率和纤维面板渗透率；其次对不同区域进行参数设定，将不同区域选定对应的名称，区域 0 对应长条模型，区域 1 对应导流网，区域 2 对应上、下层纤维面板，并分别设定孔隙率；最后设定边界条件，将组 1 设为注胶口，组 2 设为抽气口，并分别设定压力值。工艺参数及材料属性值如表 5.5 所示。参数设置完成后，保存文件开始计算。整个模型共有 80000 余个网格单元，所以计算时间较长，但得到的计算结果比较精确。

计算完成后，可以得到预成型体树脂充填完成时间、不同位置预成型体充填完成时间云图、不同时刻对应的树脂流动前沿位置、不同位置处的压力变化云图、不同区域厚度变化和剪切角度变化等。根据需要隐藏和显示不同区域，可以更清晰地查看树脂在长条模型、上层纤维面板、下层纤维面板和导流网中的具体充填状况。

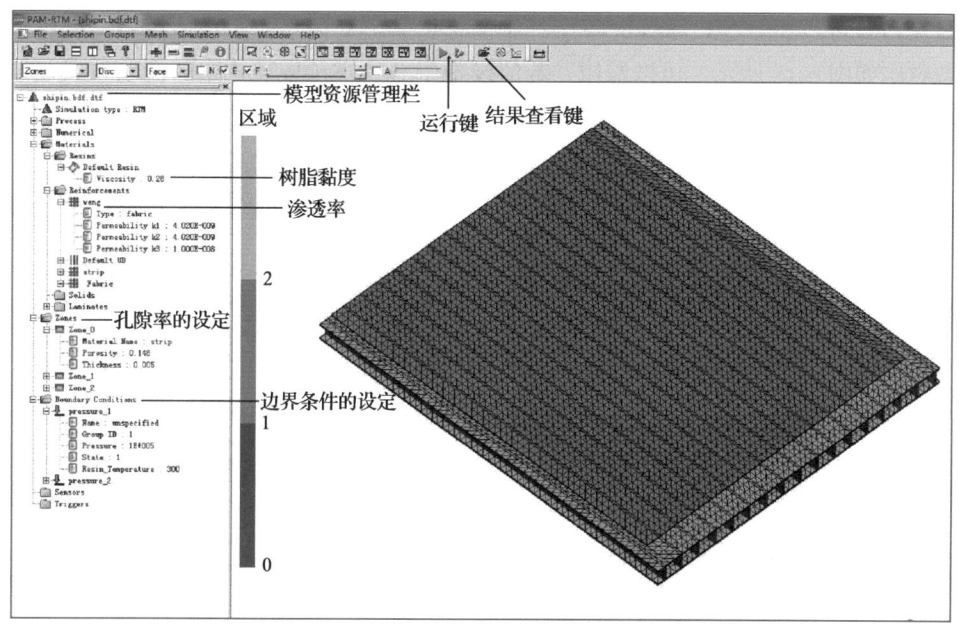

图 5.16 参数设定栏

表 5.5 工艺参数及材料属性值

工艺参数及材料属性	数值
树脂黏度/mPa·s	260
上、下层纤维面板渗透率/m²	$K_1=4.290\times10^{-10}$、$K_2=3.720\times10^{-11}$、$K_3=6.500\times10^{-12}$
导流网渗透率/m²	$K_1=4.35\times10^{-9}$、$K_2=3.53\times10^{-9}$、$K_3=1.00\times10^{-10}$
长条模型渗透率/m²	$K_1=K_2=0$、$K_3=1.969\times10^{-8}$
导流网孔隙率	0.79
纤维面板孔隙率	0.579
长条模型孔隙率	0.146
注胶口压力值/Pa	1×10^5
抽气口压力值/Pa	0

5.3.4 数值模拟结果与试验结果对比分析

按照所述试验步骤缝制预成型体，缝合针距为 10mm，行距为 20mm，并完成预成型体树脂充填，用摄像机记录上、下层纤维面板树脂充填过程，并对预成型体树脂充填完成时间、不同时刻树脂流动前沿位置以及流动前沿状态的数值模拟和试验结果进行对比分析。

3s、22s、86s 时上层纤维面板树脂流动前沿位置数值模拟与试验结果对比如

图 5.17 所示。3s、22s、86s 时下层纤维面板树脂流动前沿位置数值模拟与试验结果对比如图 5.18 所示。可以看出，数值模拟中树脂在预成型体中的流动方式与试

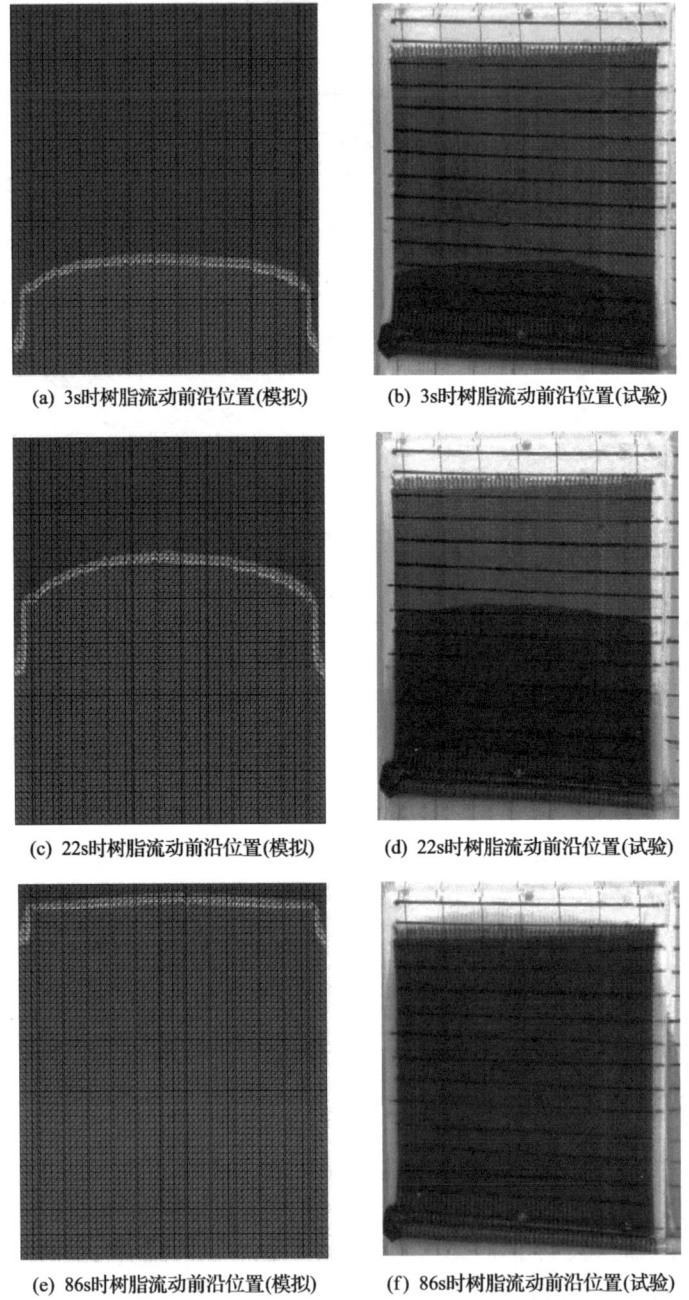

(a) 3s时树脂流动前沿位置(模拟)　　(b) 3s时树脂流动前沿位置(试验)

(c) 22s时树脂流动前沿位置(模拟)　　(d) 22s时树脂流动前沿位置(试验)

(e) 86s时树脂流动前沿位置(模拟)　　(f) 86s时树脂流动前沿位置(试验)

图 5.17　3s、22s、86s 时上层纤维面板树脂流动前沿位置数值模拟与试验结果对比

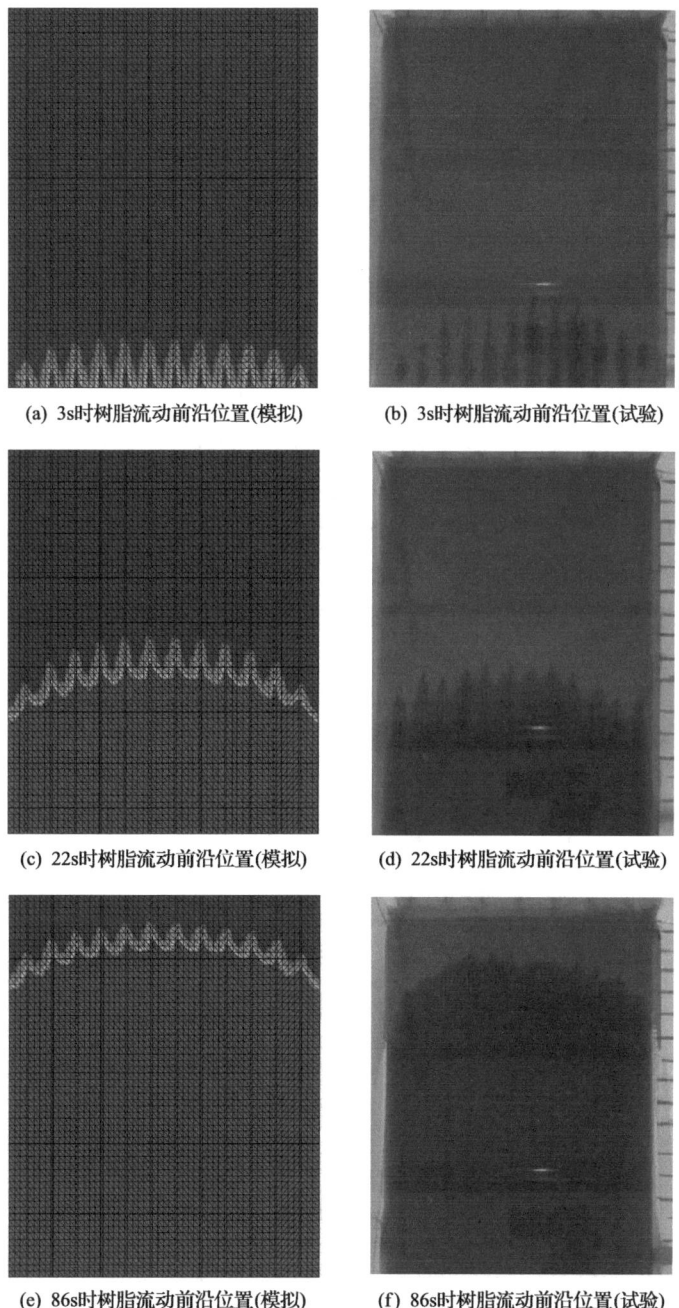

图 5.18 3s、22s、86s 时下层纤维面板树脂流动前沿位置数值模拟与试验结果对比

验基本一致。在充填过程中，树脂先沿着导流网浸润上层纤维面板，同时树脂沿着厚度方向穿过泡沫芯板中针孔与缝线间隙流动至下层纤维面板，对下层纤维面板进

行充填。在浸润上层纤维面板时,由于面板两侧边沿没有放置导流网,树脂在两侧边沿的流动明显慢于中间有导流网的部分,如图5.17所示。树脂在上层纤维面板有导流网的区域流动前沿在宽度方向较为统一。在浸润下层纤维面板时,由于树脂只能由泡沫芯板中针孔与缝线间隙流动至下层纤维面板,然后沿缝合方向浸润缝线之间区域的纤维,所以树脂沿缝合方向的流动快于树脂在缝线之间区域的流动,流动前沿呈现锯齿状,如图5.18所示。树脂在下层纤维面板的流动不一致,可能会出现边缘包围现象,容易导致孔隙和干斑等缺陷,影响缝合泡沫夹芯结构制品质量。

树脂流动前沿位置数值模拟和试验结果对比如图5.19所示。可以看出,数值模拟结果与试验结果吻合度较好,数值模拟和试验中预成型体充填完成时间分别为126s和136s,两者误差为7.35%,因此,建立的模型可以比较准确地模拟VARTM成型工艺中树脂在缝合泡沫夹芯结构中的树脂流动规律。数值模拟充填完成时间小于试验充填完成时间,主要原因是数值模拟中的工艺参数与试验有差别:①模拟设置的纤维面板渗透率为未缝合纤维面板的渗透率,缝合后缝线张力和缝合过程中的压力作用使材料铺层间的缝隙减少,导致纤维面板的渗透率发生改变,同时泡沫芯板也可能会导致纤维面板的渗透率发生改变;②试验过程中的真空压力无法维持恒定。

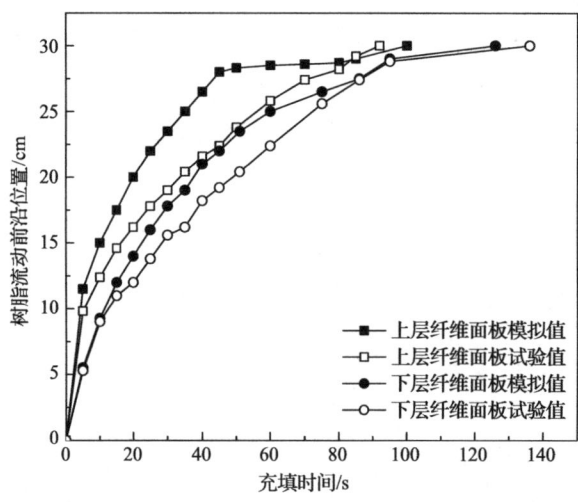

图5.19 树脂流动前沿位置数值模拟和试验结果对比

预成型体上层纤维面板与下层纤维面板的树脂流动前沿位置差先增大,后保持稳定,最后再减小。这是因为在充填初期,树脂直接在上层纤维面板开始充填浸润预成型体,同时导流网促使树脂充填速度快速增大,而下层纤维面板没有铺放导流网且树脂由上层纤维面板逐渐渗透到下层,因此,在充填初期树脂流动前沿位置差增大。随着充填过程的进行,树脂在上、下层纤维面板的流动速度趋于稳定，使得树脂流动前沿位置差达到最大值后保持稳定。在充填后期，由于上层纤维面板末端未铺放导流网，导致树脂充填速度变慢，此时下层纤维面板的充填速度并未改变，最终使上下层纤维面板位置差逐渐减小。

5.3.5 导流网对树脂充填影响

1. 试验方案设计

导流网是预成型体中树脂流动充填的重要影响因素，导流网尺寸和铺放位置都会改变树脂的流动充填状态。由于预成型体厚度较大，在试验过程中发现树脂在上、下层纤维面板中的流动充填完成时间间隔较大，即流动的同步性较差，为了减小充填完成时间差，在制备预成型体时多加入一层导流网。为了充分发挥所加入导流网的导流作用，对预成型体中导流网的铺放位置进行了四组试验研究。预成型体中导流网铺放位置如图 5.20 所示。

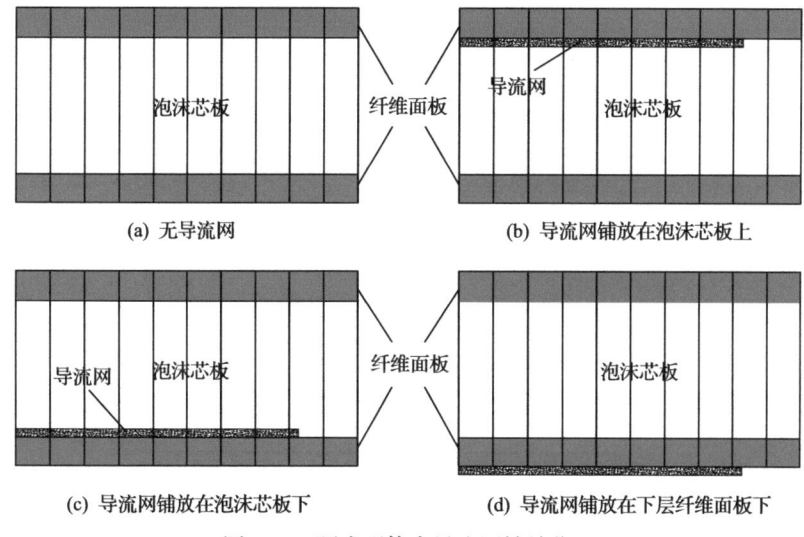

(a) 无导流网 (b) 导流网铺放在泡沫芯板上

(c) 导流网铺放在泡沫芯板下 (d) 导流网铺放在下层纤维面板下

图 5.20 预成型体中导流网铺放位置

2. 试验过程

预成型体中导流网的尺寸为 280mm×230mm，导流网距纤维面板两侧边界距离为 10mm，具体铺放形式可参考图 5.7。将铺放好的纤维面板、泡沫芯板和导流网按照图 5.5 进行缝合，缝合针距为 10mm，行距为 15mm，得到缝合泡沫夹芯结构复合材料预成型体。在预成型体上层铺设两层导流网，以提高树脂在上层纤维面板中的流动速度。用摄像机拍摄树脂在上、下层纤维面板的流动前沿位置，为获取每个时刻对应的树脂流动前沿位置,在最外层的真空袋膜上每隔 20mm 画一条横线。

3. 试验结果分析

试验中上、下层纤维面板充填完成时间对比如图 5.21 所示。可以看出,在预成型体中加入一层导流网对树脂在上层纤维面板的流动充填速度影响不大,而能加快树脂在下层纤维面板的流动充填速度,且导流网铺放在最底层对树脂在下层纤维面板的流动充填速度影响最大[19]。相对于(a)组试验,(b)、(c)、(d)组试验在预成型体中加入一层导流网能缩短树脂在上、下层纤维面板流动充填完成时间间隔,利于提高树脂充填的同步性。

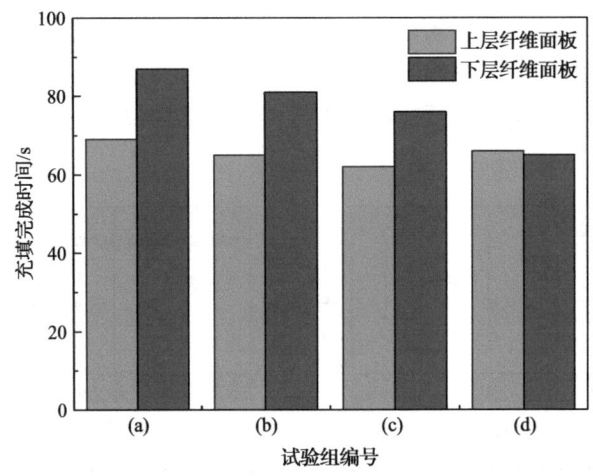

图 5.21 试验中上、下层纤维面板充填完成时间对比

试验中上、下层纤维面板树脂流动充填过程曲线如图 5.22 所示。由图 5.22(a)可以看出,树脂在上、下层纤维面板中的流动前沿位置差由大变小,中间一段趋

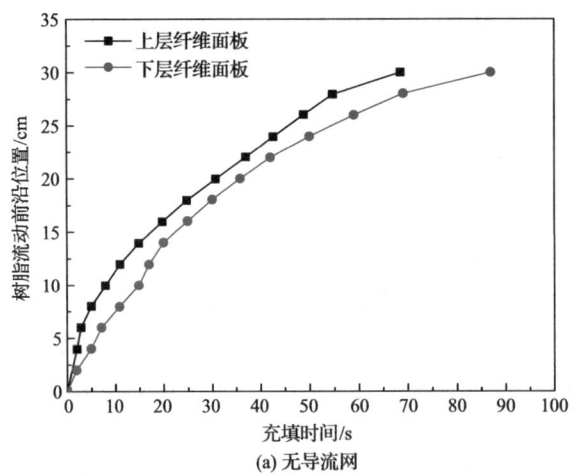

(a) 无导流网

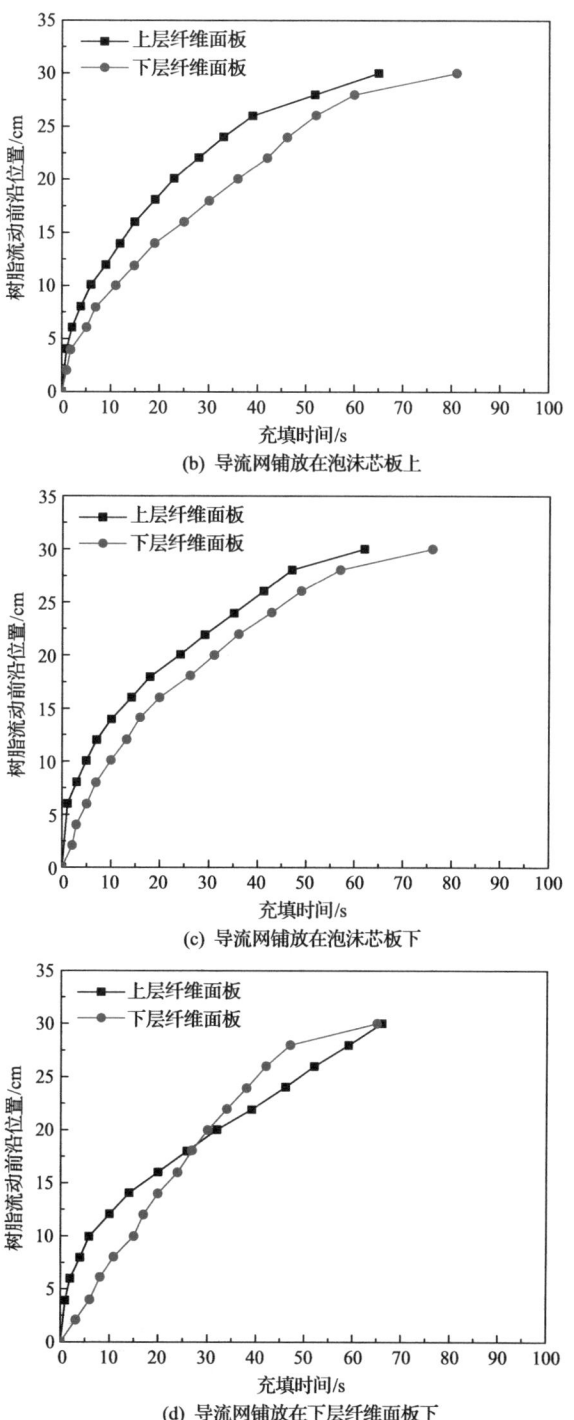

(b) 导流网铺放在泡沫芯板上

(c) 导流网铺放在泡沫芯板下

(d) 导流网铺放在下层纤维面板下

图 5.22 试验中上、下层纤维面板树脂流动充填过程曲线

于稳定,最后又变大。图 5.22(b)中上、下层纤维面板树脂流动前沿位置差由小逐渐增大,后又减小。这是由于导流网铺放在上层纤维面板的下方(泡沫芯板上方),树脂只能由上层纤维面板并经过中间泡沫芯板的孔洞流动至下层纤维面板,在充填中期大量树脂沿着导流网向前流动,并浸润上层纤维面板的下表面,少量树脂穿过泡沫芯板流动至下层纤维面板,树脂在下层纤维面板流动速度降低,树脂在上、下层纤维面板的流动前沿位置差扩大。在充填后期,导流网中树脂逐渐穿过泡沫芯板流动至下层纤维面板,下层纤维面板树脂流动充填速度增大,上、下层纤维面板树脂流动前沿位置差减小。

由图 5.22(c)可以看出,上、下层纤维面板树脂流动前沿位置差相对稳定,这是由于铺放在泡沫芯板下的导流网加快了下层纤维面板的树脂流动速度,使得上、下层纤维面板树脂流动速度相差不大,树脂流动的同步性较好。图 5.22(d)为导流网铺放在下层纤维面板下时树脂的流动情况,在充填前期上层纤维面板的树脂流动充填速度大于下层纤维面板,而在充填后期下层纤维面板的树脂流动充填速度大于上层纤维面板。在充填前期由于最顶层导流网的作用,使得树脂在上层纤维面板的流动充填速度较大,随着充填过程的进行,上层纤维面板的树脂流动充填速度有所降低,此时预成型体边沿与真空袋膜之间聚集了大量树脂,这一部分树脂沿着最底层的导流网快速流动浸润下层纤维面板,使下层纤维面板的树脂流动充填速度大于上层纤维面板,此种状态下的预成型体容易在下层纤维面板产生孔隙缺陷,在实际生产中应注意避免这一现象。

试验中上层纤维面板树脂流动前沿位置如图 5.23 所示。试验中下层纤维面板树脂流动前沿位置如图 5.24 所示。可以看出,四组试验中上层纤维面板树脂流动前沿位置比较一致,预成型体中导流网的铺放位置对树脂在上层纤维面板的流动影响不大。图 5.24(a)、(b)中,预成型体下层纤维面板树脂流动前沿均呈锯齿状,说明树脂在下层纤维面板的流动不一致。这是因为树脂通过最上层导流网向前流

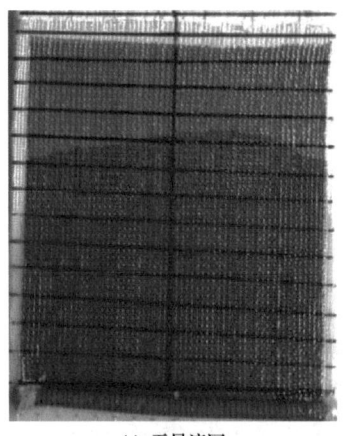
(a) 无导流网

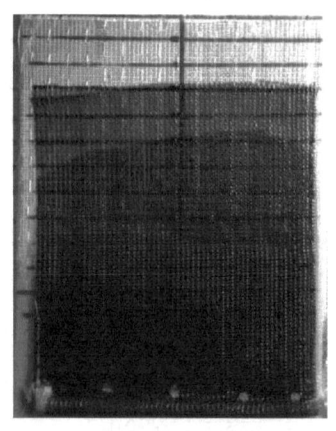
(b) 导流网铺放在泡沫芯板上

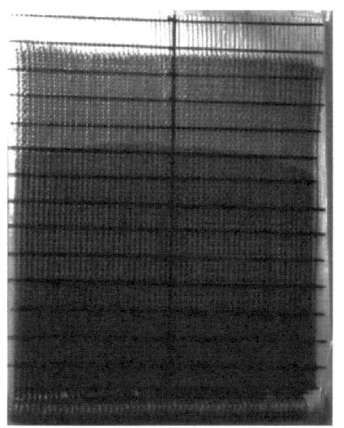 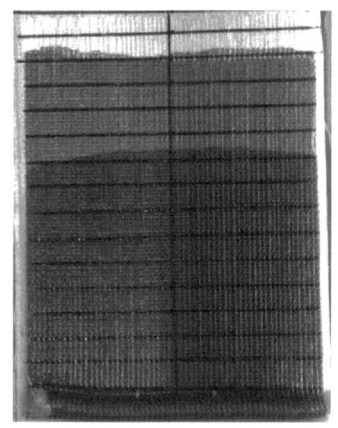

(c) 导流网铺放在泡沫芯板下　　　　(d) 导流网铺放在下层纤维面板下

图 5.23　试验中上层纤维面板树脂流动前沿位置

(a) 无导流网　　　　(b) 导流网铺放在泡沫芯板上

(c) 导流网铺放在泡沫芯板下　　　　(d) 导流网铺放在下层纤维面板下

图 5.24　试验中下层纤维面板树脂流动前沿位置

动的同时,还通过中间泡沫芯板中的针孔由上层纤维面板流动至下层纤维面板,树脂在向下流动过程中先浸润针孔处纤维,然后向针孔周围逐渐浸润,同时树脂还沿着缝线向前流动,因此,树脂在下层纤维面板的流动前沿呈锯齿状,容易导致下层纤维面板产生孔隙和干斑等缺陷。由图 5.24(c)可以看出,(c)组试验树脂在下层纤维面板流动前沿比较一致,这是因为(c)组预成型体的泡沫芯板下铺放了一层导流网,使树脂沿纤维面板宽度方向的流动速度相等,因此,树脂在下层纤维面板的流动浸润比较一致,没有呈现锯齿状。由图 5.24(d)可以看出,虽然树脂在下层纤维面板的流动浸润比较一致,但在充填过程后期由于边缘效应,树脂在下层纤维面板的流动浸润速度大于上层纤维面板,此时树脂从下层纤维面板的下表面和上表面同时浸润下层纤维面板,导致下层纤维面板产生孔隙缺陷。

5.3.6 缝合参数对预成型体中树脂充填的影响

前面对比分析了缝合泡沫夹芯结构复合材料层合板树脂充填数值模拟与试验结果,所建立的模型可以比较准确地模拟 VARTM 成型工艺缝合泡沫夹芯结构中树脂的流动充填行为。本节建立了不同缝合参数预成型体模型,进行模拟计算获得预成型体中树脂的流动充填状况和充填完成时间。

1. 行距对树脂充填过程的影响

不同行距预成型体中树脂充填完成时间如表 5.6 所示。可以看出,行距对树脂充填完成时间影响不大。行距变小,缝合次数和预成型体缝针孔洞增加,树脂充填完成时间延长。同时,预成型体泡沫芯板上的缝合孔增多使树脂更快地由上层纤维面板穿过泡沫芯板浸润下层纤维面板,从而缩短树脂充填完成时间,两种作用叠加导致行距对预成型体中树脂充填完成时间影响不大。

表 5.6 不同行距预成型体中树脂充填完成时间

序号	针距/mm	行距/mm	纤维层数	泡沫芯板厚度/mm	缝针直径/mm	上层纤维面板充填完成时间/s	下层纤维面板充填完成时间/s
1	10	5	3	10	2	117	122
2	10	7	3	10	2	117	119
3	10	10	3	10	2	117	121
4	10	15	3	10	2	115	120

虽然行距对树脂充填完成时间的影响不大,但是行距会影响树脂在预成型体中的流动行为和浸润效果[20]。不同行距下层纤维面板树脂流动前沿位置如图 5.25 所示,可以看出,树脂在预成型体下层纤维面板的流动前沿呈锯齿状,并且随着行距增大,锯齿深度增大,即不同位置树脂流动的同步性降低,在下层纤维面板

上更容易产生孔隙和干斑等缺陷。因此，应选取适当行距对预成型体进行缝合，以减少缺陷产生。

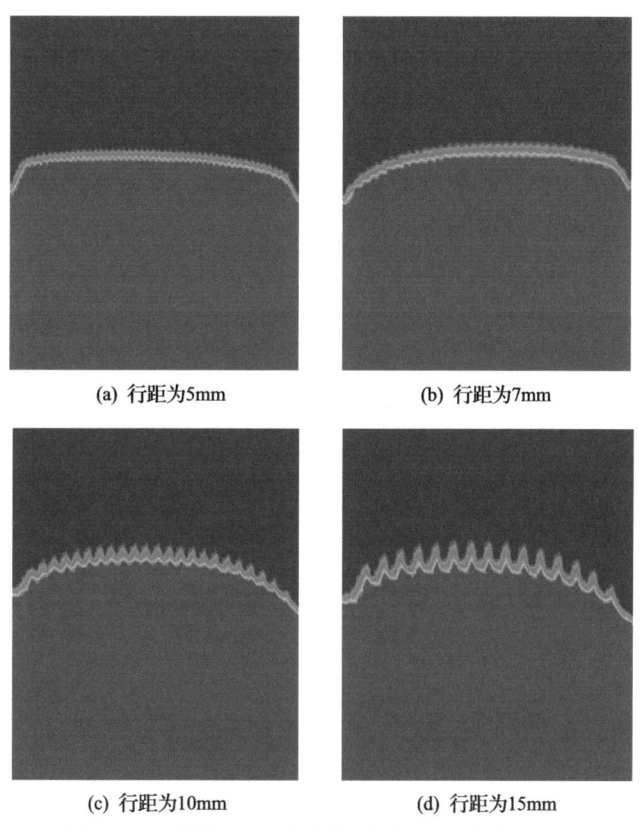

图 5.25 不同行距下层纤维面板树脂流动前沿位置

2. 针距对树脂充填过程的影响

不同针距预成型体中树脂充填完成时间如表 5.7 所示。

表 5.7 不同针距预成型体中树脂充填完成时间

序号	针距/mm	行距/mm	纤维层数	泡沫芯板厚度/mm	缝针直径/mm	上层纤维面板充填完成时间/s	下层纤维面板充填完成时间/s
1	4	10	3	10	2	119	138
2	6	10	3	10	2	109	127
3	10	10	3	10	2	105	121
4	12	10	3	10	2	101	117

不同针距预成型体中树脂充填完成时间如图 5.26 所示。可以看出，随着针距增

大，树脂充填完成时间变短。不同针距预成型体中上层纤维面板树脂充填过程曲线如图 5.27 所示。不同针距预成型体中下层纤维面板树脂充填过程曲线如图 5.28 所示。可以看出，针距对预成型体中上层纤维面板的树脂流动充填速度影响不大，但对下层纤维面板的树脂流动充填速度影响较大。针距越大，下层纤维面板充填完成时间越短。针距越小，缝合次数和预成型体缝针孔洞越多，所需的充填树脂体积越大，充填完成时间越长。上层纤维面板的树脂流动速度还取决于最上层的导流网，导流网相对于缝针孔隙的影响大得多，因此，针距对预成型体中上层纤维面板的树脂流动充填速度影响不大。

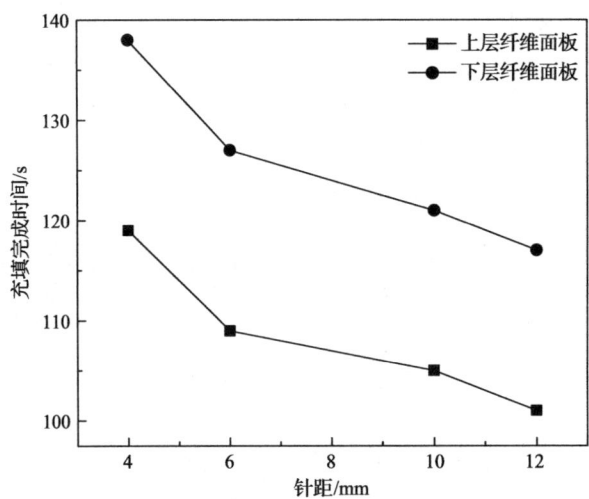

图 5.26　不同针距预成型体中树脂充填完成时间

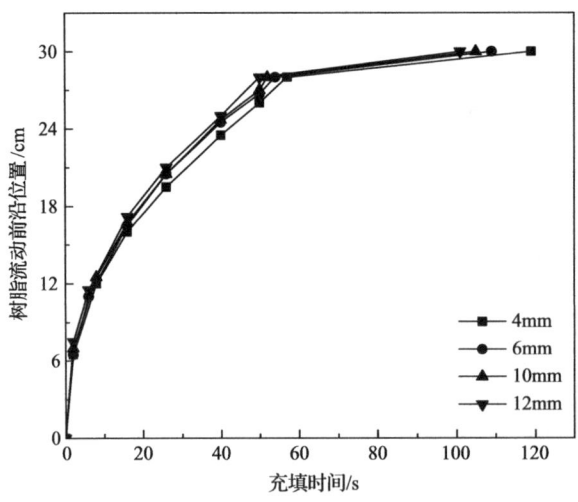

图 5.27　不同针距预成型体中上层纤维面板树脂充填过程曲线

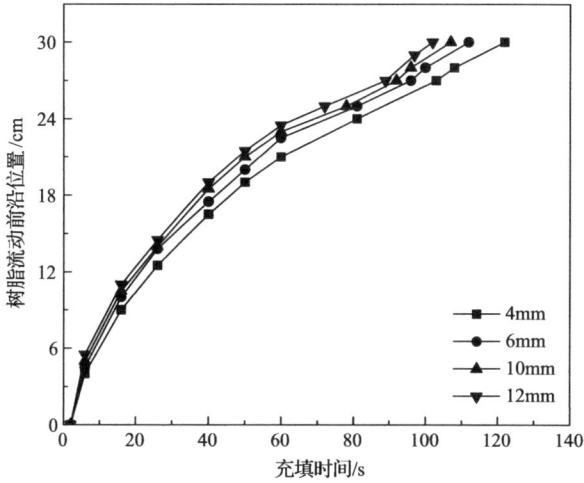

图 5.28 不同针距预成型体中下层纤维面板树脂充填过程曲线

不同针距预成型体中下层纤维面板树脂流动前沿位置如图 5.29 所示。可以看

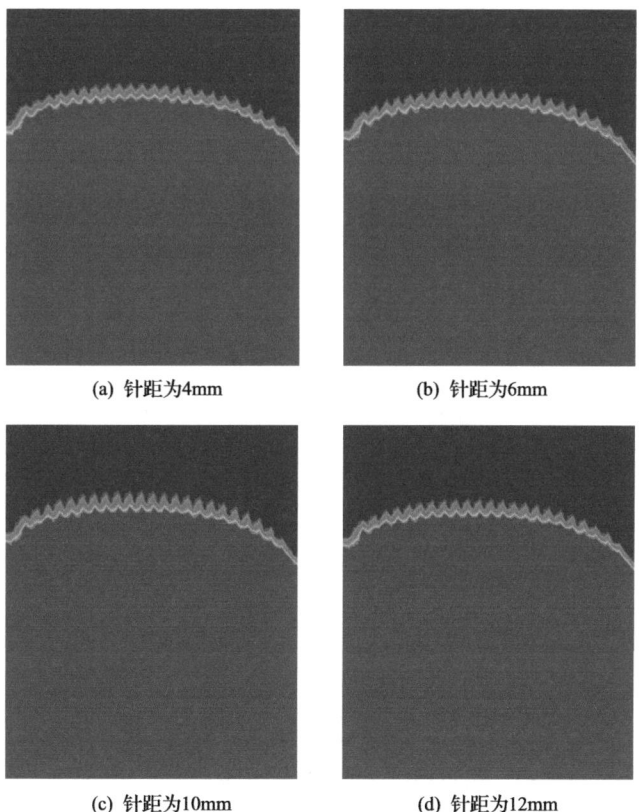

(a) 针距为4mm (b) 针距为6mm

(c) 针距为10mm (d) 针距为12mm

图 5.29 不同针距预成型体中下层纤维面板树脂流动前沿位置

出,下层纤维面板的树脂流动前沿呈锯齿状,不同针距预成型体中下层纤维面板树脂流动前沿基本一致。因此,针距对下层纤维面板的树脂流动浸润效果影响较小。

3. 缝针直径对树脂充填过程的影响

在预成型体缝合过程中,缝针会对纤维造成损伤,并且在纤维面板的针孔处会产生树脂富集,此外,缝针直径还会影响树脂充填过程。不同缝针直径预成型体中树脂充填完成时间如表 5.8 所示。

表 5.8 不同缝针直径预成型体中树脂充填完成时间

序号	针距 /mm	行距 /mm	纤维层数	泡沫芯板厚度 /mm	缝针直径 /mm	上层纤维面板 充填完成时间/s	下层纤维面板 充填完成时间/s
1	10	10	3	10	1.5	98	114
2	10	10	3	10	2	104	121
3	10	10	3	10	2.5	110	126
4	10	10	3	10	3	118	135

不同缝针直径预成型体中树脂充填完成时间如图 5.30 所示。可以看出,随着缝针直径增大充填完成时间延长,且呈线性增长关系,上层纤维面板与下层纤维面板充填完成时间差比较稳定。随着缝针直径增大,预成型体泡沫芯板上的针孔孔隙增大,单位时间内穿过泡沫芯板的树脂虽然增多,但孔隙增大导致充填所需的树脂体积增大,因此,树脂充填完成时间延长。

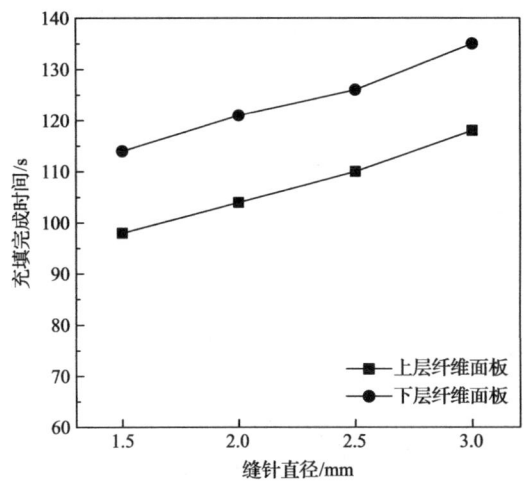

图 5.30 不同缝针直径预成型体中树脂充填完成时间

不同缝针直径预成型体中下层纤维面板树脂流动前沿位置如图 5.31 所示。可以看出，缝针直径越大，树脂流动前沿锯齿状的深度越小，即不同位置树脂流动的同步性和纤维面板的浸润效果越好。因此，在选取缝针直径时，不但要考虑缝针对纤维面板的损伤，还需要综合考虑树脂充填完成时间和树脂充填浸润效果。

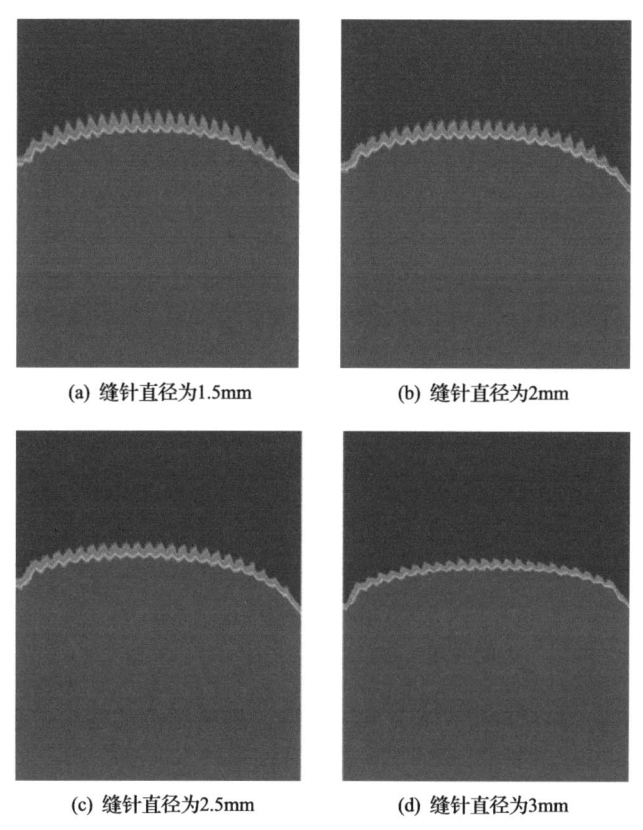

(a) 缝针直径为1.5mm (b) 缝针直径为2mm
(c) 缝针直径为2.5mm (d) 缝针直径为3mm

图 5.31 不同缝针直径预成型体中下层纤维面板树脂流动前沿位置

4. 泡沫芯板厚度对树脂充填过程的影响

缝合泡沫夹芯结构复合材料层合板以闭孔泡沫作为芯板，在 VARTM 成型工艺中树脂只能穿过泡沫芯板中的针孔缝隙才能流动至下层纤维面板，因此，泡沫芯板厚度对树脂在纤维面板中的充填过程会产生一定影响。不同泡沫芯板厚度预成型体中树脂充填完成时间如表 5.9 所示。

不同泡沫芯板厚度预成型体中树脂充填完成时间如图 5.32 所示。可以看出，随着泡沫芯板厚度增加，树脂充填完成时间呈线性增加，上层纤维面板与下层纤维面板充填完成时间的间隔也比较稳定。泡沫芯板厚度增加，树脂穿过泡沫芯板所需时间变长，并且充填完成所需的树脂体积也增大。因此，随着泡沫芯板厚度增加，树脂充填完成时间变长。

表 5.9 不同泡沫芯板厚度预成型体中树脂充填完成时间

序号	针距/mm	行距/mm	纤维层数	泡沫芯板厚度/mm	缝针直径/mm	上层纤维面板充填完成时间/s	下层纤维面板充填完成时间/s
1	10	10	3	5	2	96	115
2	10	10	3	10	2	104	121
3	10	10	3	15	2	107	126
4	10	10	3	20	2	113	132

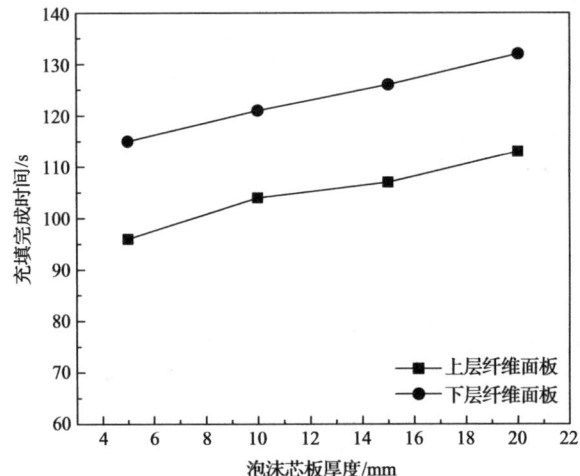

图 5.32 不同泡沫芯板厚度预成型体中树脂充填完成时间

不同泡沫芯板厚度预成型体中下层纤维面板树脂流动前沿位置如图 5.33 所示。可以看出，下层纤维面板树脂流动前沿位置基本一致，因此，泡沫芯板厚度对下层纤维面板的树脂浸润效果影响比较小。

5. 纤维面板厚度对树脂充填过程的影响

缝合泡沫夹芯结构复合材料层合板质量很大程度上取决于纤维面板浸润效

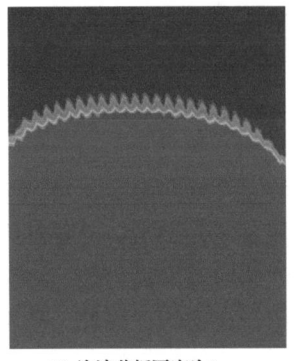

(a) 泡沫芯板厚度为5mm

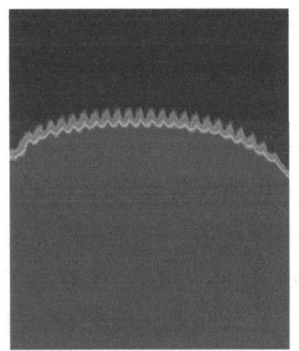

(b) 泡沫芯板厚度为10mm

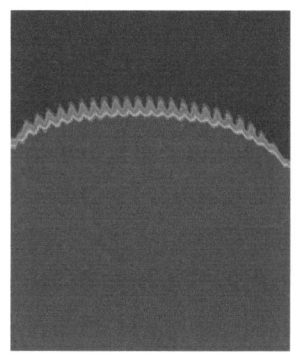 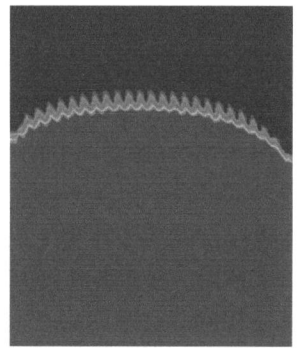

(c) 泡沫芯板厚度为15mm   (d) 泡沫芯板厚度为20mm

图 5.33 不同泡沫芯板厚度预成型体中下层纤维面板树脂流动前沿位置

果，复合材料纤维面板的成型质量越高，复合材料制品的抗弯曲、疲劳、冲击等性能越好，因此，有必要研究纤维面板厚度对树脂充填过程的影响。不同纤维面板厚度预成型体中树脂充填完成时间如表 5.10 所示。

表 5.10 不同纤维面板厚度预成型体中树脂充填完成时间

序号	针距/mm	行距/mm	纤维面板厚度/mm	泡沫芯板厚度/mm	缝针直径/mm	上层纤维面板充填完成时间/s	下层纤维面板充填完成时间/s
1	10	10	1	10	2	79	86
2	10	10	2	10	2	120	138
3	10	10	3	10	2	143	173
4	10	10	4	10	2	163	206

不同纤维面板厚度预成型体中树脂充填完成时间如图 5.34 所示。可以看出，

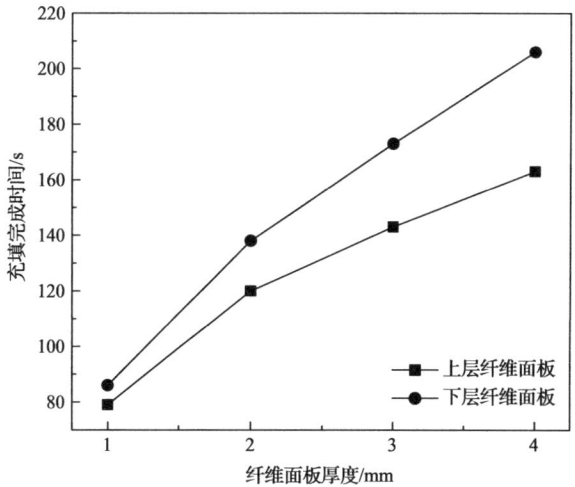

图 5.34 不同纤维面板厚度预成型体中树脂充填完成时间

随着纤维面板厚度增加，树脂充填完成时间延长。与其他缝合参数相比，纤维厚度对树脂充填完成时间影响最大。VARTM 成型工艺缝合泡沫夹芯结构复合材料层合板主要是对预成型体纤维面板进行树脂浸润，缝合后的泡沫芯板的渗透率远大于纤维面板的渗透率。因此，树脂充填完成时间主要取决于树脂浸润纤维面板的时间。

不同纤维面板厚度预成型体中上层纤维面板树脂的充填过程曲线如图 5.35 所示。可以看出，在树脂充填前期，不同纤维面板厚度预成型体中上层纤维面板树脂的流动情况基本相同。这是因为在充填前期，导流网对树脂流动起主要引导作用，树脂在此阶段流动速度较快，不同纤维面板厚度之间的差异没有得到体现。随着充填过程的进行，上层纤维面板充填过程曲线逐渐出现差异。

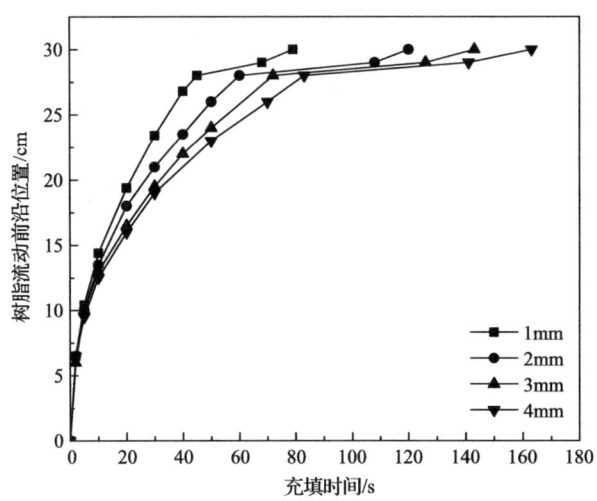

图 5.35　不同纤维面板厚度预成型体中上层纤维面板树脂的充填过程曲线

不同纤维面板厚度预成型体中下层纤维面板树脂充填过程曲线如图 5.36 所示。可以看出，下层纤维面板的树脂流动差异在充填初始阶段就比较明显，上层纤维面板充填一段时间后下层纤维面板才开始充填，与上层纤维面板相比有时间滞后，并且上层纤维面板厚度不同，树脂流动至下层纤维面板的时间也不同，导致下层纤维面板的树脂流动差异明显。

不同纤维面板厚度预成型体中下层纤维面板树脂流动前沿位置如图 5.37 所示。通过对比可以得出各图的树脂流动前沿位置基本一致。因此，纤维面板的厚度也不会影响树脂在下层纤维面板的浸润效果。

6. 缝合方向对树脂充填过程的影响

为研究缝合方向对 VARTM 成型工艺缝合泡沫夹芯结构复合材料层合板树脂

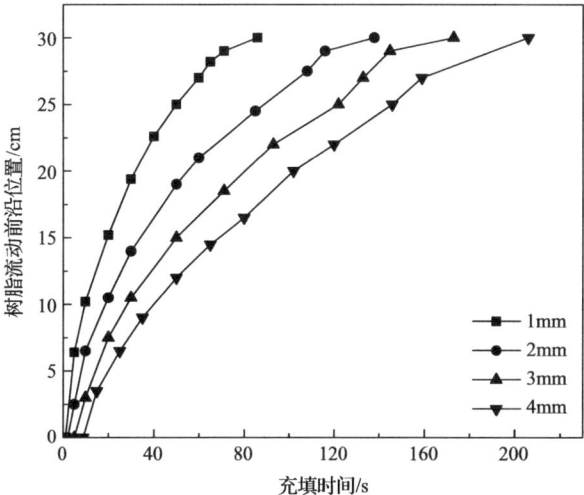

图 5.36 不同纤维面板厚度预成型体中下层纤维面板树脂充填过程曲线

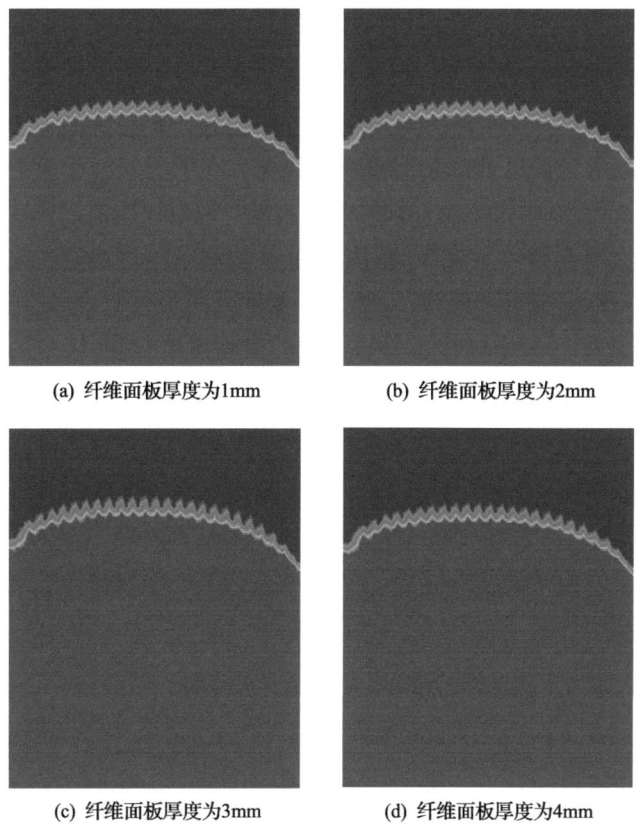

图 5.37 不同纤维面板厚度预成型体中下层纤维面板树脂流动前沿位置

流动性能的影响,分别对沿预成型体长度方向缝合(树脂流动方向与缝合方向平行)和沿预成型体宽度方向缝合(树脂流动方向与缝合方向垂直)的预成型体进行充填模拟。不同缝合方向预成型体中树脂充填完成时间如表5.11所示。可以看出,两种缝合方向预成型体上、下层纤维面板树脂充填完成时间差异较小,因此,缝合方向对预成型体树脂充填完成时间影响不大。

表5.11 不同缝合方向预成型体中树脂充填完成时间

缝合方向	针距 /mm	行距 /mm	纤维层数	泡沫芯板 厚度/mm	缝针直径 /mm	上层纤维面板 充填完成时间/s	下层纤维面板 充填完成时间/s
长度方向	10	10	3	10	2	104	121
宽度方向	10	10	3	10	2	103	123

不同缝合方向预成型体中下层纤维面板树脂流动前沿位置如图5.38所示。图5.38(a)中下层纤维面板树脂流动前沿分成了两部分,中间被未充填区域隔开。随着充填过程进行,上、下两部分树脂流动前沿同时向中间未被充填区域扩展直至两部分树脂流动前沿相融合。树脂的上述流动方式不利于树脂对下层纤维面板的浸润,由于树脂是从上、下两边同时向中间浸润,容易造成中间区域纤维内的空气无法排出,导致此区域内树脂浸润不完全,在下层纤维面板中形成孔隙和干斑等缺陷。图5.38(b)中树脂流动前沿呈锯齿状,说明树脂流动不一致。若锯齿状的凹槽深度过大也会导致下层纤维面板形成孔隙和干斑等缺陷。此时若减小缝合行距则可以很好地避免这一现象。因此,沿宽度方向进行预成型体缝合(树脂流动方向与缝合方向垂直)不利于下层纤维面板的树脂充填浸润,应采用适当的缝合行距并沿长度方向对预成型体进行缝合(树脂流动方向与缝合方向平行)。

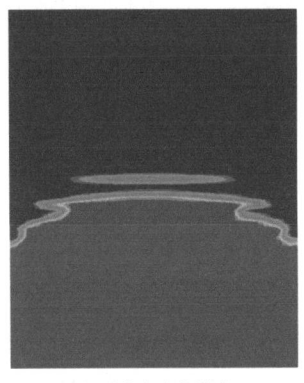
(a) 沿宽度方向缝合

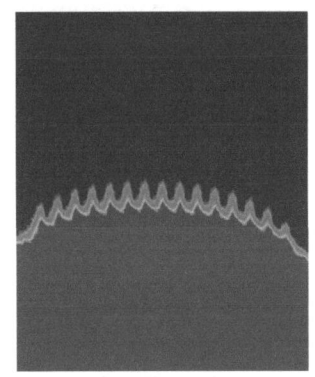
(b) 沿长度方向缝合

图5.38 不同缝合方向预成型体中下层纤维面板树脂流动前沿位置

5.4 VARTM 成型工艺带加强筋缝合泡沫夹芯结构复合材料层合板树脂充填研究

在缝合泡沫夹芯结构复合材料层合板中引入轻质加强筋,可以在不增加复合材料制品厚度和增加较少质量的前提下,增强复合材料制品的强度和刚性。缝合泡沫夹芯结构复合材料制品制备的关键在于预成型体的树脂浸润,将加强筋嵌入预成型体中的泡沫夹芯结构中,会影响预成型体中的树脂流动浸润。本节对 VARTM 成型工艺带加强筋缝合泡沫夹芯结构复合材料层合板树脂充填进行数值模拟,通过试验验证模拟的合理性,并对模拟结果与试验结果进行对比分析。

5.4.1 VARTM 成型工艺带加强筋缝合泡沫夹芯结构复合材料层合板数值模拟

1. 树脂在泡沫芯板中的流动

与缝合泡沫夹芯结构预成型体相比,带加强筋缝合泡沫夹芯结构预成型体只在泡沫芯板中多嵌入了加强筋,结构如图 5.39 所示。树脂在泡沫芯板中无加强筋部分的流动与缝合泡沫夹芯结构预成型体一样,树脂沿缝线与泡沫之间的缝隙由上至下流动。由于泡沫芯板中嵌入加强筋位置处的泡沫芯板被切割,加强筋被放置在泡沫芯板的凹槽中,因此,树脂沿加强筋与泡沫之间的缝隙由上层纤维面板穿过泡沫芯板流动至下层纤维面板。

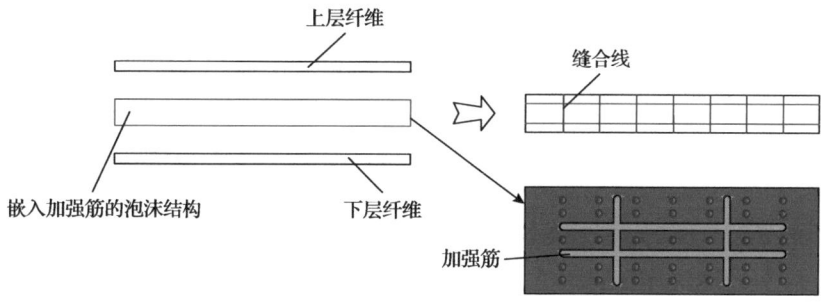

图 5.39 带加强筋缝合泡沫夹芯结构复合材料层合板结构示意图

2. 加强筋模型的参数计算

带加强筋缝合泡沫夹芯结构复合材料层合板树脂流动模型如图 5.40 所示[21]。树脂在加强筋与泡沫之间的流动模型如图 5.41 所示[21]。图 5.41(b)为沿 Y 方向(即垂直于树脂流动方向)加强筋与泡沫之间矩形凹槽流道模型,图 5.41(c)为沿 X 方向(即平行于树脂流动方向)加强筋与泡沫之间矩形凹槽流道模型。

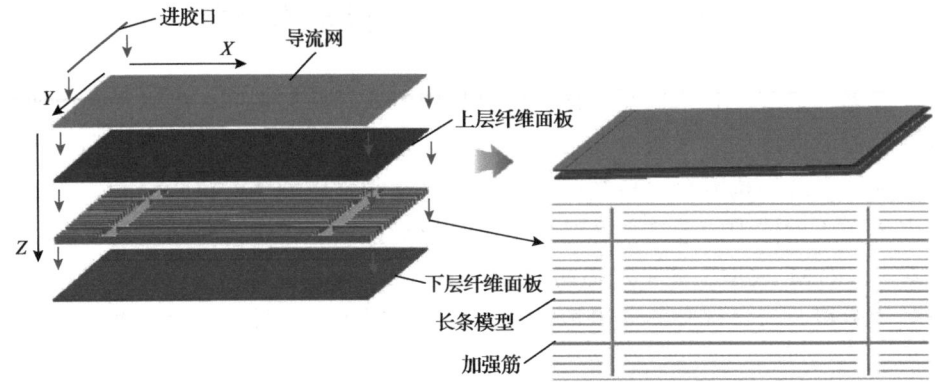

图 5.40　带加强筋缝合泡沫夹芯结构复合材料层合板树脂流动模型[21]

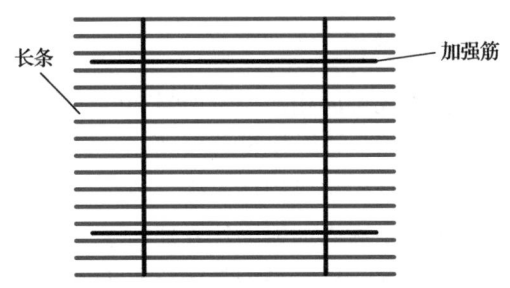

(a) 带加强筋缝合泡沫夹芯结构复合材料结构

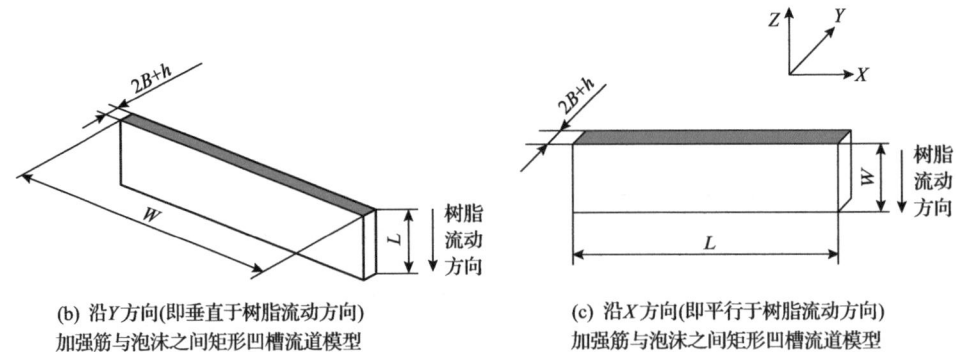

(b) 沿 Y 方向(即垂直于树脂流动方向)　　(c) 沿 X 方向(即平行于树脂流动方向)
　　加强筋与泡沫之间矩形凹槽流道模型　　　　加强筋与泡沫之间矩形凹槽流道模型

图 5.41　树脂在加强筋与泡沫之间的流动模型[21]

为了便于建立预成型体三维模型,树脂在加强筋与泡沫之间的流动可以简化为树脂在矩形流道中的流动,矩形流道尺寸为泡沫芯板中凹槽的尺寸,建立砖条模型,如图 5.42 所示[21]。

对于图 5.41(b)树脂沿 Y 方向(即垂直于树脂流动方向)加强筋与泡沫之间矩形凹槽流道中的流动,对其间隙建立流动模型,如图 5.43 所示。

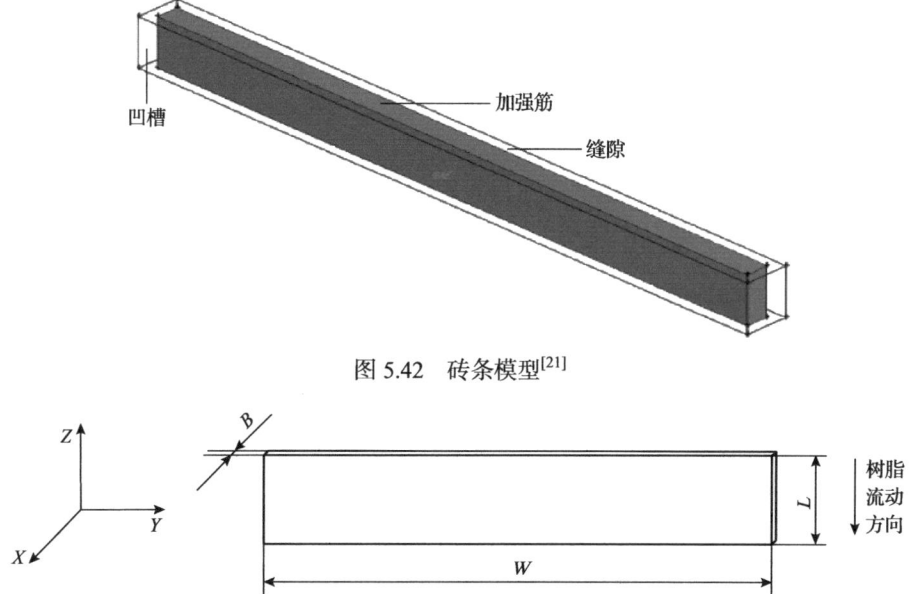

图 5.42　砖条模型[21]

图 5.43　泡沫与加强筋间隙流动模型

忽略树脂在泡沫芯板中沿 X 轴(长度方向)和 Y 轴(宽度方向)方向上的流动,只考虑树脂在 Z 轴方向上沿加强筋与泡沫芯板之间孔隙的流动,假设树脂为牛顿流体,根据 Navier-Stockes 公式可得

$$-\frac{\partial p}{\partial z} = \frac{\Delta P}{L} \tag{5.10}$$

$$\frac{\partial^2 u_x}{\partial x^2} + \frac{\partial^2 u_y}{\partial y^2} = \frac{1}{\mu}\nabla P \tag{5.11}$$

式中,μ 为流体的黏度,Pa·s;∇P 为压力梯度。

由式(5.10)和式(5.11)可以得到树脂通过矩形流道的流量 Q 为

$$Q = \frac{WB^3}{12\mu}\frac{\Delta P}{L}F_\text{p} \tag{5.12}$$

式中,B 为加强筋与泡沫之间的间隙,mm;F_p 为形状因素;L 为矩形流道的长度，mm；W 为矩形流道的宽度，mm；ΔP 为注射口与树脂流动前沿位置的压力差，MPa。

树脂通过图 5.42 中砖条模型的单位面积流量 q 为

$$q = \frac{2Q}{A} = \frac{WB^3}{6\mu(2B+h)W}\frac{\Delta P}{L} = \frac{B^3}{6(2B+h)\mu L} \tag{5.13}$$

式中，h 为加强筋的厚度，mm。

由式(5.8)和式(5.13)可以得到砖条模型的渗透率 S_z 为

$$S_z = \frac{B^3}{6(2B+h)} \tag{5.14}$$

将加强筋与泡沫芯板之间的缝隙值 $B = 0.2\text{mm}$ 代入式(5.14)，得到树脂沿 Z 轴方向的渗透率 $S_z = 5.55 \times 10^{-10} \text{m}^2$。

对于图 5.41(c)沿 X 轴方向(即平行于树脂流动方向)加强筋与泡沫孔隙之间矩形凹槽流道中的流动，树脂在矩形流道中的流动分为 X 轴方向和 Z 轴方向。由于整个砖条模型的渗透率 S_x、S_z 只和加强筋与泡沫孔隙之间矩形缝隙尺寸有关，因此可以到渗透率

$$S_x = S_z = \frac{B^3}{6(2B+h)} = 5.55 \times 10^{-10} \left(\text{m}^2\right) \tag{5.15}$$

砖条模型的孔隙率 φ 由加强筋与泡沫之间的缝隙面积及矩形流道的总面积确定为

$$\varphi = \frac{A_{\text{pore}}}{A_{\text{tube}}} \tag{5.16}$$

$$A_{\text{pore}} = A_{\text{tube}} - A_{\text{rib}} \tag{5.17}$$

两边的加强筋与泡沫芯板之间的缝隙和为 $2B = 2 \times 0.2 = 0.4\text{mm}$，加强筋的厚度 $h = 2\text{mm}$，矩形流道的宽度 $W = 2.4\text{mm}$，根据式(5.16)和式(5.17)可得到砖条模型的孔隙率 $\varphi = 0.167$。

3. 模型建立

建立带加强筋缝合泡沫夹芯结构预成型体的三维实体模型，导流网和上、下

第5章 VARTM成型工艺缝合泡沫夹芯结构复合材料层合板树脂充填分析

层纤维面板的模型与5.2.2节相同，缝合后的泡沫芯板同样采用长条模型替代，同时在泡沫芯板中加入矩形流道。预成型体中矩形流道的尺寸如图5.44所示。将建立的预成型体三维模型实体切割，再进行3D网格划分，有限元网格模型如图5.45所示，带加强筋泡沫芯板模型如图5.46所示。导流网和纤维面板的单元网格尺寸为 5mm×5mm×0.5mm 和 5mm×2mm×0.5mm，长条模型单元网格尺寸为 5mm×2mm×1mm，加强筋矩形流道单元网格尺寸为2.4mm×4mm×1mm 和 2.4mm×2mm×1mm。

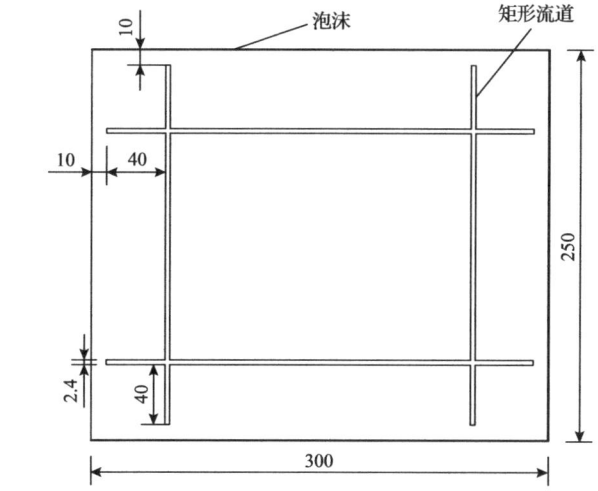

图5.44 预成型体中矩形流道的尺寸（单位：mm）

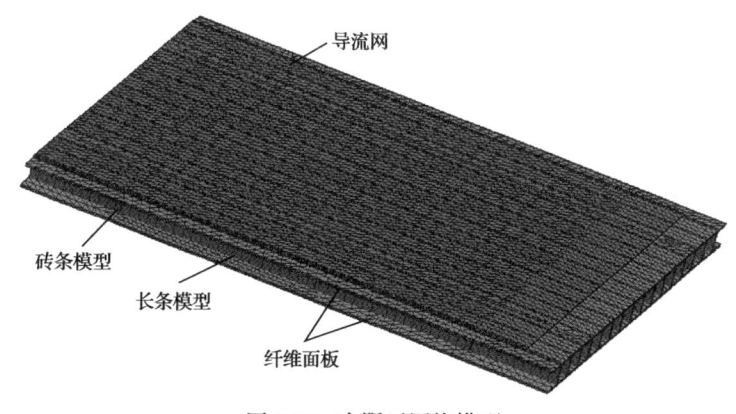

图5.45 有限元网格模型

4. VARTM成型工艺充填模拟

进行模型划分和参数设置，将模型划分为四部分，分别为导流网模型、纤维

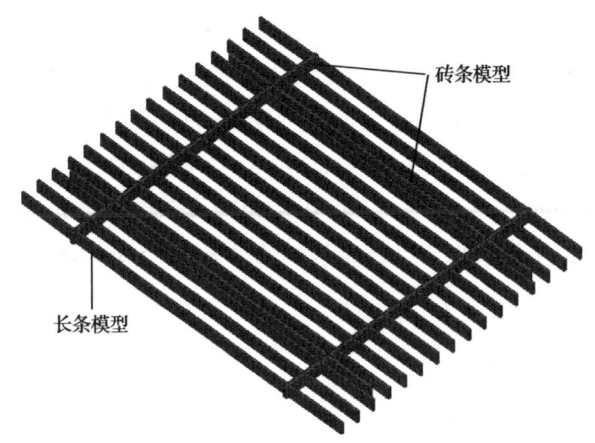

图 5.46　带加强筋泡沫芯板模型

面板模型、长条模型代替的泡沫芯板模型和加强筋矩形流道模型。对不同区域进行参数设置，包括导流网、纤维面板、加强筋矩形流道和长条模型各个方向的渗透率和孔隙率、树脂黏度，设置注胶口和抽气口，并输入相应的压力值，如表5.12所示。参数设置完成后进行计算，根据进度显示查看模拟完成进度。

表 5.12　工艺参数及材料属性值

工艺参数及材料属性	数值
纤维面板渗透率/m²	$K_1=4.290\times10^{-10}$、$K_2=3.720\times10^{-11}$、$K_3=6.500\times10^{-12}$
导流网渗透率/m²	$K_1=4.35\times10^{-9}$、$K_2=3.53\times10^{-9}$、$K_3=1.00\times10^{-10}$
长条模型渗透率/m²	$K_1=K_2=0$、$K_3=1.969\times10^{-8}$
砖条模型渗透率/m²	$K_1=5.55\times10^{-10}$、$K_2=0$、$K_3=5.55\times10^{-10}$
纤维面板孔隙率	0.579
导流网孔隙率	0.79
长条模型孔隙率	0.146
砖条模型孔隙率	0.167
注胶口压力值/Pa	1×10^5
抽气口压力值/Pa	0
树脂黏度/mPa·s	0.55

5.4.2　带加强筋缝合泡沫夹芯结构树脂充填试验

1. 试验材料与试验设备

加强筋采用亚克力板经过激光切割加工而成，尺寸分别为 280mm×2mm×

10mm、40mm×2mm×10mm 和 148mm×2mm×10mm。亚克力板由甲基烯酸甲酯单体聚合而成，亚克力板具有优异的表面硬度和抗划伤性能，抗冲击力强，同时具有良好的耐候及耐酸碱性能，质量轻，可塑性强，易进行切割加工，环保、可回收率高。

2. 试验过程

制备带加强筋缝合泡沫夹芯结构预成型体：将切割好的聚氨酯泡沫芯板采用数控铣铣出 3mm 宽度的凹槽，用 AB 胶将预先切割好的亚克力板黏结并放入泡沫芯板的凹槽中，按一定方向铺好纤维织物并对预成型体进行缝合。缝合后预成型体内部的带加强筋泡沫芯板结构如图 5.47 所示。最后对缝合后的预成型体进行 VARTM 成型工艺树脂充填，用摄像机记录上、下层纤维面板树脂充填过程。

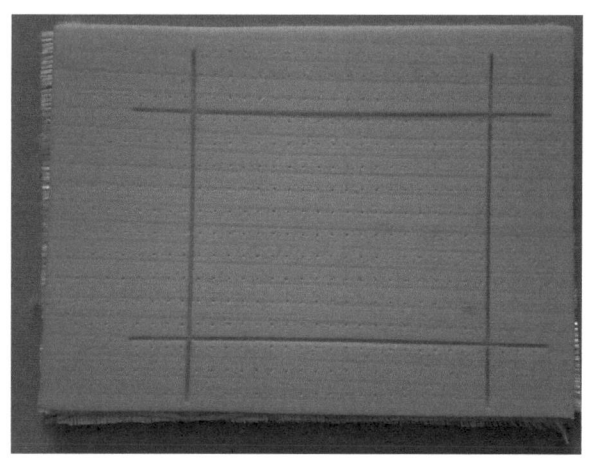

图 5.47 缝合后预成型体内部的带加强筋泡沫芯板结构

5.4.3 模拟与试验结果对比分析

树脂流动充填数值模拟与试验在不同时刻的对比如图 5.48 所示。所取得时间分别为充填前期树脂流经第一根横向放置加强筋、树脂流至中间区域和树脂流经第二根横向放置加强筋的时刻。

对比 3 个时刻上层纤维面板的树脂流动情况可以看出，数值模拟与试验的树脂流动前沿位置在有导流网铺放区域呈现比较统一的状态，未铺放导流网区域树脂流动与有导流网区域相比有一定的滞后。对比下层纤维面板的树脂流动情况可以看出，树脂在两根竖向放置加强筋处的流动明显快于其他位置，使这两点的树脂流动前沿都比较突出。另外，对比图 5.48(g)和(h)，树脂流动前沿呈明显的锯齿状，流动至横向放置加强筋处的树脂流动前沿都有相互连通的趋势。由对比可

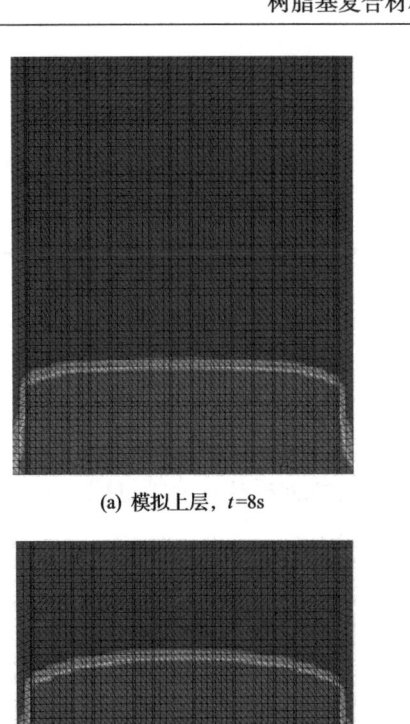
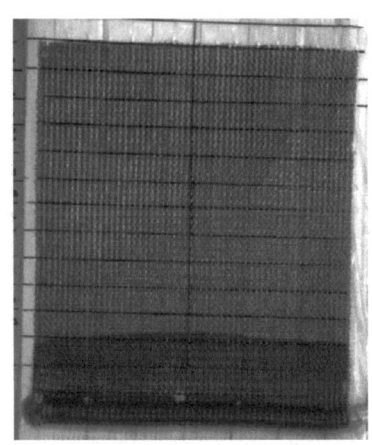

(a) 模拟上层，$t=8s$　　　　　　(b) 试验上层，$t=8s$

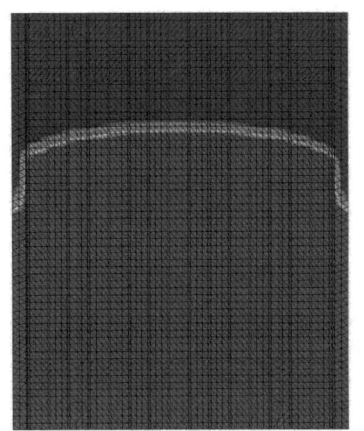
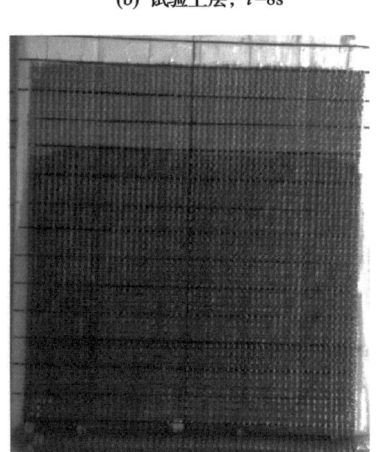

(c) 模拟上层，$t=54s$　　　　　　(d) 试验上层，$t=54s$

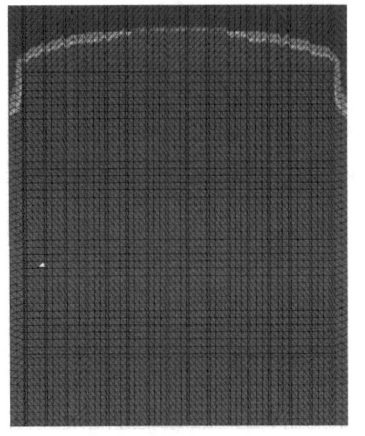
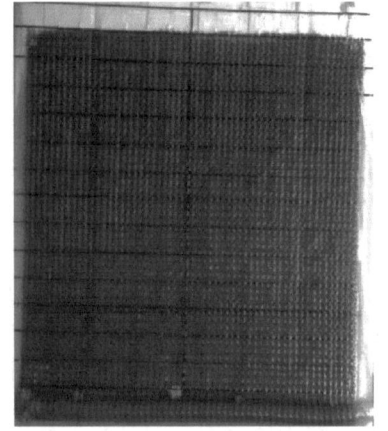

(e) 模拟上层，$t=108s$　　　　　　(f) 试验上层，$t=108s$

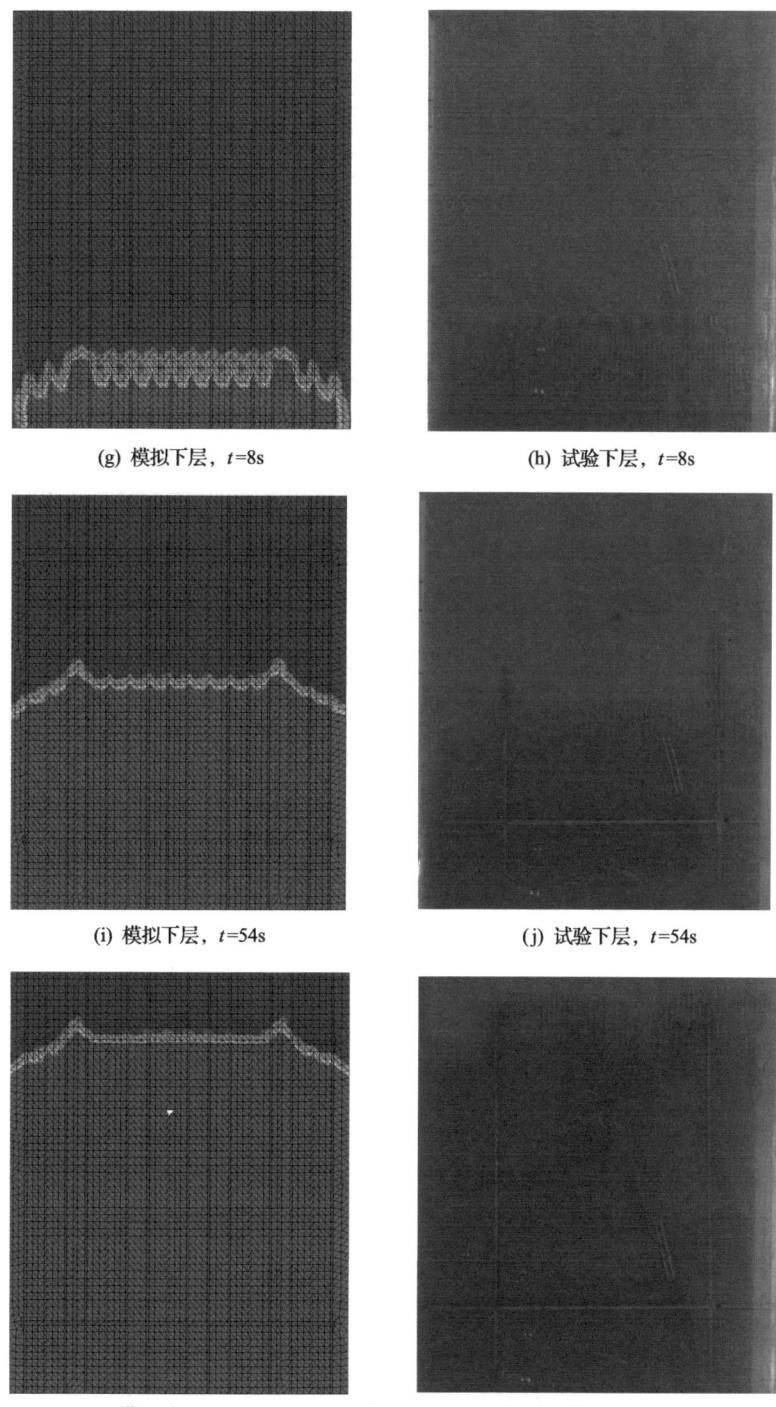

(g) 模拟下层，t=8s　　　　　　　(h) 试验下层，t=8s

(i) 模拟下层，t=54s　　　　　　　(j) 试验下层，t=54s

(k) 模拟下层，t=108s　　　　　　(l) 试验下层，t=108s

图 5.48　树脂流动充填数值模拟与试验在不同时刻的对比

以看出数值模拟与试验的树脂流动前沿流动状态比较一致,树脂流动前沿形状比较吻合。

试验中带加强筋缝合泡沫夹芯结构预成型体树脂充填完成时间为157s,其中上层纤维面板树脂充填完成时间为130s。数值模拟中预成型体树脂充填完成时间为149s,上层纤维面板树脂充填完成时间为116s。数值模拟与试验充填完成时间相差8s,误差仅为5.1%,而且上层纤维面板树脂充填完成时间相差也仅为14s。数值模拟与试验不同时刻的树脂流动前沿位置曲线如图5.49所示。可以看出,数值模拟与试验下层纤维面板的树脂流动前沿位置曲线几乎重合,上层纤维面板的树脂流动前沿位置曲线也相差较小,通过数值模拟可以比较准确地预测出树脂在各个时刻的位置变化。

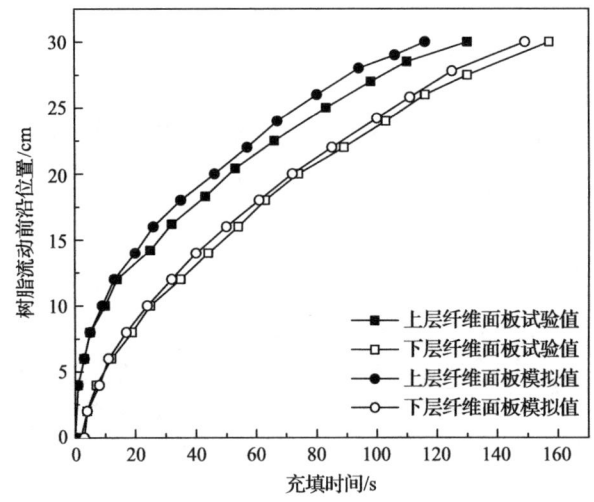

图5.49　数值模拟与试验不同时刻的树脂流动前沿位置曲线

由图5.48和图5.49可以看出,建立的带加强筋缝合泡沫夹芯结构预成型体模型可以比较准确地模拟出VARTM成型工艺过程中树脂的流动行为,且预成型体模型中对加强筋建立的砖条模型及其相应的等效渗透率和孔隙率的计算也是正确的。

不含加强筋预成型体中上层纤维面板的树脂流动速度快于下层纤维面板,时间间隔为26s,占充填完成时间的20.6%;含有加强筋预成型体中上层纤维面板的树脂流动速度同样快于下层纤维面板,时间间隔为33s,占充填完成时间的22.1%。不含加强筋预成型体中上、下层纤维面板的树脂流动时间间隔小于含加强筋预成型体,因此,加强筋的引入并不会影响树脂在上、下层纤维面板中的相对流动速度,树脂在预成型体中的流动速度主要还是由导流介质决定。树脂在含加强筋预成型体的上层纤维面板中的流动比较统一,沿导流网竖直向前且快速流动。两边无导流网处的树脂流动相对于有导流网处呈现出一定的滞后性,在最末端无导流网部分树脂缓慢地向前浸润上层纤维面板,加强筋的引入对上层纤维面板的树脂流动影响不大。

加强筋对下层纤维面板的树脂流动产生了较大影响,在无加强筋预成型体中树脂沿缝线与泡沫之间的针孔缝隙由上层纤维面板流动至下层纤维面板,而嵌入加强筋的凹槽贯穿了整个泡沫芯板,且缝隙的宽度达到了 0.2mm,树脂能够更容易地通过泡沫芯板中加强筋与泡沫之间的缝隙由上层纤维面板流动至下层纤维面板,树脂很快充满加强筋与泡沫芯板之间的缝隙并汇聚成一条直线,如图 5.48(h)和(l)所示。相比于针孔缝隙,树脂能够更容易地通过加强筋与泡沫芯板之间的缝隙,树脂在凹槽中的流动快于其他位置。

在试验中,树脂流经两根横向放置的加强筋时,放置加强筋的凹槽迅速被树脂充满且树脂向周围区域扩散,树脂向后扩散并与向前流动的树脂流动前沿汇合,容易产生边缘包围现象,使预成型体中的空气难以彻底排尽,造成干斑缺陷,如图 5.50 所示。树脂大量通过泡沫芯板中放置加强筋的凹槽由上层纤维面板流动至下层纤维面板,树脂容易在凹槽附近富集,影响复合材料制品质量。

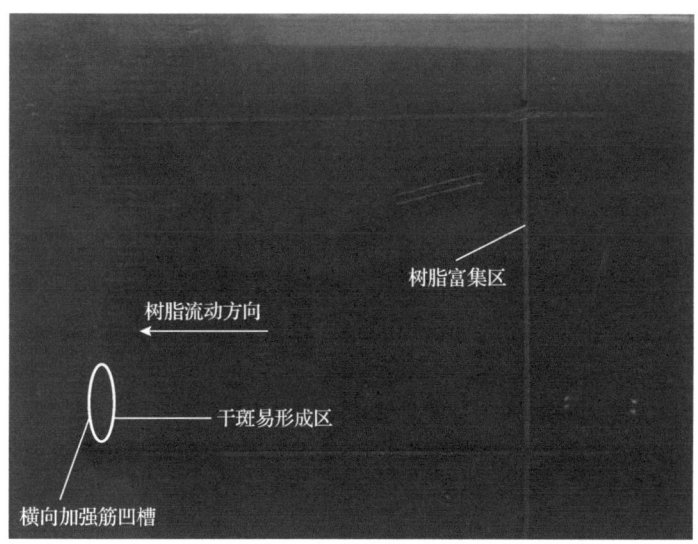

图 5.50　干斑和树脂富集区

参 考 文 献

[1] 马元春, 韩海涛, 卢子兴, 等. 缝纫泡沫夹芯复合材料失效强度的理论预测与试验验证. 复合材料学报, 2010, 27(5): 108-115.

[2] 王科, 赖家美, 鄢冬冬, 等. 缝合泡沫夹芯结构复合材料 VARTM 成型工艺树脂充填模拟及验证. 高分子材料科学与工程, 2015, 31(11): 124-129.

[3] 郑锡涛, 孙秦, 李野, 等. 全厚度缝合复合材料泡沫芯夹层结构力学性能研究与损伤容限评定. 复合材料学报, 2006, 23(6): 29-36.

[4] 程小全, 郦正能, 赵龙. 缝合复合材料制备工艺和力学性能研究. 力学进展, 2009, (1): 89-102.

[5] Lee C, Liu D. Tensile strength of stitching joint in woven glass fabrics. Journal of Engineering Materials and Technology, 1990, 112(2): 125-130.

[6] Jegley D C, Waters W A J. Test and analysis of a stitched RFI graphite-epoxy panel with a fuel access door. NASA Technical Memorandum, 1994: 1089-1092.

[7] Smith B A, Proctor P, Sparaco P. Airframe's pursue lower aircraft costs. Aviation Week and Space Technology, 1994, (5): 57-58.

[8] Tong L, Jain L K, Leong K H, et al. Failure of transversely stitched RTM lap joints. Composite Science and Technology, 1998, 58(2): 221-227.

[9] Kim J H, Lee Y S, Park B J, et al. Evaluation of durability and strength of stitched foam-cored sandwich structures. Composite Structures, 1999, 47(1-4): 543-550.

[10] Adams D O, Stanley L E. Development and evaluation of stitched sandwich panels. NASA CR-211025, 2001.

[11] Potluri P, Kusak E, Reddy T Y. Novel stitch-bonded sandwich composite structures. Composite Structures, 2003, 59(2): 251-259.

[12] Lascoup B, Aboura Z, Khellil K, et al. On the mechanical effect of stitch addition in sandwich panel. Composites Science and Technology, 2006, (66): 1385-1398.

[13] Song X. Vacuum assisted resin transfer molding (VARTM): Model development and verification. Dissertation Abstracts International, 2003.

[14] Verleye B, Roose D, Lomov S V, et al. Computation of permeability of textile reinforcements// The 9th International Conference on Material Forming Esaform, Glasgow, 2006.

[15] 李雪芹, 彭勃. 正弦波形梁构件的 RTM 工艺模拟研究. 纤维复合材料, 2008, 25(2): 3-7.

[16] 姜茂川, 赵龙, 刘强, 等. VARI 液体成型工艺制备复合材料帽形泡沫夹芯构件的工艺模拟及验证. 复合材料学报, 2013, (S1): 266-272.

[17] 魏俊伟, 张兴刚, 郭万涛. 典型夹芯结构复合材料 VARI 工艺成型仿真计算研究. 材料开发与应用, 2013, 28(5): 71-78.

[18] 赖家美, 王德盼, 陈显明, 等. VARTM 成型工艺中高渗透导流介质对树脂充填行为的影响. 高分子材料科学与工程, 2014, (7): 120-125.

[19] 王科, 赖家美, 唐传崇, 等. 导流介质对缝合泡沫夹芯结构复合材料 VARTM 工艺中树脂流

动影响研究. 塑料工业, 2015, 43(12): 41-44, 68.

[20] 王科, 赖家美, 鄢冬冬, 等. 缝合参数对缝合泡沫夹芯结构复合材料 VARTM 工艺树脂充模的影响. 高分子材料科学与工程, 2016, 32(2): 137-143.

[21] 赖家美, 陈乐乐, 王科, 等. 嵌入加强筋的缝合泡沫夹芯结构复合材料 VARTM 工艺树脂充填模拟及验证. 高分子材料科学与工程, 2017, 33(7): 99-105.

第6章 聚氨酯泡沫夹芯结构复合材料层合板的制备与力学性能研究

泡沫夹芯结构复合材料通常由上层纤维面板、下层纤维面板和中间的泡沫芯板黏结而成,以类似于工字梁的形式传递载荷。上层纤维面板和下层纤维面板主要承受由弯矩引起的面内拉压应力和剪应力,而泡沫芯板主要承受剪应力。与一般复合材料相比,泡沫夹芯结构复合材料的特点在于:①纤维面板和泡沫芯板的强度、弹性模量和热膨胀系数使复合材料呈现各向异性;②纤维面板和泡沫芯板的界面性能决定复合材料整体性能,若纤维面板/泡沫芯板界面性能低,将发生脱黏分层导致材料失效;③在外力作用下,纤维面板和泡沫芯板均会产生不同程度的破坏,界面发生蠕变或者应力变化导致脱黏与分层失效。

6.1 聚氨酯泡沫夹芯结构复合材料层合板制备

采用 VARTM 成型工艺制备三种泡沫夹芯结构复合材料层合板:未缝合泡沫夹芯结构复合材料层合板、缝合泡沫夹芯结构复合材料层合板和钢丝网泡沫夹芯结构复合材料层合板。对于缝合结构复合材料层合板,需要预先缝合预成型体;对于钢丝网结构复合材料层合板,需要预先裁剪所需尺寸的钢丝网,铺放在泡沫芯板与纤维面板之间。

6.1.1 试验材料与试验设备

1. 试验材料

试验材料如表 6.1 所示。

表 6.1 试验材料

名称	型号	作用
环氧树脂	R688	基体,胶黏剂
固化剂	H3268	与树脂配合固化
双轴向(0°/90°)纤维织物	LT600	基体材料,支撑纤维
密封胶带	ST240Y	密封,黏结
真空袋膜	BF6600-50T	创造真空环境

续表

名称	型号	作用
脱模布	PP85WR	防止制品与导流网等黏结
脱模蜡	FK333	方便取件
螺旋管	SW12-10	便于树脂从缝隙导流
树脂管	10mm×12mm	传递树脂
导流网	FM150	加速树脂渗透

常用芯材的基本性能如表 6.2 所示。PU 芯材具有很好的回弹性，能够有效吸能减振，强度高且耐腐蚀，因此，试验中选择 PU 芯材制备复合材料。

表 6.2 常用芯材的基本性能

芯材类型	容重/(g/cm^3)	压缩强度/MPa	线膨胀系数/℃$^{-1}$
FRP	0.078~0.141	2.6~3.5	0.7×10^{-5}
PU	0.14~0.19	0.2~0.4	7.2×10^{-5}
PS	0.08	0.07~0.08	7.2×10^{-5}
PVC	0.03~0.1	0.04~0.75	$(7\sim11)\times10^{-5}$

复合材料制备中常用的缝线包括玻纤线、涤纶缝线和 Kevlar 缝线，其中 Kevlar 缝线密度小，抗拉强度大且耐切割，应用最广泛，试验中选择 Kevlar 编织 3 号 4 股缝线。选择国标 304 不锈钢电焊网作为辅助增强体，具有平整均匀、防锈、耐酸碱腐蚀、承载能力强、稳定性好、使用寿命长和经济环保的优点。

2. 试验设备

试验设备包括 RGM4030 电子试验机、TX-25 真空泵、自制试验平台以及游标卡尺等辅助工具。

6.1.2 未缝合与缝合泡沫夹芯结构复合材料层合板制备

1. 未缝合泡沫夹芯结构复合材料层合板制备

采用 VARTM 成型工艺制备泡沫夹芯结构复合材料层合板，具体步骤见 2.3.2 节。泡沫夹芯结构复合材料层合板如图 6.1 所示。

若采用激光切割，容易使纤维面板发生烧蚀和表面炭化，影响复合材料层合板性能。采用水刀切割所得到的复合材料层合板边缘平整，材料损伤小，因此，试验采用水刀切割制备测试试样。

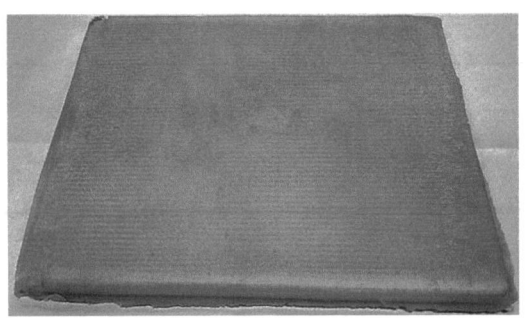

图 6.1　泡沫夹芯结构复合材料层合板

2. 缝合泡沫夹芯结构复合材料层合板制备

链式缝合方式与锁式缝合方式是两种应用较多的缝合方式，在锁式缝合方式的基础上又衍生出改进的锁式缝合方式，如图 5.3 所示。由于锁式缝合方式的缝合结点位于夹芯中间，应力集中比较严重，影响材料的力学性能。改进的锁式缝合方式中结点在外部，可有效避免应力集中，因此，本试验选择改进的锁式缝合方式进行缝合预制件制备。

限于实验室条件，采用传统的手工缝合，为了保证缝合平行度，夹具上下板块之间的距离灵活可调，本试验自行设计缝合夹具。缝合夹具结构如图 6.2 所示。上下两块合金板具有一定的刚度，夹具上要有明显的刻度，便于控制针距和行距。在夹具上层合金板上黏结带刻度钢尺，为避免缝合过程中受力过大导致脱胶，用三个螺钉进一步固定。为了方便滑移，将下行螺母与螺柱焊接固定，这样只需拧松或拧紧上层的螺母控制距离。每缝完一行后需要用扳手将双头螺柱两端的螺母拧松，再缓缓移动复合材料层合板到合适的行距，再拧紧，然后缝合。

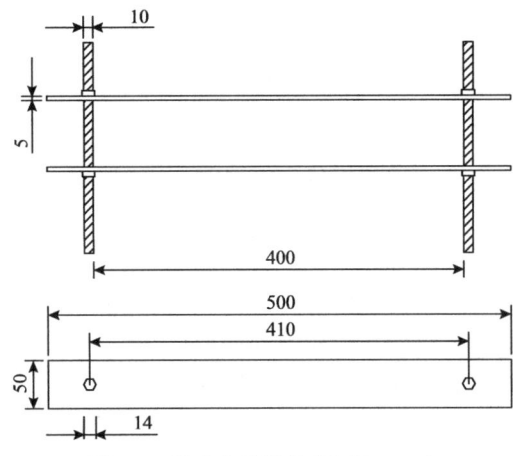

图 6.2　缝合夹具结构(单位：mm)

缝合过程如图 6.3 所示。由于纤维织物比较软，为了避免纤维束在缝合过程中损坏以及发生错位，用夹子将纤维织物的四周夹起来，起到固定作用。缝合位置的纤维织物与泡沫已经紧密连接，具有一定的预紧力，而未缝合位置的纤维织物与泡沫之间还是松散的，容易使夹具滑动，降低了缝合的准确度。缝合预制件如图 6.4 所示。

图 6.3　缝合过程

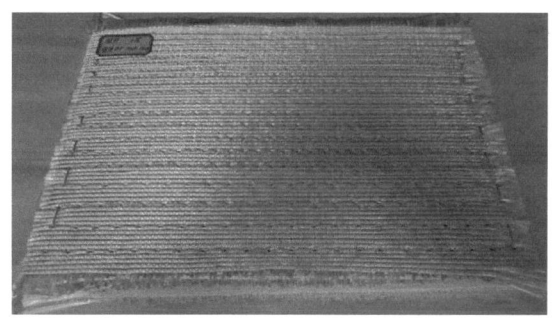

图 6.4　缝合预制件

预制件缝合完成后，采用 VARTM 成型工艺制备缝合泡沫夹芯结构复合材料层合板。缝合泡沫夹芯结构复合材料层合板如图 6.5 所示，缝合针距×行距分别为 10mm×10mm 和 15mm×15mm。

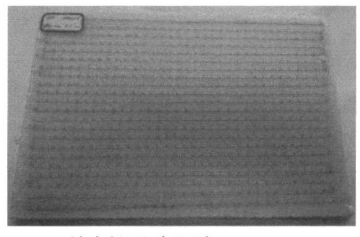

(a) 缝合针距×行距为10mm×10mm　　(b) 缝合针距×行距为15mm×15mm

图 6.5　缝合泡沫夹芯结构复合材料层合板

6.1.3 钢丝网缝合泡沫夹芯结构复合材料层合板制备

缝合泡沫夹芯结构复合材料层合板的缝合工序复杂,而且缝合过程中纤维损伤较大,进而影响复合材料层合板力学性能。在不损伤纤维的情况下,可通过嵌入钢丝网达到进一步增强复合材料层合板性能的目的。三种规格钢丝网结构如图6.6所示。三种规格钢丝网依次为:(a) H06T0.6,(b) H12T0.8,(c) H20T1.5(其中H为钢丝网孔径,mm;T为钢丝网粗度,mm),例如H06T0.6表示钢丝网孔径为6mm,粗度为0.6mm。

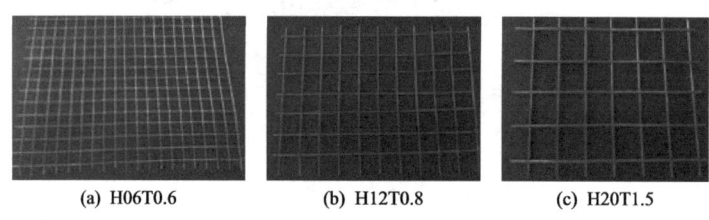

(a) H06T0.6　　(b) H12T0.8　　(c) H20T1.5

图 6.6　三种规格钢丝网结构

采用水刀切割钢丝网比较困难,而且容易打坏水刀,破坏中间的聚氨酯泡沫。因此,先用钢丝钳将钢丝网裁剪成试验所需要的尺寸,控制好间距,铺放在泡沫芯板上再用定位针定位,然后再对另一面进行相同布置,钢丝网对称铺放如图6.7所示。钢丝网铺放完成后,采用VARTM成型工艺制备钢丝网缝合泡沫夹芯结构复合材料层合板,如图6.8所示。

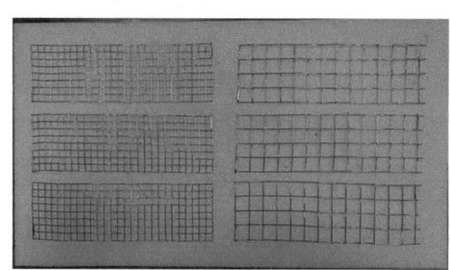

图 6.7　钢丝网对称铺放

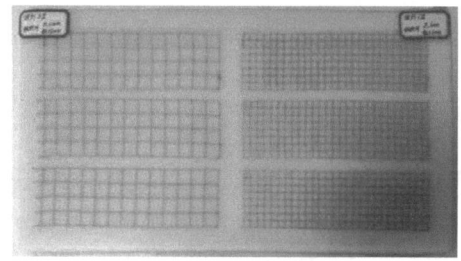

图 6.8　钢丝网缝合泡沫夹芯结构复合材料层合板

6.2 泡沫夹芯结构复合材料层合板三点弯曲模拟

泡沫夹芯结构复合材料层合板在三点弯曲过程中会发生多种形式的损伤失效,伴随着纤维与基体的拉伸和压缩以及层间分层。本节建立了泡沫夹芯结构复合材料层合板三点弯曲有限元模型,模拟了纤维层数为 8 层,针距×行距分别为 10mm×10mm 以及 15mm×15mm 两种缝合密度的泡沫夹芯结构复合材料层合板三点弯曲过程。

泡沫夹芯结构复合材料层合板包含一个特殊结构——缝线树脂柱,如图 6.9 所示。基于最大应变准则,当作用在缝线树脂柱的应力产生的应变量超过所能允许的最大应变时,可认为缝线树脂柱失效。在 3D 实体单元建模中,泡沫芯板的破坏准则选择可压缩泡沫各向同性硬化本构模型。模拟中压头采用刚体进行刚体约束(C3D4)。在压头和纤维面板之间采用面-面接触方式,忽略摩擦作用。纤维面板采用连续壳单元(SC8R),泡沫芯板采用三维缩减积分单元(C3D8R)防止剪力自锁。对于缝合密度不同的泡沫夹芯结构复合材料层合板,采用阵列方式插入缝线,贯穿上、下层纤维面板和泡沫芯板。

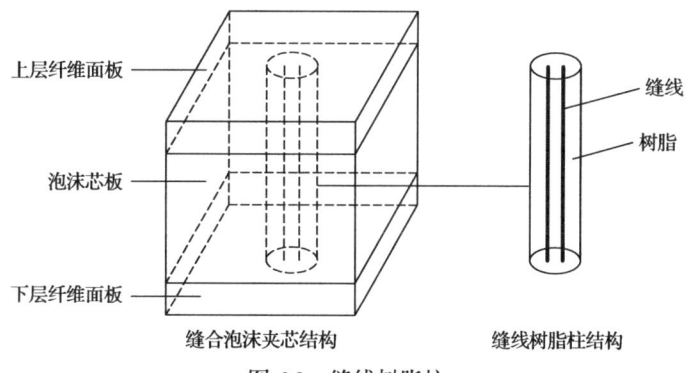

图 6.9　缝线树脂柱

6.2.1　复合材料层合板力学性能参数

由于泡沫夹芯结构复合材料层合板中含有泡沫、玻璃纤维和树脂等,纤维面板采用实体层单元模拟多层复合材料,输入每一层纤维混合层的等效材料参数,即混合层的弹性模量、泊松比和剪切模量等。PU 泡沫性能参数如表 6.3 所示。

表 6.3　PU 泡沫性能参数

密度/(kg/m³)	弹性模量/MPa	泊松比
63	29	0.35

缝线树脂柱采用空间杆单元(T3D2)通过嵌入区域约束嵌入复合材料层合板中。缝线树脂柱性能参数如表6.4所示。

表6.4 缝线树脂柱性能参数

密度/(kg/m³)	弹性模量/GPa	泊松比	横截面积/mm²
1300	62.68	0.34	7.07

6.2.2 有限元模型的建立

1. 几何模型

三点弯曲试验各部件和装配体模型如图6.10所示。可先绘制纤维面板、泡沫芯板、缝线、压头和支座的二维草图,然后拉伸生成三维实体,在三维空间进行各部件的装配。

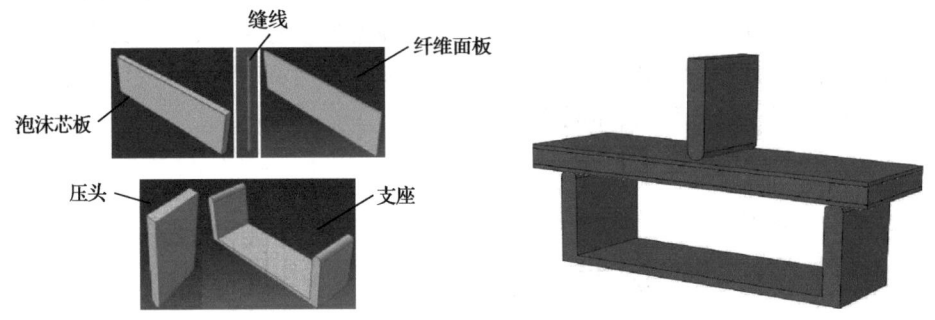

图6.10 三点弯曲试验各部件和装配体模型

2. 网格划分

在模拟过程中,没有必要对模型整体均采用均匀的细化网格,只需要对变形大的区域进行网格细化即可。由于压头与纤维面板跨中位置的变形较大,对这一区域进行网格细化,其他部分采用粗网格,能够极大节省计算时间。在模拟过程中网格畸变严重影响模拟结果,出现网格畸变时需要进行网格重划分。

3. 有限元结果输出

缝合泡沫夹芯结构复合材料层合板三点弯曲过程如图6.11所示。可以看出,随着压头不断向下,位移增加,缝合泡沫夹芯结构复合材料层合板的弯曲变形不断增大,破坏程度也越来越明显,出现纤维面板的断裂以及泡沫芯板的压溃破坏。

缝合泡沫夹芯结构复合材料层合板三点弯曲过程变形对比如图6.12所示。10mm×10mm 缝合泡沫夹芯结构复合材料层合板三点弯曲过程应力云图如图6.13

所示。15mm×15mm 缝合泡沫夹芯结构复合材料层合板三点弯曲过程应力云图如图 6.14 所示。

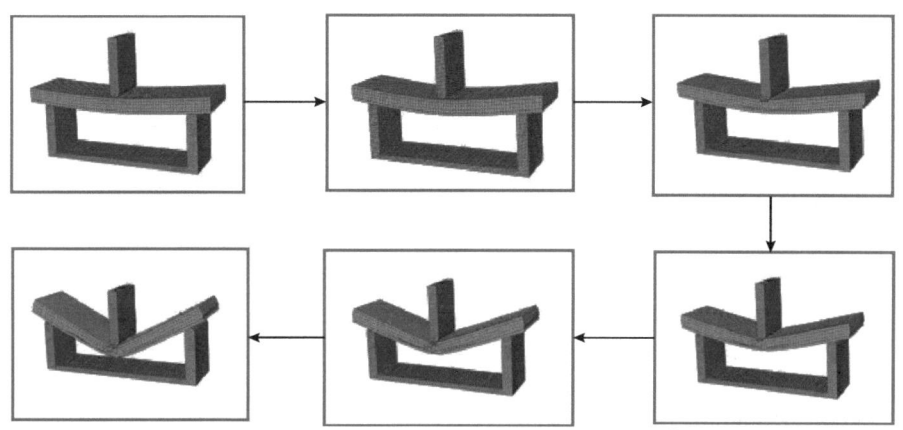

图 6.11　缝合泡沫夹芯结构复合材料层合板三点弯曲过程

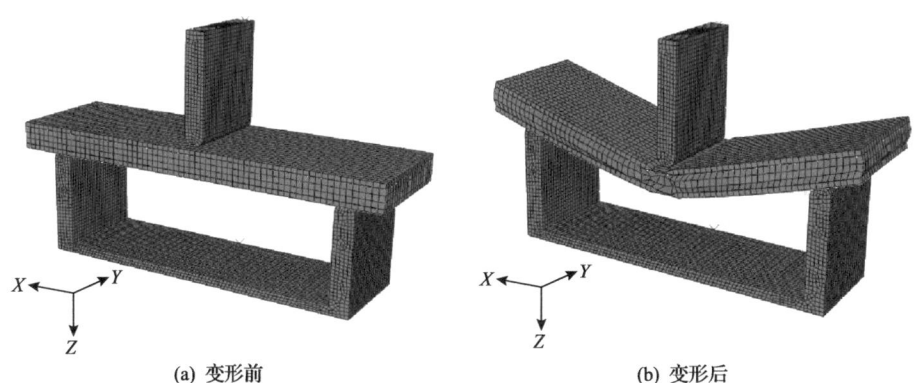

图 6.12　缝合泡沫夹芯结构复合材料层合板三点弯曲过程变形对比

图 6.13　10mm×10mm 缝合泡沫夹芯结构复合材料层合板三点弯曲过程应力云图

图 6.14 15mm×15mm 缝合泡沫夹芯结构复合材料层合板三点弯曲过程应力云图

10mm×10mm 缝合泡沫夹芯结构复合材料层合板三点弯曲模拟与试验载荷-挠度曲线如图 6.15 所示。15mm×15mm 缝合泡沫夹芯结构复合材料层合板三点弯曲模拟与试验载荷-挠度曲线如图 6.16 所示。可以看出,模拟与试验曲线趋势相似,载荷快速增大到峰值,随后缓慢下降。10mm×10mm 缝合泡沫夹芯结构复合材料层合板三点弯曲的模拟峰值载荷为 2549.42N,试验峰值载荷为 2473.2N,误差约为 3.1%。15mm×15mm 缝合泡沫夹芯结构复合材料层合板三点弯曲的模拟峰值载荷为 2095.53N,试验峰值载荷为 2048.44N,误差约为 2.3%,误差均比较小,验证了模型的准确性。数值模拟与试验曲线存在差异的主要原因在于数值模拟对各参数都进行了简化处理且参数恒定,而试验中缝合泡沫夹芯结构复合材料层合板的制备和三点弯曲过程受很多因素影响,导致数值模拟和试验曲线偏离。

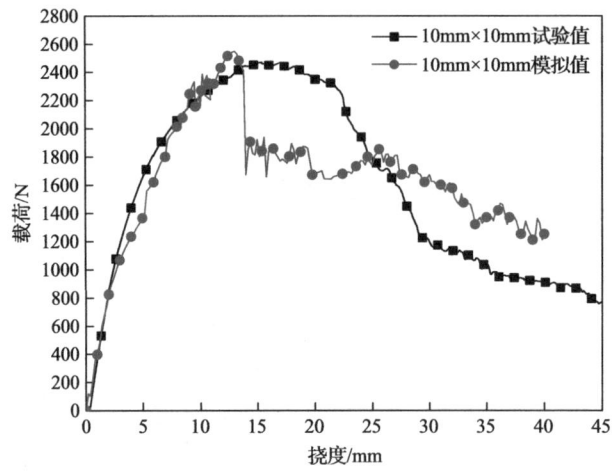

图 6.15 10mm×10mm 缝合泡沫夹芯结构复合材料层合板三点弯曲模拟与试验载荷-挠度曲线

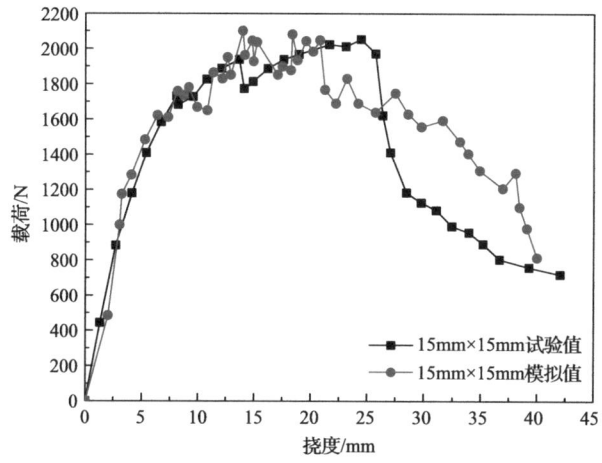

图 6.16　15mm×15mm 缝合泡沫夹芯结构复合材料层合板三点弯曲
模拟与试验载荷-挠度曲线

6.3　泡沫夹芯结构复合材料层合板弯曲性能测试和结果分析

6.3.1　弯曲试验设备和试验标准

采用 RGM4030 电子试验机进行三点弯曲试验。先将试样放在两个支撑点上，在两个支撑点中点正上方通过压头在试样上施加向下的载荷，三个接触点形成两个相等力矩时即发生三点弯曲，试样于中点处发生断裂。

按照《夹层结构弯曲性能试验方法》（GB/T 1456—2021）[1]制备三点弯曲试样，试样为长方体，试样宽度为 60mm，试样宽度小于跨距的一半，试样长度为 200mm，即试样尺寸为 200mm×60mm，跨距为 160mm，加载速度为 2mm/min[2]。

6.3.2　未缝合泡沫夹芯结构复合材料层合板弯曲性能测试

1. 未缝合泡沫夹芯结构复合材料层合板弯曲试验

选取泡沫芯板厚度和纤维层数两个参数对比未缝合泡沫夹芯结构复合材料层合板的弯曲性能。聚氨酯泡沫芯板密度为 $60kg/m^3$，厚度为 9mm 和 13mm，纤维层数为 4 层、6 层和 8 层，每组试验选取 3 个试样求平均值。未缝合泡沫夹芯结构复合材料层合板弯曲性能如表 6.5 所示。可以看出，同一类型的未缝合试样峰值载荷差别很小，数据比较稳定。

2. 未缝合泡沫夹芯结构复合材料层合板载荷-挠度曲线

未缝合泡沫夹芯结构复合材料层合板载荷-挠度曲线如图 6.17 所示。可以看

表 6.5 未缝合泡沫夹芯结构复合材料层合板弯曲性能

组别	泡沫芯板厚度/mm	纤维层数	峰值载荷/N	峰值载荷平均值/N
A	9	4	562.22/576.46/574.08	570.92
B	9	6	998.16/1040.16/1021.84	1020.05
C	9	8	2019.83/1982.29/1957.82	1986.65
D	13	4	777.79/635.42/582.15	665.12
E	13	6	898.03/912.52/904.92	905.16
F	13	8	1515.46/1635.94/1578.59	1576.66

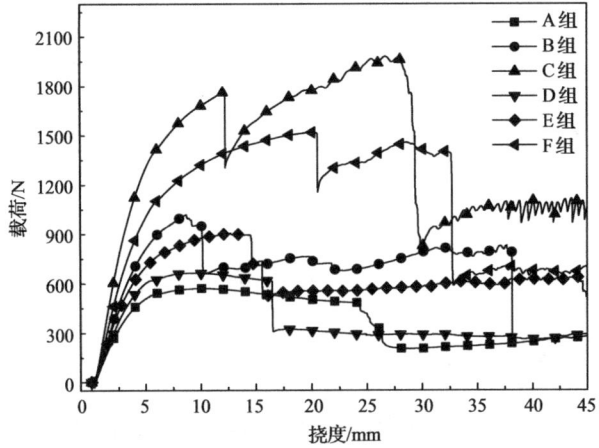

图 6.17 未缝合泡沫夹芯结构复合材料层合板载荷-挠度曲线

出，初始阶段挠度随载荷呈线性增加，随着载荷增大，试样开始发生弯曲。接着发生非弹性变形，载荷增速降低，逐渐达到峰值。

未缝合泡沫夹芯结构复合材料层合板破坏形式如图6.18所示。可以看出，跨中弯曲位置的上、下层纤维面板均存在发白现象，主要是纤维面板受到剪切压力破坏失效。此外，可以观察到泡沫芯板与纤维面板脱层、纤维面板断裂、泡沫褶皱和裂口等损伤。由于泡沫芯板的弹性变形和缓冲吸能作用，卸载后，未缝合泡沫夹芯结构复合材料层合板迅速弯曲回弹。

图 6.18 未缝合泡沫夹芯结构复合材料层合板破坏形式

3. 未缝合泡沫夹芯结构复合材料层合板弯曲性能

纤维面板的应力为

$$\sigma_{\mathrm{f}} = \frac{Fl}{4bt_{\mathrm{f}}(h-t_{\mathrm{f}})} \tag{6.1}$$

式中，b 为试样宽度，mm；F 为试样载荷，N；h 为试样厚度，mm；l 为跨距，mm；t_{f} 为试样面板厚度，mm。

当 F 为破坏载荷，且纤维面板发生拉断或压缩皱折等破坏时，式(6.1)的计算结果即为夹芯结构弯曲强度，也称为抗弯强度。夹芯结构弯曲强度是指材料在受到中心压头负荷作用下破裂或达到规定弯矩时所能承受的最大应力，是衡量材料抗弯曲性能的重要指标。

未缝合泡沫夹芯结构复合材料层合板抗弯强度如图 6.19 所示。可以看出，纤维层数固定时，未缝合泡沫夹芯结构复合材料层合板的抗弯强度随着泡沫芯板厚度的增加而减小，这是因为泡沫芯板的力学性能较差，泡沫芯板厚度增加使其缓冲作用更加显著，泡沫芯板压实程度增大，导致抗弯强度减小。而泡沫芯板厚度固定时，纤维面板的厚度随纤维层数增加而增大，复合材料层合板抵抗破坏变形的能力增强，抗弯强度随之增大。

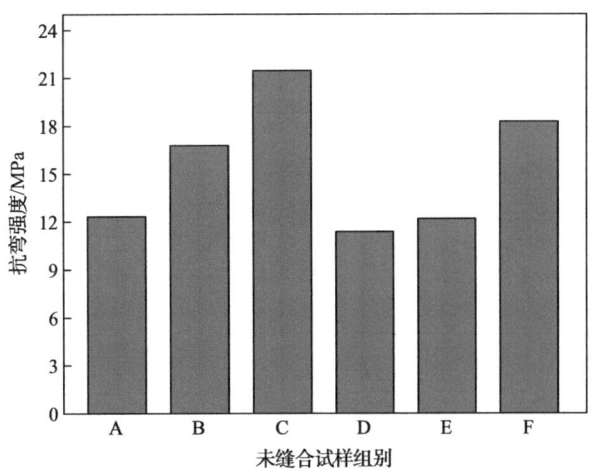

图 6.19 未缝合泡沫夹芯结构复合材料层合板抗弯强度

未缝合泡沫夹芯结构复合材料层合板弯曲挠度如图 6.20 所示。弯曲挠度大说明柔韧性较好，反之说明刚度较大。

将三点弯曲过程简化为简支梁弯曲，则三点弯曲截面为长方形，其截面惯性矩为

$$I = \frac{bh^3}{12} \tag{6.2}$$

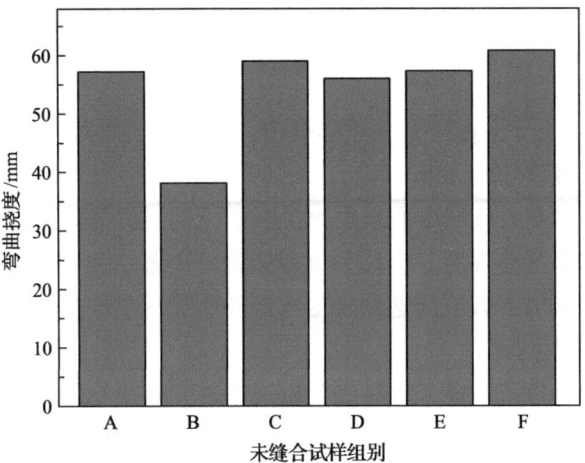

图 6.20　未缝合泡沫夹芯结构复合材料层合板弯曲挠度

未缝合泡沫夹芯结构复合材料层合板抗弯刚度如图 6.21 所示。未缝合泡沫夹芯结构复合材料层合板弯曲弹性模量如图 6.22 所示。

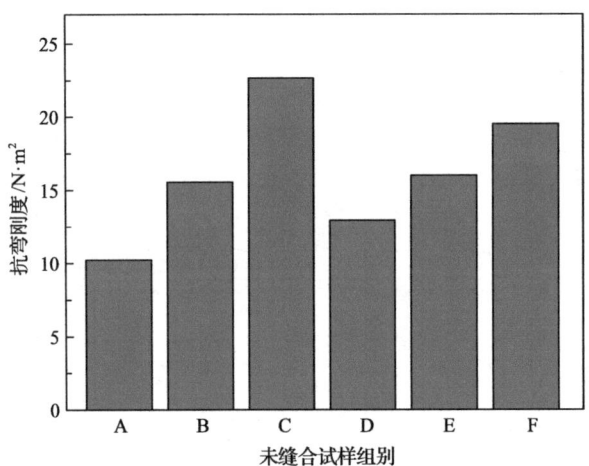

图 6.21　未缝合泡沫夹芯结构复合材料层合板抗弯刚度

抗弯刚度是指材料抵抗其弯曲变形的能力，即

$$D = EI \tag{6.3}$$

式中，E 为弹性模量，MPa。

简支梁的挠度为

$$\omega = \frac{8Pl^3}{384EI} = \frac{Pl^3}{48EI} \tag{6.4}$$

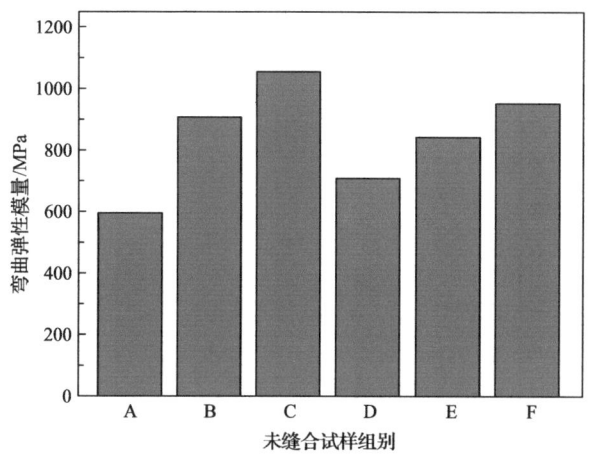

图 6.22 未缝合泡沫夹芯结构复合材料层合板弯曲弹性模量

抗弯刚度为

$$D = \frac{l^3 \Delta F}{48 \Delta f} \tag{6.5}$$

式中，D 为抗弯刚度，$N \cdot mm^2$；ΔF 为载荷-挠度曲线上直线段的载荷增量，N；Δf 为对应于 ΔF 的跨距中点处的挠度，mm。

试样的弯曲弹性模量为

$$E_b = \frac{l^3 \Delta F}{4bh^3 \Delta f} \tag{6.6}$$

将载荷-挠度曲线对挠度进行积分，得到弯曲能量为

$$W = \int_0^{x_0} F dx \tag{6.7}$$

式中，F 为 dx 上对应的载荷，kN；W 为弯曲能量值，J；x_0 为试样弯曲发生的挠度，mm；dx 为微元挠度，mm。

载荷-挠度曲线与坐标轴包围的面积就是弯曲能量。当试样载荷较大，且曲线平缓时，曲线与坐标轴围成的面积大，弯曲能量高；当试样载荷有多次大幅下降，且不再上升，曲线与坐标轴围成的面积小，弯曲能量低。计算求得未缝合泡沫夹芯结构复合材料层合板的弯曲能量如图 6.23 所示。可以看出，组别 C 与组别 F 的弯曲能量较大，这两组的纤维层数最多，其他几组试样的弯曲能量较低。

未缝合泡沫夹芯结构复合材料层合板弯曲性能如表 6.6 所示。可以看出，未缝合泡沫夹芯结构复合材料层合板弯曲性能与纤维面板强度有关，纤维层数越多，纤维面板强度越大，弯曲性能越强[3,4]。

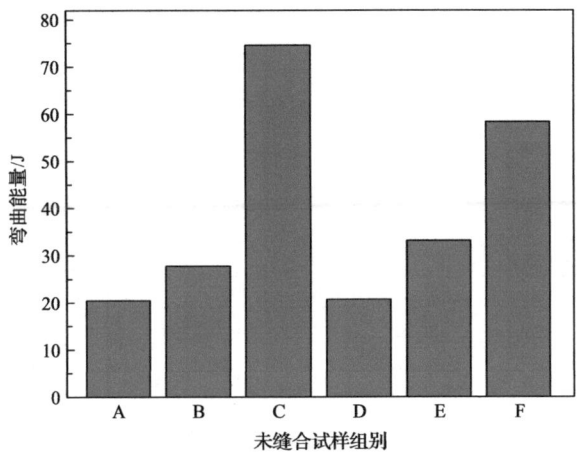

图 6.23　未缝合泡沫夹芯结构复合材料层合板的弯曲能量

表 6.6　各试验组未缝合泡沫夹芯结构复合材料层合板弯曲性能

组别	抗弯强度/MPa	弯曲挠度/mm	弯曲弹性模量/MPa	抗弯刚度/N·m²	弯曲能量/J
A	12.33	57.18	595.49	10.24	20.51
B	16.79	38.15	907.61	15.55	27.75
C	21.46	58.98	1054.78	22.67	74.56
D	11.37	56.03	707.95	12.94	20.71
E	12.19	57.32	842.80	16.01	33.13
F	18.28	60.79	952.38	19.51	58.32

6.3.3　缝合泡沫夹芯结构复合材料层合板弯曲性能测试

1. 缝合泡沫夹芯结构复合材料层合板弯曲试验

采用改进的锁式缝合方式，手工缝制针距×行距分别为 10mm×10mm、15mm×15mm 的预成型体，通过 VARTM 成型工艺制备纤维层数分别为 4、6、8 的缝合泡沫夹芯结构复合材料层合板。由 6.3.2 节可知，泡沫芯板厚度对泡沫夹芯结构复合材料层合板的弯曲性能影响不显著，因此泡沫芯板厚度统一为 10mm。每组试验选取 3 个试样求平均值。试样编号中 P 代表纤维层数，D 代表缝合尺寸，比如，P4D10 表示纤维层数为 4，针距×行距为 10mm×10mm。缝合泡沫夹芯结构复合材料层合板弯曲性能如表 6.7 所示。

缝合泡沫夹芯结构复合材料层合板抗弯强度如图 6.24 所示。可以看出，P8D10 试样的抗弯强度最大，抗弯强度随纤维层数和缝合密度的增大而增大。这是由于缝线不仅使泡沫芯板与纤维面板在 Z 向连接在一起，而且树脂沿缝线间隙渗入并固化形成竖直方向的缝线树脂柱，如图 6.25 所示。缝线树脂柱的承载能力较强，在试样完全破坏之前，缝线树脂柱能够起到很好的支撑作用。

表 6.7 缝合泡沫夹芯结构复合材料层合板弯曲性能

试样编号	峰值载荷/N	峰值载荷平均值/N	抗弯强度/MPa
P4D10	1428.95/1471.33/1467.57	1455.95	28.31
P6D10	2103.65/1847.14/1978.15	1976.31	29.28
P8D10	2473.20/2543.62/2437.67	2484.83	33.13
P4D15	1090.26/1046.50/1160.18	1098.98	25.64
P6D15	1652.91/1700.42/1628.17	1660.50	27.33
P8D15	2064.34/2048.44/2104.06	2072.28	30.70

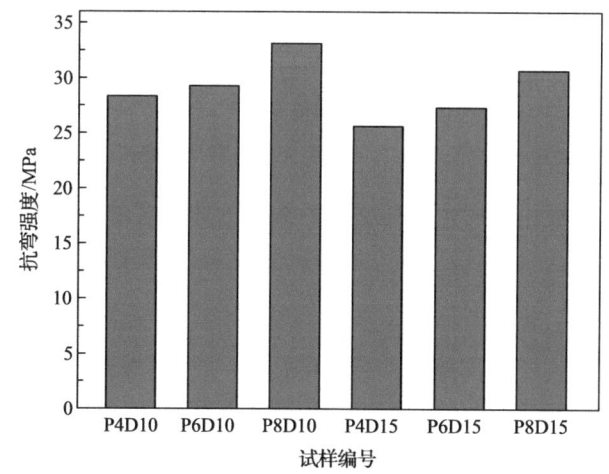

图 6.24 缝合泡沫夹芯结构复合材料层合板抗弯强度

图 6.25 缝线树脂柱结构

2. 缝合泡沫夹芯结构复合材料层合板载荷-挠度曲线

缝合泡沫夹芯结构复合材料层合板载荷-挠度曲线如图 6.26 所示。可以看出，部分试样在未达到峰值载荷时发生断裂，载荷发生锐降，随着继续加载，挠度增加，载荷也会增大至峰值，随后发生不同程度的下降。与未缝合泡沫夹芯结构复合材料层合板相比，缝合泡沫夹芯结构复合材料层合板的峰值载荷更大。

由于复合材料层合板脆性较大，当载荷增加到一定值时，材料内部纤维断裂，载荷迅速减小。随着继续加载，缝线树脂柱不再保持竖直，而是逐渐被压弯呈现

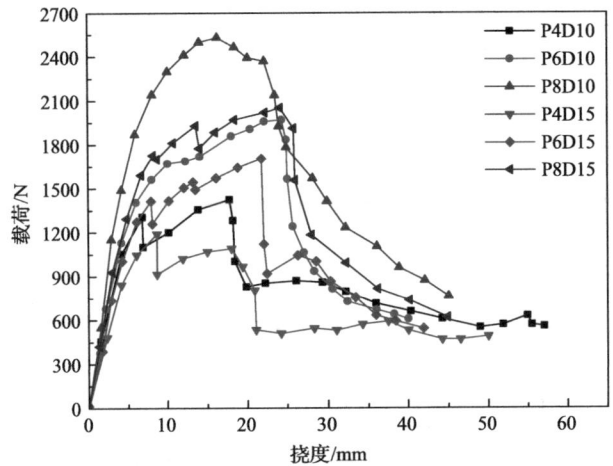

图 6.26 缝合泡沫夹芯结构复合材料层合板载荷-挠度曲线

一定倾斜，泡沫芯板也会产生挤压破坏。缝合泡沫夹芯结构复合材料层合板破坏形式如图 6.27 所示。

  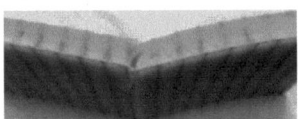

图 6.27 缝合泡沫夹芯结构复合材料层合板破坏形式

3. 缝合泡沫夹芯结构复合材料层合板弯曲性能

缝合泡沫夹芯结构复合材料层合板弯曲性能如表 6.8 所示。缝合泡沫夹芯结构复合材料层合板弯曲弹性模量如图 6.28 所示。缝合泡沫夹芯结构复合材料层合板抗弯刚度如图 6.29 所示。缝合泡沫夹芯结构复合材料层合板弯曲能量如图 6.30 所示。可以看出，弯曲弹性模量随纤维层数增加明显增大，随缝合密度增大而增大但增幅较小。缝合泡沫夹芯结构复合材料层合板的抗弯刚度和弯曲能量也与纤

表 6.8 缝合泡沫夹芯结构复合材料层合板弯曲性能

试样编号	弯曲挠度/mm	弯曲弹性模量/MPa	抗弯刚度/$N·m^2$	弯曲能量/J
P4D10	57.41	1248.98	17.15	47.18
P6D10	40.62	1554.91	22.89	55.11
P8D10	45.34	1715.69	27.34	66.48
P4D15	50.05	1161.62	12.76	38.27
P6D15	41.99	1460.39	21.33	43.16
P8D15	45.36	1531.86	25.47	56.23

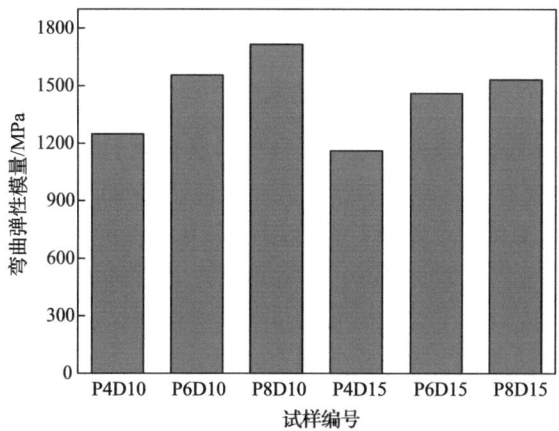

图 6.28　缝合泡沫夹芯结构复合材料层合板弯曲弹性模量

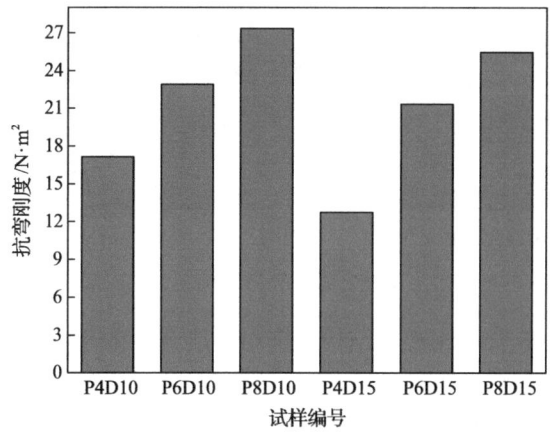

图 6.29　缝合泡沫夹芯结构复合材料层合板抗弯刚度

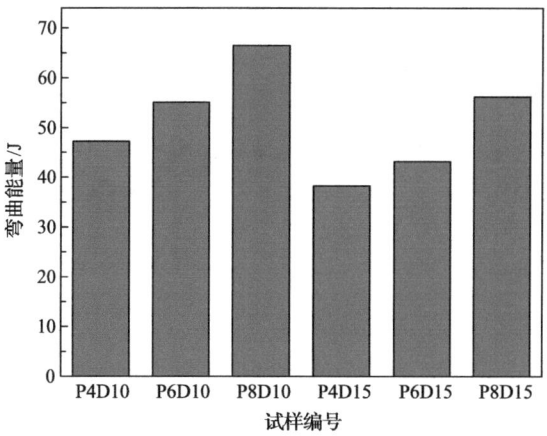

图 6.30　缝合泡沫夹芯结构复合材料层合板弯曲能量

维层数和缝合密度正相关。

4. 两种缝合角度缝合泡沫夹芯结构复合材料层合板弯曲性能

缝合角度影响缝合泡沫夹芯结构复合材料层合板上的缝线相对压头的加载位置，也会影响复合材料层合板的力学性能。缝合针距×行距为13mm×13mm，泡沫芯板为10mm的聚氨酯硬质泡沫，纤维层数为6，上下对称铺层，限于试验条件只讨论缝合角度为0°与90°的情况，缝合角度为0°即缝线针距与试样长度方向平行，行距与试样宽度方向平行；缝合角度为90°则相反。两种缝合角度缝合泡沫夹芯结构复合材料层合板弯曲试验如图6.31所示。

 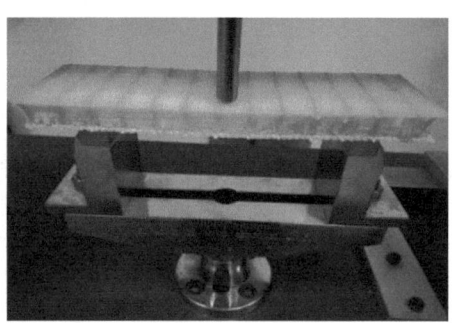

(a) 0°缝合试样　　　　　　　　　　(b) 90°缝合试样

图6.31　两种缝合角度缝合泡沫夹芯结构复合材料层合板弯曲试验

两种缝合角度缝合泡沫夹芯结构复合材料层合板载荷-挠度曲线如图6.32所示。可以看出，两种缝合角度试样的弯曲初始阶段近乎重合，随着挠度增加，载荷迅速增大；在塑性变形阶段载荷增加速度稍小并达到峰值。与此同时，复合材

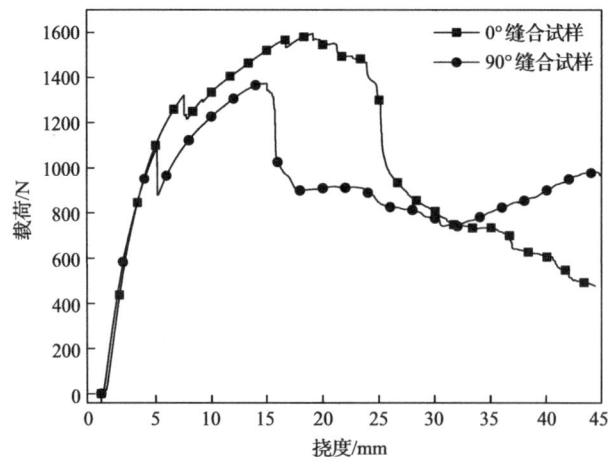

图6.32　两种缝合角度缝合泡沫夹芯结构复合材料层合板载荷-挠度曲线

料层合板的第一次断裂为上层纤维面板破坏,载荷发生锐降。此时缝线树脂柱没有发生破坏,仍具有较强的承载能力,因此随着挠度进一步增加,载荷继续增大。载荷达到缝线树脂柱的承载极限后,缝线树脂柱被压弯,承载能力下降。缝线树脂柱贯穿上、下层纤维面板,能够有效抑制分层,所以三点弯曲过程中一般不会出现纤维面板和泡沫芯板的分层。

两种缝合角度缝合泡沫夹芯结构复合材料层合板弯曲性能如表 6.9 所示。可以看出,两种复合材料层合板的弯曲峰值载荷具有一定差异,弯曲弹性模量和弯曲刚度差异较小,说明弯曲弹性模量和弯曲刚度只与材料性质有关。

表 6.9 两种缝合角度缝合泡沫夹芯结构复合材料层合板弯曲性能

缝合角度	峰值载荷/N	峰值载荷平均值/N	抗弯强度/MPa	弯曲挠度/mm	弯曲弹性模量/MPa	弯曲刚度/N·m²
0°	1595.45/1487.23/1597.96	1560.21	27.70	44.41	1357.58	18.34
90°	1373.56/1437.26/1363.48	1391.43	26.41	46.98	1394.10	18.38

6.3.4 钢丝网缝合泡沫夹芯结构复合材料层合板弯曲性能测试

1. 钢丝网缝合泡沫夹芯结构复合材料层合板

钢丝网规格分别为:①钢丝网孔径 6mm、粗度 0.6mm;②钢丝网孔径 12mm、粗度 0.8mm;③钢丝网孔径 20mm、粗度 1.5mm。钢丝网材料均为 304 不锈钢。试样编号中 P 代表纤维层数,H 代表钢丝网孔径,T 代表钢丝网粗度。比如,P4H06T0.6 表示纤维层数为 4,钢丝网孔径为 6mm,钢丝网粗度为 0.6mm。试样尺寸为 200mm×60mm,钢丝网缝合泡沫夹芯结构复合材料层合板如图 6.33 所示。

(a) 孔径20mm、粗度1.5mm

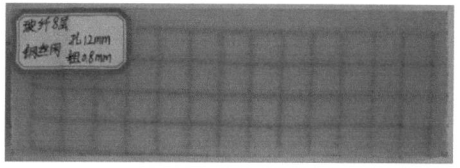

(b) 孔径12mm、粗度0.8mm

(c) 孔径6mm、粗度0.6mm

图 6.33 钢丝网缝合泡沫夹芯结构复合材料层合板

2. 钢丝网缝合泡沫夹芯结构复合材料层合板弯曲性能

制备纤维层数分别为4、6、8，钢丝网规格分别为孔径6mm、粗度0.6mm，孔径12mm、粗度0.8mm，孔径20mm、粗度1.5mm的钢丝网缝合泡沫夹芯结构复合材料层合板进行三点弯曲试验。试验前对9种试样称重并计算平均值。

钢丝网缝合泡沫夹芯结构复合材料层合板弯曲性能如表6.10所示。可以看出，H06T0.6和H12T0.8钢丝网结构试样的平均质量相差无几，峰值载荷之差较小。H20T1.5钢丝网结构试样的平均质量约为前两种的1.8倍，而峰值载荷为前两种的2~2.8倍。其原因在于H06T0.6和H12T0.8钢丝网比较细，强度比较低，间隙比较小，树脂流入的孔隙有限，增重较少；H20T1.5钢丝网比较粗，强度比较高，间隙比较大，大量树脂沿孔隙进行充填，承载能力随之增大。

表6.10 钢丝网缝合泡沫夹芯结构复合材料层合板弯曲性能

试样编号	试样质量/g	试样平均质量/g	峰值载荷/N	峰值载荷平均值/N
P4H06T0.6	67.5/67.2/67.9	67.53	630.19/637.27/645.59	637.68
P4H12T0.8	65.0/65.1/65.4	65.17	624.44/628.32/630.27	627.68
P4H20T1.5	118.2/118.5/118.7	118.47	1375.12/1425.27/1476.33	1425.57
P6H06T0.6	85.9/86.9/87.8	86.87	956.87/970.70/1017.78	981.78
P6H12T0.8	83.1/83.1/83.7	83.30	963.13/965.23/975.41	967.93
P6H20T1.5	150.1/151.2/150.6	150.63	2762.34/2839.75/2781.17	2794.42
P8H06T0.6	120.0/122.3/120.1	120.80	1959.31/2027.54/1980.22	1989.02
P8H12T0.8	115.0/115.7/115.8	115.50	1894.21/1935.56/1967.64	1932.47
P8H20T1.5	191.1/191.2/191.6	191.30	4001.37/4036.18/4105.84	4047.80

不同纤维层数钢丝网缝合泡沫夹芯结构复合材料层合板载荷-挠度曲线如图6.34

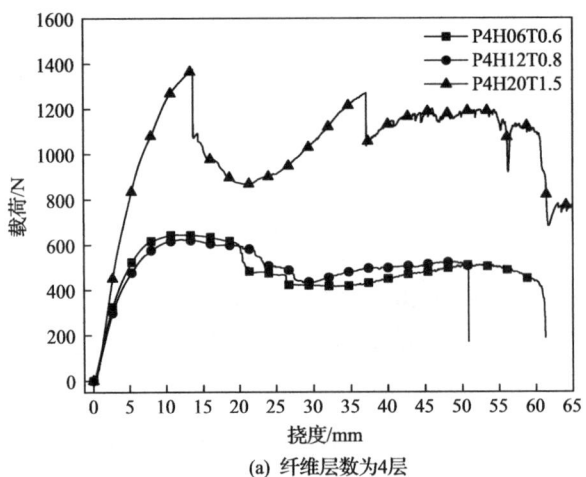

(a) 纤维层数为4层

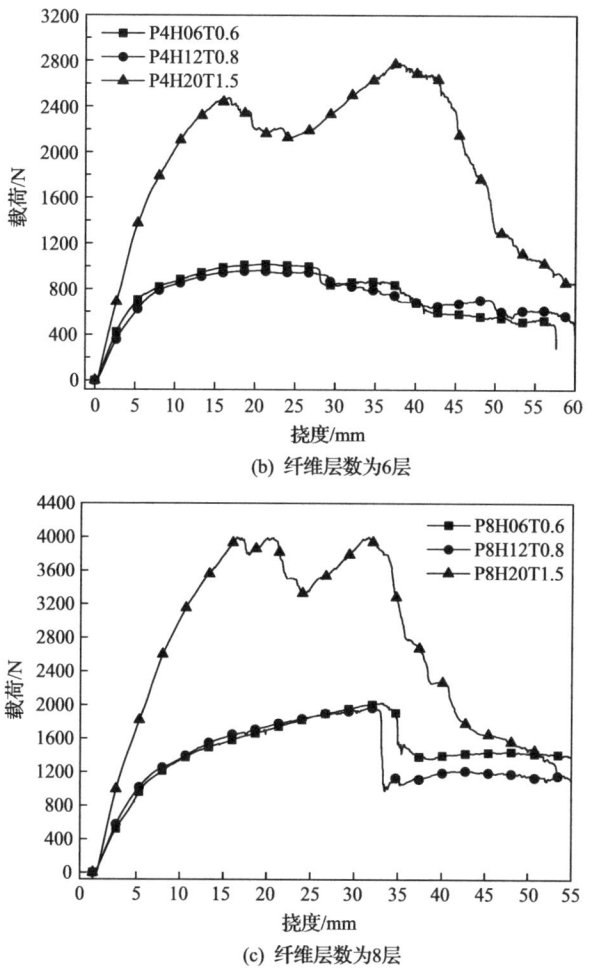

图 6.34 不同纤维层数钢丝网缝合泡沫夹芯结构复合材料层合板载荷-挠度曲线

所示。可以看出，H20T1.5 钢丝网结构试样的载荷-挠度曲线变化比较大，出现多次上升与下降。其原因在于 H20T1.5 钢丝网包含的树脂较多，树脂的脆性较大，在三点弯曲过程中受载破坏，导致载荷突变。H06T0.6 和 H12T0.8 钢丝网结构试样的载荷-挠度曲线近乎重合且变化比较平缓。其原因在于 H12T0.8 钢丝网的粗度和孔径更大，H12T0.8 钢丝网稍粗却稀疏，H06T0.6 钢丝网细而密集，两种钢丝网结构试样的承载能力相差较小。

钢丝网缝合泡沫夹芯结构复合材料层合板弯曲破坏形式如图 6.35 所示。可以看出，试样发生严重破坏，泡沫芯板发生剪切破坏，并与纤维面板脱黏。钢丝网结构试样的弯曲回弹小于未缝合试样，而且嵌入钢丝网后更容易出现分层破坏。

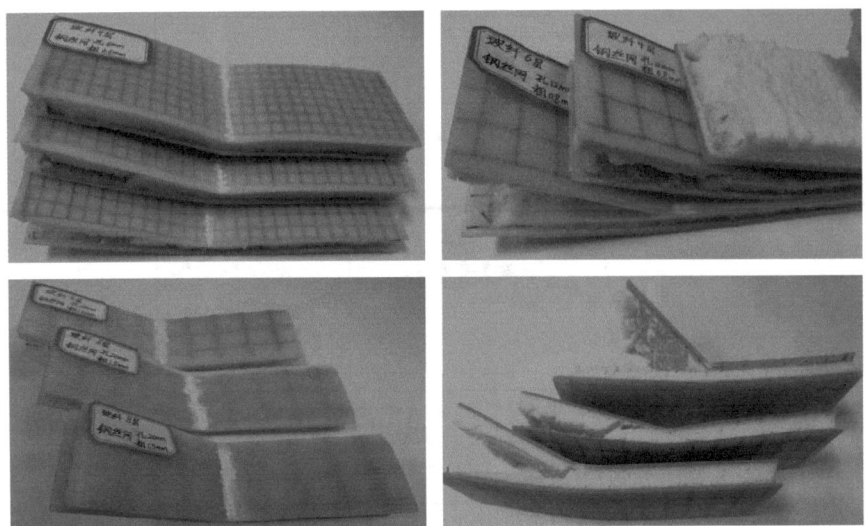

图 6.35 钢丝网缝合泡沫夹芯结构复合材料层合板弯曲破坏形式

6.4 泡沫夹芯结构复合材料层合板低速冲击试验和结果分析

泡沫夹芯结构复合材料层合板具有良好的缓冲吸能特性。缝线的引入虽然提高了泡沫芯板的刚度，但同时降低了泡沫芯板的缓冲吸能特性。本节进行钢丝网泡沫夹芯结构复合材料层合板低速冲击试验，并与未缝合试样低速冲击性能进行对比。记录冲击载荷-时间曲线、位移-时间曲线、冲击载荷-位移曲线以及冲击吸收能量，并对冲击表面进行显微拍摄，测量损伤面积。

6.4.1 低速冲击试验装置

低速冲击试验标准为 ASTM D7136 C.A.I，采用 CEAST 9340 落锤式冲击试验机进行低速冲击试验，其主要部件包括冲击塔、试验箱、试样夹具和控制箱等，如图 6.36 所示，通过控制主锤体的高度调节冲击能量，数据采集系统能够精确地采集冲击过程中的变形、能量、载荷等数据。

冲击试验前需要进行试样定位，定位不准确将导致冲击位置发生偏离进而影响试验结果。试样定位类似于冲压定位方式，如图 6.36(b)所示，在支撑板的中心位置有一个矩形夹具的开口，开口尺寸为 125mm×75mm，冲击试样尺寸为 150mm×100mm。在夹板的左端与顶上用三个定位销定位，通过固定试样的一个直角边实现对试样的定位，在夹板的四周配备 4 个夹臂，便于定位后试样的夹紧。另外在夹臂上同时使用 2 个 8mm 开口扳手调节外六角螺母调整夹持厚度。

试验选用半球形锤头，型号为 7529322，直径为 14mm。按照标准配备 2kg

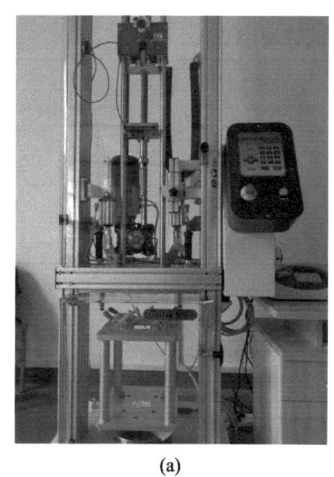

(a)　　　　　　　　　　　(b)

图 6.36　CEAST 9340 落锤式冲击试验机

配重块，主锤体总质量为 5.337kg，重力加速度为 9.8m/s^2，采样频率为 1000kHz，冲击能量分别为 10J 和 20J，冲击初始速度相同。确定冲击能量后，根据功能关系确定落锤高度，参数设置完毕后，将试样固定并夹紧。

由弯曲性能分析可以看出，H06T0.6 与 H12T0.8 钢丝网结构试样的承载能力相差不大，可归为同一类型，而 H20T1.5 钢丝网则会对材料性能产生较大影响。因此为了提高试验效率，低速冲击试验中钢丝网选用 H06T0.6 和 H20T1.5 规格，纤维层数分别为 4、6、8。

6.4.2　低速冲击试验结果分析

1. 钢丝网结构试样冲击性能

不同钢丝网结构试样冲击性能如表 6.11 所示。可以看出，随着纤维层数增加，最大冲击载荷增大，冲击时间缩短，最大位移减小。P4H06T0.6 试样在 10J 与 20J 能量下冲击载荷相差不大，而最大位移相差一倍，其原因在于在 20J 能量下 P4H06T0.6 试样上表面已被击穿，冲头穿过钢丝网进入中间泡沫芯板，导致位移增大。P4H20T1.5 试样在 10J 与 20J 能量下冲击载荷相差较大，而最大位移相似，其原因在于 P4H20T1.5 试样嵌入的钢丝网较粗，具有很强的承载能力，能够有效抑制上层纤维面板的刺穿，因此最大位移增幅较小。对于 P6H06T0.6 和 P4H20T1.5 试样，当冲击能量从 10J 增加到 20J 时，最大冲击载荷增大，冲击时间小幅增加，最大位移增大。对于 P8H06T0.6 和 P8H20T1.5 试样，当冲击能量从 10J 增加到 20J 时，冲击时间增幅较小，最大冲击载荷与最大位移增幅较大，表明冲击能量对冲击过程时间的影响较小。

10J 冲击能量下不同钢丝网结构试样冲击载荷-时间曲线如图 6.37 所示。可以

表 6.11 不同钢丝网结构试样冲击性能

试样编号	冲击能量/J	冲击时间/ms	最大冲击载荷/N	最大位移/ms
P4H06T0.6	10	9.98	1521	10.44
	20	12.08	1506	21.95
P4H20T1.5	10	10.09	1650	10.22
	20	10.06	2429	13.07
P6H06T0.6	10	9.35	2078	8.58
	20	9.70	2641	11.53
P6H20T1.5	10	8.55	2458	7.16
	20	9.12	3059	10.79
P8H06T0.6	10	7.86	2863	6.03
	20	8.39	4204	9.56
P8H20T1.5	10	7.72	2882	6.03
	20	8.17	4244	9.28

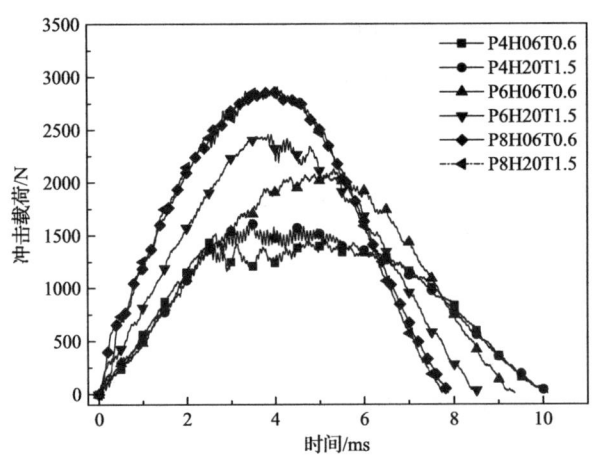

图 6.37 10J 冲击能量下不同钢丝网结构试样冲击载荷-时间曲线

看出,试样的冲击时间在 8~10ms 之间,P8H06T0.6 试样和 P8H20T1.5 试样的曲线平滑且相似。而 P4H6T0.6 试样和 P4H20T1.5 试样曲线在峰值附近振动很大,冲击载荷较小,试样上表面有被击穿的趋势,曲线整体表现不平滑。而 P6H06T0.6 试样与 P6H20T1.5 试样曲线差距较大,这主要是因为 6 层玻璃纤维已经具有一定的强度,能够承受住 10J 能量的冲击,而嵌入的钢丝网越粗承载能力越强,不是直接由泡沫芯板缓冲吸能,粗钢丝网阻碍了一部分吸能,使得冲击时间相对细钢丝网更短。

10J 冲击能量下不同钢丝网结构试样冲击载荷-位移曲线如图 6.38 所示。可以看出,P4H06T0.6 试样和 P4H20T1.5 试样的位移较大,而且没有回降的趋势,其原因在于 4 层纤维面板强度较弱，在 10J 冲击能量下上表面基本被击穿，冲头已进入泡沫芯板，位移只增不减。而其他试样中特别是 P8H06T0.6 试样与 P8H20T1.5 试样在冲击初期随着冲击载荷增大位移增大，达到峰值后冲击载荷逐渐减小，此时位移减小，表明试样在冲击最大位移后有一定的回弹，由于冲击过程是瞬间完成的，冲击力快速消失，因此位移的返回量有限[5,6]。

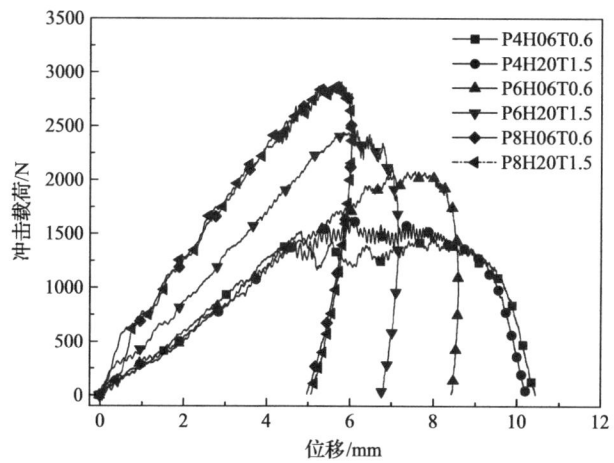

图 6.38　10J 冲击能量下不同钢丝网结构试样冲击载荷-位移曲线

20J 冲击能量下不同钢丝网结构试样冲击载荷-时间曲线如图 6.39 所示。可以看出，P8H06T0.6 试样和 P8H20T1.5 试样的曲线平滑且相似。P4H06T0.6 试样的曲线特别不平滑，原因是纤维面板强度弱，在 20J 能量下上层纤维面板被击穿。P4H20T1.5 试样的纤维面板承载能力弱，但嵌入的钢丝网很粗，具有一定的抗冲击能力，因而冲击载荷比 P4H20T1.5 试样大。而 P6H20T1.5 试样的峰值载荷比 P6H06T0.6 试样

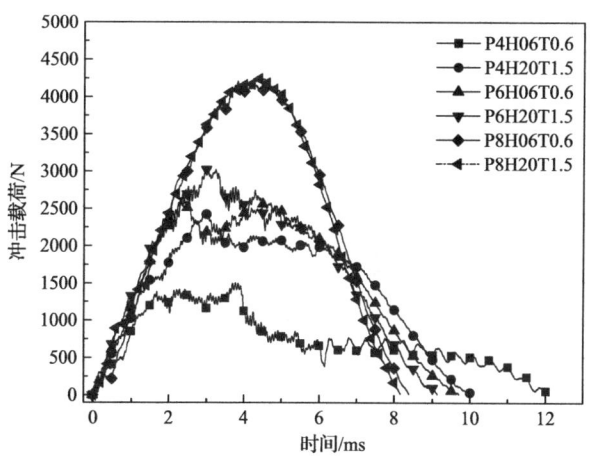

图 6.39　20J 冲击能量下不同钢丝网结构试样冲击载荷-时间曲线

大,其原因在于粗钢丝网承载能力强,冲击时间比 P6H06T0.6 试样略短。

20J 冲击能量下不同钢丝网结构试样冲击载荷-位移曲线如图 6.40 所示。可以看出,20J 能量下的冲击载荷更大,P4H06T0.6 试样的强度最小,受到 20J 能量冲击后上层纤维面板被刺穿,进入中间的泡沫芯板,由于泡沫芯板的抗阻力能力弱,因此冲击载荷下降趋势较慢,导致冲击位移增大。P4H20T1.5 试样、P6H06T0.6 试样和 P6H20T1.5 试样均能承受一定的载荷,在 20J 冲击能量下,纤维面板有一定程度的破坏,冲击部位面板下凹,嵌入的钢丝网下压中间的泡沫芯板,冲击过程不平滑且震荡大,位移也较大。P8H06T0.6 试样与 P8H20T1.5 试样的纤维面板很厚,能承受较大的载荷,面板破坏不是很严重,位移先随冲击载荷增大而增大,随后载荷减小,位移也有一定的回减。

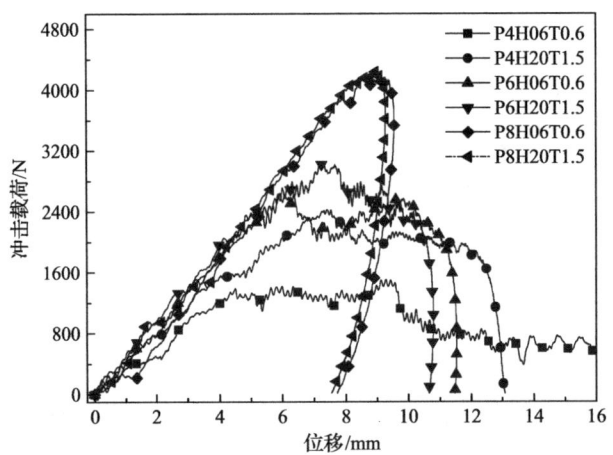

图 6.40　20J 冲击能量下不同钢丝网结构试样冲击载荷-位移曲线

2. 未缝合试样低速冲击性能

未缝合泡沫夹芯结构试样的纤维面板在较大的冲击能量下很容易被击穿,因此对于未缝合泡沫夹芯结构试样,只讨论纤维层数为 8 层的情况。未缝合泡沫夹芯结构试样冲击性能如表 6.12 所示。可以看出,冲击能量为 20J 的未缝合泡沫夹芯结构试样的峰值载荷与位移都比 10J 试样大,冲击时间也略长。不同冲击能量未缝合泡沫夹芯结构试样冲击载荷-时间曲线如图 6.41 所示。不同冲击能量未缝合泡沫夹芯结构试样冲击载荷-位移曲线如图 6.42 所示。可以看出,冲击曲线很平滑,振荡较少,纤维面板没有被击穿但表面存在冲击损伤,泡沫芯板缓冲吸能效果好。冲击载荷-时间曲线为开口向下的抛物线,冲击能量高则冲击载荷大,但冲击时间相差较小,最大冲击载荷时间几乎一致。泡沫芯板缓冲吸能效果对冲击过程的冲击载荷-时间曲线有显著影响。

表 6.12 未缝合泡沫夹芯结构试样冲击性能

纤维铺层数	冲击能量/J	冲击时间/ms	最大冲击载荷/N	最大位移/mm
8层	10	7.98	2913	6.12
	20	8.17	4335	8.65

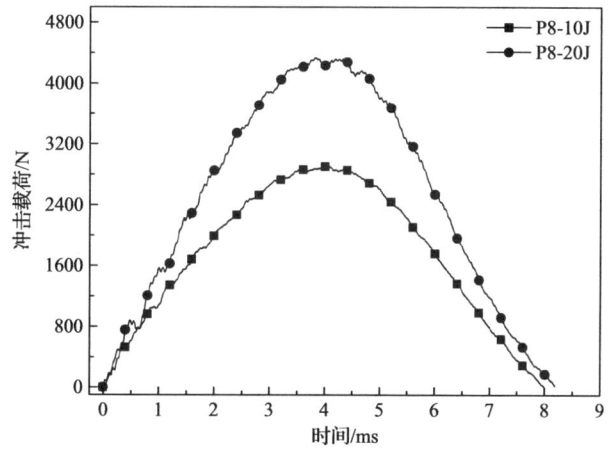

图 6.41 不同冲击能量未缝合泡沫夹芯结构试样冲击载荷-时间曲线

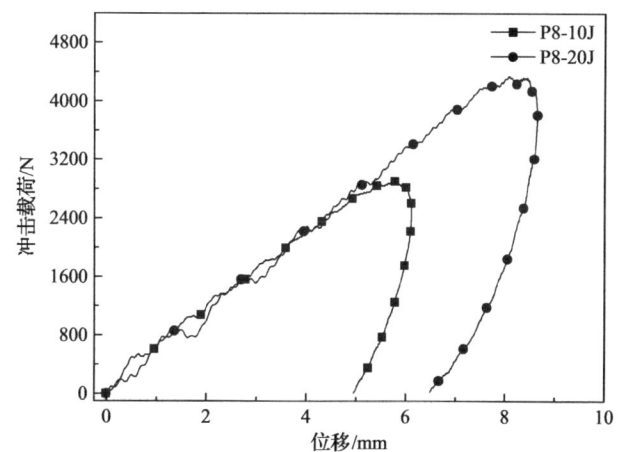

图 6.42 不同冲击能量未缝合泡沫夹芯结构试样冲击载荷-位移曲线

6.5 泡沫夹芯结构复合材料层合板压缩性能研究

在前述试验中对未缝合、缝合以及钢丝网泡沫夹芯结构复合材料层合板进行三点弯曲试验。缝合密度、纤维层数和钢丝网结构对泡沫夹芯结构复合材料层合板的弯曲性能影响较大。本节对三种泡沫夹芯结构复合材料层合板进行压缩试验，测试其抗压强度，抗压强度是试样破裂或产生屈服时所承受的最大压缩应力，表征材料抵抗压缩载荷的能力。复合材料在实际应用中可以水平放置也可以竖直放置，因此进行平压与侧压试验，得到横向载荷和纵向载荷作用下泡沫夹芯结构复合材料层合板的强度，为复合材料应用提供理论参考。

6.5.1 硬质泡沫芯板的力学性能

泡沫芯板对复合材料层合板的压缩性能影响很大，因此先测试厚度分别为13mm和26mm的聚氨酯泡沫芯板的压缩性能。根据《硬质泡沫塑料　压缩性能的测定》(GB/T 8813—2020)[7]，泡沫芯板尺寸为60mm×60mm，加载速度为2mm/min，采用RGM4030电子试验机完成测试。不同厚度聚氨酯泡沫芯板压缩载荷-压缩位移曲线如图6.43所示。

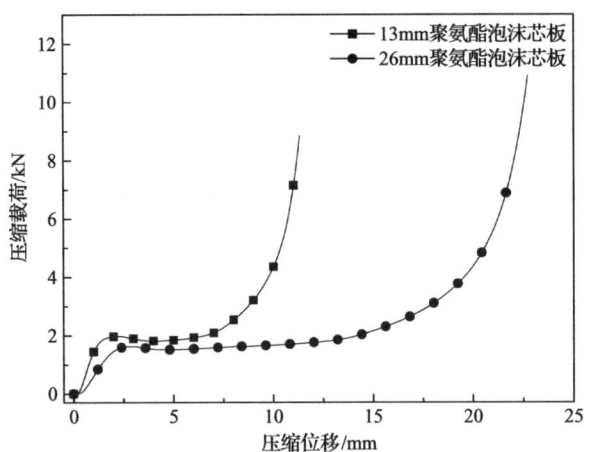

图6.43　不同厚度聚氨酯泡沫芯板压缩载荷-压缩位移曲线

聚氨酯泡沫芯板压缩过程包括以下三个阶段：

(1)第一阶段。在压缩初期，载荷与位移呈近似线性相关(线弹性阶段)。

(2)第二阶段。随着载荷继续增加，泡沫芯板孔壁被逐渐压塌，属于压溃阶段，载荷随后保持恒定，处于动态平衡状态。

(3)第三阶段。泡沫芯板被完全压实，直至彻底破坏，此时位移恒定而载荷快速增大。

6.5.2 泡沫夹芯结构复合材料层合板平压性能

1. 平压试验标准和基本原理

对未缝合试样(包括钢丝网结构)和缝合试样进行平压试验，试验标准为《夹层结构或芯子平压性能试验方法》(GB/T 1453—2022)[8]。平压试样尺寸为60mm×

60mm，平压试样如图 6.44 所示。平压试样纤维层数分别为 4、6、8。未缝合试样中的钢丝网规格包括 H06T0.6、H12T0.8 和 H20T1.5 三种，缝合试样针距×行距分别为 5mm×5mm、9mm×9mm 和 15mm×15mm。

平压试验基本原理：试验机上压头沿垂直于泡沫夹芯结构面板方向压缩试样，使泡沫芯板变形损伤，测得平压强度、变形量和平压弹性模量等。泡沫夹芯结构复合材料层合板平压过程如图 6.45 所示。

图 6.44　平压试样　　　　图 6.45　泡沫夹芯结构复合材料层合板平压过程

2. 未缝合泡沫夹芯结构复合材料层合板平压性能

首先进行未缝合泡沫夹芯结构复合材料层合板平压试验。将未缝合试样与钢丝网结构试样均归类为未缝合试样，表现为只有泡沫芯板的压缩。钢丝网泡沫夹芯结构复合材料层合板平压载荷-平压位移曲线如图 6.46 所示。可以看出，曲线整体表现一致，纤维层数和钢丝网规格对试样的平压性能影响不大。只有当纤维层数增加时，未缝合试样在压溃阶段的载荷略有提高，但比低纤维层数试样的位移小。

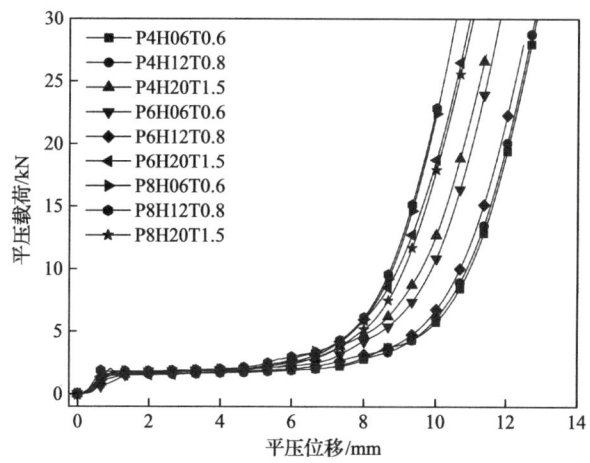

图 6.46　钢丝网泡沫夹芯结构复合材料层合板平压载荷-平压位移曲线

3. 缝合泡沫夹芯结构复合材料层合板平压性能

缝合泡沫夹芯结构复合材料层合板中缝线贯穿上、下层纤维面板与泡沫芯板,树脂沿缝线流动充填形成缝线树脂柱,具有很好的支撑作用,有助于提高平压性能。缝合泡沫夹芯结构复合材料层合板平压载荷-平压位移曲线如图 6.47 所示。可以看出,在平压初期,缝合试样的上、下层纤维面板和缝线树脂柱均承受载荷,试样整体刚度较大,平压载荷与平压位移成正比关系。随着平压过程持续,平压载荷越来越大直至峰值。此时大多数缝线树脂柱已被压溃,试样达到极限平压载荷。随着压缩位移继续增加,缝线树脂柱损伤越严重,承载能力继续下降,表现为平压载荷大幅降低。当载荷下降到一定程度时,会出现一定程度的回弹,其原因在于缝线树脂柱与泡沫芯板被压缩为整体结构,密度增大。进一步压缩时,载荷呈指数增长,此时主要为被压实的整体结构承载,与未缝合试样后期的指数增长一致。与未缝合试样最大的不同在于,缝合试样平压载荷在压溃阶段存在一个峰值,且随纤维层数与缝合密度的变化而变化。

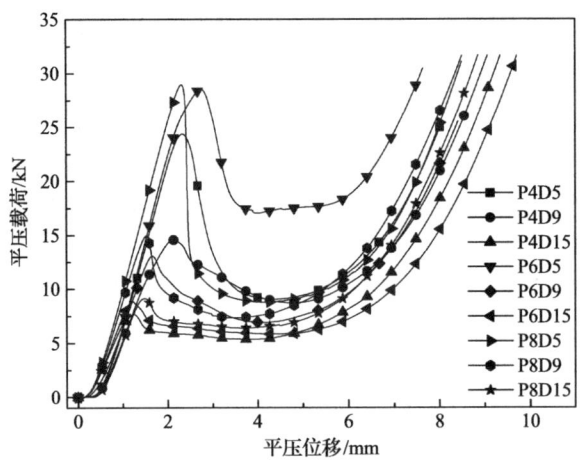

图 6.47 缝合泡沫夹芯结构复合材料层合板平压载荷-平压位移曲线

对比不同缝合密度试样压缩性能可以发现针距×行距为 5mm×5mm 的缝合试样的峰值载荷比其他组大。其原因在于试样尺寸为 60mm×60mm,当缝合密度很大时,在 60mm×60mm 区域里可以容纳更多的缝线树脂柱,缝线树脂柱排列密度越大,峰值载荷越大,承载能力越强。

在 5mm×5mm 缝合试样中,纤维层数分别为 4、6、8 时,峰值载荷增大量较小,这说明缝合试样的纤维层数对压缩性能影响有限。缝合密度对复合材料压缩性能的影响大于纤维层数。压缩后的缝合试样如图 6.48 所示。可以看出,缝合试样压缩后泡沫芯板胀出,缝线树脂柱鼓胀断裂,上、下层纤维面板错位。

图 6.48 压缩后的缝合试样

平压强度为

$$\sigma_c = \frac{P_{\max}}{ab} \tag{6.8}$$

式中，a 为试样长度，mm；b 为试样宽度，mm；$P_{\max}$ 为最大平压载荷，N；σ_c 为试样平压强度，MPa。

平压弹性模量为

$$E_c = \frac{\Delta P(h - 2t_f)}{ab\Delta h} \tag{6.9}$$

式中，E_c 为试样平压弹性模量，MPa；h 为试样厚度，mm；t_f 为纤维面板厚度，mm；Δh 为与 ΔP 对应的压缩变形增量值，mm；ΔP 为载荷-位移曲线上直线段的载荷增量，N。

离散系数是一组数据的标准差与其均值之比，可以用于比较不同组别数据的离散程度。由于平压试样尺寸较小，由同一块复合材料层合板切割后很难保证所包含的缝线树脂柱数量相同，因此在试验过程中为减小试验结果离散性，同一组别至少测试 3 个试样，并根据以下公式计算相应的离散系数。

离散系数为

$$CV = \frac{S_{n-1}}{\bar{x}} \tag{6.10}$$

均值为

$$\bar{x} = \frac{\sum_{i=1}^{n} x_i}{n} \tag{6.11}$$

标准差为

$$S_{n-1} = \sqrt{\frac{\sum_{i=1}^{n} x_i^2 - n\bar{x}^2}{n-1}} \tag{6.12}$$

不同缝合试样平压性能如表 6.13 所示。可以看出，缝合针距×行距为 5mm×5mm 的试样的抗压强度明显大于其他试样，其原因在于缝合密度增大使缝线树脂柱数目增多，承载能力更强，抗压强度更大。

表 6.13　不同缝合试样平压性能

试样编号	峰值载荷/kN	峰值载荷平均值/kN	抗压强度/MPa	平压弹性模量/MPa	离散系数/%
P4D5	24.38/26.28/26.17	25.61	7.11	49.99	5.97
P4D9	13.06/12.44/12.73	12.74	3.54	43.85	2.62
P4D15	7.37/7.69/8.16	7.74	2.15	33.33	5.23
P6D5	28.95/26.68/26.29	27.31	7.59	54.17	5.22
P6D9	14.59/12.40/14.19	13.73	3.81	50.56	8.54
P6D15	7.12/9.14/7.96	8.08	2.24	40.63	12.55
P8D5	28.54/30.32/29.69	29.52	8.20	65.28	3.11
P8D9	11.77/14.96/15.35	14.03	3.90	58.33	14.01
P8D15	9.84/9.31/8.89	9.35	2.60	49.41	4.97

纤维层数对抗压强度影响较小，在压缩试验中起主导作用的主要是泡沫芯板与缝线树脂柱。平压弹性模量随缝合密度与纤维层数增大而增大。缝合试样中 P8D5 试样的峰值载荷、抗压强度以及平压弹性模量最大，P4D15 试样最小，P8D5 试样的峰值载荷和抗压强度均为 P4D15 试样的 3.81 倍，而 P8D5 试样的平压弹性模量是 P4D15 试样的 1.96 倍。由表 6.13 中的离散系数可以看出缝合试样进行平压试验时离散较小，数据比较稳定可靠。缝合泡沫夹芯结构复合材料层合板的压缩强度高于钢丝网泡沫夹芯结构复合材料层合板。

6.5.3　泡沫夹芯结构复合材料层合板侧压性能

1. 侧压试验标准和基本原理

侧压是指平行于夹层结构面板方向的压缩。参照《夹层结构侧压性能试验方法》(GB/T 1454—2021)[9]进行侧压试验。试样无支承高度应不大于厚度的 8 倍，通常在 6～8 之间。侧压试样尺寸为 150mm×60mm，其中支承高度为 100mm，试样宽度为 60mm。

侧压试验基本原理：通过试样两端的支承夹具对试样沿纤维面板方向施加压缩载荷，调整试验机的球形支座使载荷均匀分布在纤维面板上，使纤维面板发生折断皱曲破坏或芯板分离破坏，如图6.49所示。

对未缝合、缝合以及钢丝网三种类型试样进行侧压试验，分析纤维面板、缝线树脂柱和钢丝网结构对复合材料层合板侧压性能的影响。侧压试验中缝线树脂柱的受力方式发生了改变，纤维面板受力也与三点弯曲不同，泡沫芯板的破坏模式也不是压缩至鼓胀破坏。侧压试验主要研究缝合泡沫夹芯结构复合材料层合板受到纵向载荷时的强度。在RGM4030电子试验机上将平压夹具更换为侧压夹具即可进行侧压试验，压缩时的加载速度为2mm/min。

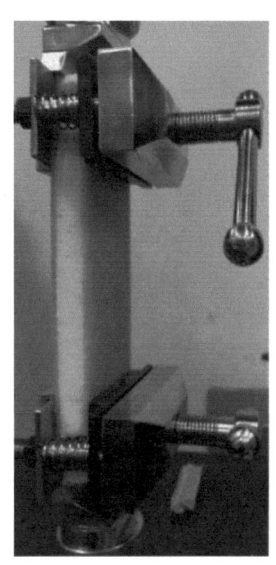

图6.49 侧压夹具夹持试样

2. 未缝合泡沫夹芯结构复合材料层合板侧压性能

侧压强度为

$$\sigma_b = \frac{P_b}{bh} \tag{6.13}$$

式中，b为试样宽度，mm；h为试样厚度，mm；P_b为峰值载荷，N；σ_b为侧压强度，MPa。

不同未缝合试样侧压性能如表6.14所示。可以看出，试样的峰值载荷与侧压强度均随纤维层数的增加而增大。其原因在于当纤维层数增多时，纤维面板厚度增加，而纤维面板在侧压过程中承受主要载荷，因此越厚的纤维面板抗侧压能力越强。不同未缝合试样侧压载荷-侧压位移曲线如图6.50所示。可以看出，在侧压初期，侧压载荷呈指数增加，完全由对称的纤维面板承受载荷作用。随着侧压变形量逐渐增加，纤维面板承受应力增大，试样出现损伤破坏趋势，直到达到第一次峰值载荷。

表6.14 不同未缝合试样侧压性能

纤维层数	峰值载荷/kN	侧压强度/MPa
4	2.60	3.62
6	3.97	4.73
8	5.17	5.39

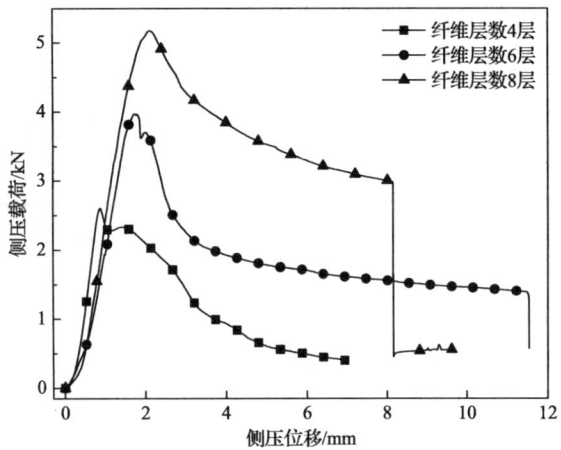

图 6.50 不同未缝合试样侧压载荷-侧压位移曲线

随着载荷继续增大，试样破坏严重，纤维面板产生弹性变形，这种回弹的趋势会阻碍载荷迅速下降，使载荷下降速度减小，纤维面板与泡沫芯板脱黏，泡沫芯板发生剪切破坏，纤维织物开始断裂，试样出现失稳开裂现象，直到最后完全断裂，载荷出现锐降。未缝合试样侧压破坏形式如图 6.51 所示。可以看出，侧压载荷作用下泡沫芯板很容易与纤维面板脱黏，泡沫芯板也会发生横向或与横向成一定角度的剪切破坏。

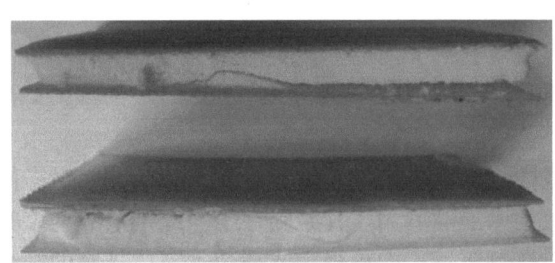

图 6.51 未缝合试样侧压破坏形式

3. 缝合泡沫夹芯结构复合材料层合板侧压性能

缝合泡沫夹芯结构复合材料层合板的纤维层数分别为 4、6、8，针距×行距分别为 10mm×10mm 和 15mm×15mm。不同缝合试样侧压性能如表 6.15 所示。可以看出，随着纤维层数或缝合密度增加，峰值载荷和侧压强度随之增大。与未缝合试样对比可知，缝合试样中 P4D15 试样的侧压强度最小，比所有未缝合试样都要大，说明缝合能够极大提高复合材料层合板的侧压强度。

不同缝合试样侧压载荷-侧压位移曲线如图 6.52 所示。试样的侧压载荷-侧压位移曲线中存在几个缓冲区，可以认为试样内部的破坏是逐步发生的，其原因在

表 6.15　不同缝合试样组侧压性能

试样编号	峰值载荷/kN	侧压强度/MPa
P4D10	8.99	11.53
P4D15	6.47	8.29
P6D10	9.98	11.88
P6D15	7.65	9.11
P8D10	10.49	10.93
P8D15	9.91	10.32

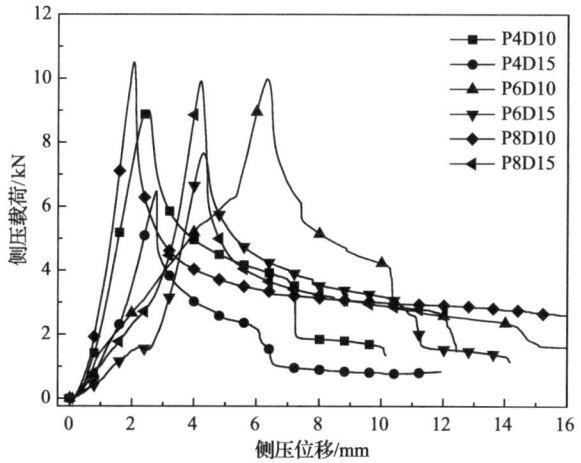

图 6.52　不同缝合试样侧压载荷-侧压位移曲线

于缝线树脂柱的断裂是逐渐发生的。缝合泡沫夹芯结构复合材料层合板的上、下层纤维面板的基体与泡沫芯板之间存在较大变形,材料内部的应变场表现为非均匀性。对试样的压缩试验失效过程进行分析可知,缝合泡沫夹芯结构复合材料层合板的强度主要受三个因素影响,即纤维面板的弯曲皱折、缝线树脂柱的断裂、泡沫芯板的挤胀。

泡沫芯板的破坏模式为鼓胀破坏。在侧压载荷的作用下,缝合泡沫夹芯结构复合材料层合板呈现多种破坏特征,最终破坏模式与纤维面板、泡沫芯板、缝线树脂柱的性能以及夹芯结构的截面形状等因素有关,并且结构参数在其破坏过程中起着决定性作用。在侧压过程中,缝线树脂柱被压碎产生较大的破坏,而上、下层纤维面板在发生形变后还会有一定的回弹。

4. 钢丝网泡沫夹芯结构复合材料层合板侧压性能

钢丝网泡沫夹芯结构复合材料层合板的纤维层数分别为 4、6、8,不同钢丝网结构试样侧压性能如表 6.16 所示。可以看出,钢丝网结构试样的侧压性能总体呈现峰值载荷与纤维层数成正比关系。考虑到钢丝网结构的嵌入降低了泡沫芯板与纤维面板的黏结，则更容易脱黏。与未缝合试样和缝合试样相比，钢丝网结构试样的侧压性能介于二者之间。

表 6.16 不同钢丝网结构试样侧压性能

试样编号	峰值载荷/kN	侧压强度/MPa
P4H06T0.6	2.58	3.31
P4H12T0.8	3.39	4.35
P4H20T1.5	3.58	4.58
P6H06T0.6	4.65	4.58
P6H12T0.8	4.24	5.05
P6H20T1.5	4.64	4.55
P8H06T0.6	5.91	6.57
P8H12T0.8	6.25	6.51
P8H20T1.5	7.31	7.17

不同钢丝网结构试样侧压载荷-侧压位移曲线如图 6.53 所示。不同钢丝网结构试样侧压破坏形式如图 6.54 所示。可以看出，钢丝网结构试样的破坏特别严重，

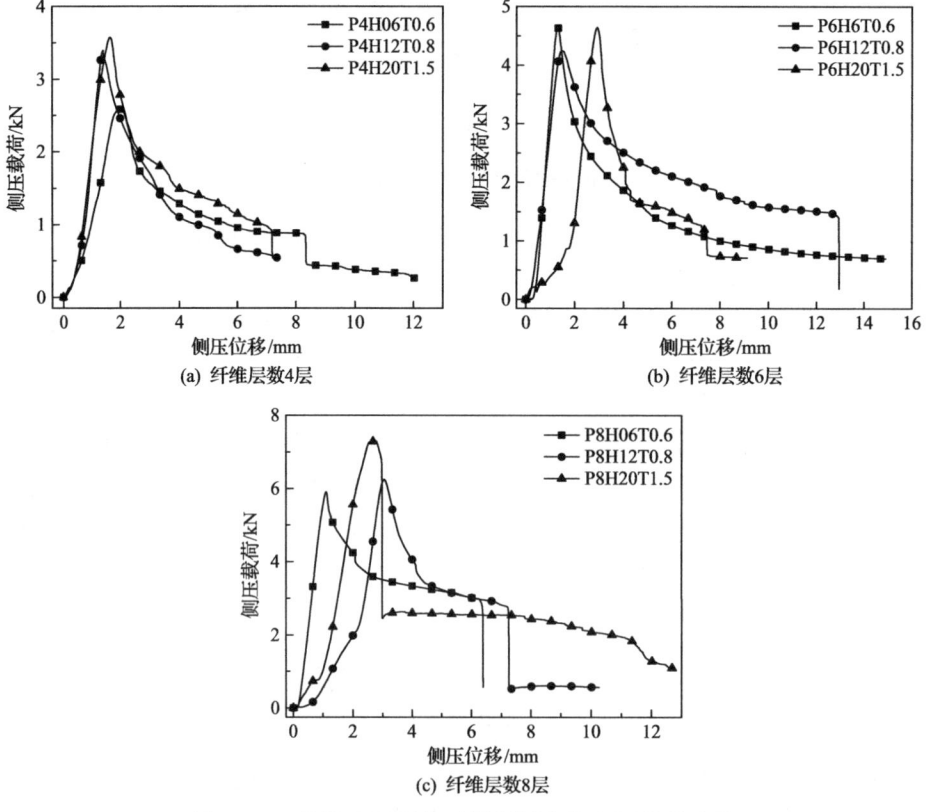

图 6.53 不同钢丝网结构试样侧压载荷-侧压位移曲线

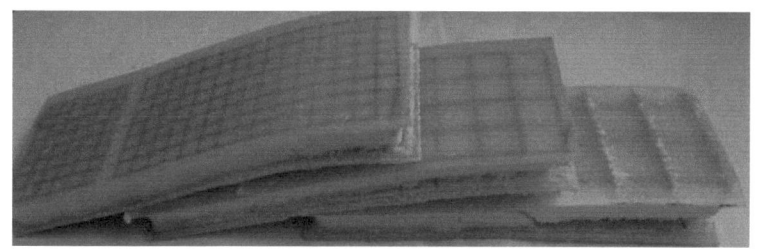

图 6.54　不同钢丝网结构试样侧压破坏形式

尤其是分层脱黏，限制了钢丝网结构试样的侧压性能。

参 考 文 献

[1] 国家市场监督管理总局, 国家标准化管理委员会. 夹层结构弯曲性能试验方法(GB/T 1456—2021). 北京: 中国标准出版社, 2021.

[2] 赖家美, 鄢冬冬, 饶欣远, 等. 缝合泡沫夹层结构复合材料三点弯曲性能研究. 工程塑料应用, 2016, 44(2): 101-105.

[3] 黄志超, 程梁. 未缝合与缝合玻纤泡沫夹层复合板弯曲性能研究. 塑料工业, 2018, 46(8): 89-94.

[4] 赖家美, 莫明智, 黄志超, 等. 缝合碳纤维/泡沫夹芯复合材料损伤阻抗及损伤容限性能. 高分子材料科学与工程, 2022, 38(1): 123-130.

[5] Huang Z C, Li H Z, Jiang Y Q. Low-velocity impact response of self-piercing riveted carbon fiber reinforced polymer-AA6061T651 hybrid joints. Composite Structures, 2023, 315: 116983.

[6] Huang Z C, Tang N L, Jiang Y Q, et al. Effect of repeated impacts on the mechanical properties of nickel foam composite plate/AA5052 self-piercing riveted joints. Journal of Materials Research and Technology, 2023, 23: 4691-4701.

[7] 国家市场监督管理总局, 国家标准化管理委员会. 硬质泡沫塑料　压缩性能的测定(GB/T 8813—2020). 北京: 中国标准出版社, 2020.

[8] 国家市场监督管理总局, 国家标准化管理委员会. 夹层结构或芯子平压性能试验方法(GB/T 1453—2022). 北京: 中国标准出版社, 2022.

[9] 国家市场监督管理总局, 国家标准化管理委员会. 夹层结构侧压性能试验方法(GB/T 1454—2021). 北京: 中国标准出版社, 2021.